高等职业教育"十三五"系列教材

建筑装饰装修构造与施工

第 2 版

主　编　刘超英
副主编　王玉靖　郝峻弘
参　编　袁　华　周璟璟

U0240639

机 械 工 业 出 版 社

目前，很多开设建筑装饰设计类专业的院校在课程改革中，都将"建筑装饰装修构造"和"建筑装饰装修施工技术"两门主干课程整合为一门课程，本书正是为了适应这种教学改革的要求而编写的。本书主要内容有建筑装饰装修中墙面、顶棚、地面、门窗、楼梯、木制品、玻璃等分项工程的材料、构造、施工及质量验收要求，并介绍了常用建筑装饰装修施工机具的种类及其使用。

　　本书既可作为应用型本科和高职高专院校建筑装饰工程技术、室内设计技术等专业的主干课程教材，也可供相关专业的设计和施工人员参考。

图书在版编目（CIP）数据

建筑装饰装修构造与施工/刘超英主编. —2 版. —北京：机械工业出版社，2015.12（2022.7 重印）

高等职业教育"十三五"系列教材

ISBN 978 – 7 – 111 – 52113 – 6

Ⅰ.①建…　Ⅱ.①刘…　Ⅲ.①建筑装饰 – 工程装修 – 建筑构造 – 高等职业教育 – 教材②建筑装饰 – 工程施工 – 高等职业教育 – 教材　Ⅳ.①TU767

中国版本图书馆 CIP 数据核字（2015）第 270267 号

机械工业出版社（北京市百万庄大街 22 号　邮政编码 100037）

策划编辑：常金锋　责任编辑：常金锋

封面设计：路恩中　责任校对：李锦莉　刘秀丽

责任印制：郜　敏

北京盛通商印快线网络科技有限公司印刷

2022 年 7 月第 2 版·第 7 次印刷

184mm × 260mm · 18 印张 · 448 千字

标准书号：ISBN 978 – 7 – 111 – 52113 – 6

定价：42.00 元

电话服务　　　　　　　　　网络服务

客服电话：010 – 88361066　机　工　官　网：www.cmpbook.com

　　　　　　010 – 88379833　机　工　官　博：weibo.com/cmp1952

　　　　　　010 – 68326294　金　书　网：www.golden-book.com

封底无防伪标均为盗版　机工教育服务网：www.cmpedu.com

第 2 版前言

"建筑装饰装修构造"和"建筑装饰装修施工技术"是建筑装饰工程技术专业的主干课。自从开设建筑装饰工程技术专业以来，大多数院校这两门课一直是分别上课，有各自的配套教材。但这两门课在现实中是"你中有我，我中有你"，互相联系非常紧密，很难割裂，分别讲授有很多弊端。首先是重复很多，讲构造的时候必然会讲到施工技术，而讲施工技术的时候又必定要先提到构造。其次，从学科的逻辑而言，应该先讲建筑装饰装修构造，后讲建筑装饰施工技术，建筑装饰装修构造是建筑装饰施工技术的前置课程。绝大多数学校在排课时往往要分两个学期进行教学，这在专业教学时间日益压缩的今天就成为一个很大的课时浪费。所以，建筑装饰教育的专家提出了一些改革的建议，希望将这两门课程整合成一门课程，以消除上面提到的两个弊端。一些学校也进行了有益的探索，证明这样的改革是完全可行的。

本书就是在这个背景下应运而生的，它是建筑装饰工程技术专业教学改革的产物，它把建筑装饰装修构造和建筑装饰装修施工技术的相关知识点有机地融合在一起，成为与整合后的课程配套的全新的教材。

本书由全国高职高专教育土建类教学指导委员会建筑类专业教学指导分委员会委员、宁波工程学院建筑装饰专业教学部主任刘超英任主编，浙江工商职业技术学院建筑艺术学院副院长王玉靖和北京城市学院理工学部郝峻弘任副主编，浙江工商职业技术学院建筑艺术学院袁华和浙江大学宁波理工学院建工系周璟璟参加编写。刘超英负责设计全书的结构和统稿并编写绪论和第 1、7、9 章，王玉靖编写第 2 章，郝峻弘编写第 4、8 章，袁华编写第 3 章，周璟璟编写第 6 章，王玉靖和周璟璟合作编写第 5 章。

本次修订在每章后均设置了实训课题，便于教学使用。由于本书是课程改革的产物，限于水平，一定存在着许多不足之处，希望采用本书的同行能在实际的教学过程中对本书的缺陷提出建设性的意见，以便我们在今后不断改进和完善。

编　者

目　录

绪　　论

学习目标： 重点掌握本学科的学科定义，掌握建筑装饰装修的要素及具体要求。了解本课程的教学及如何学好本课程的方法。

0.1　本课程的关键概念

0.1.1　学科与课程名称

1. 学科名称

中文：建筑装饰装修

英文：Building Decoration

2. 课程名称

建筑装饰装修构造和施工

3. 课程性质

建筑装饰工程技术专业核心主干课

4. 前置课程

建筑装饰设计、建筑装饰装修材料

0.1.2　学科定义

为保护建筑物的主体结构、完善建筑物的使用功能和美化建筑物，采用装饰装修材料或饰物对建筑物的内外表面及空间进行的各种处理过程称为建筑装饰装修。

0.1.3　定义出处

中华人民共和国国家标准《建筑装饰装修工程质量验收规范》（GB 50210）

主编部门：中华人民共和国建设部（现名中华人民共和国住房与城乡建设部）

批准部门：中华人民共和国建设部（现名中华人民共和国住房与城乡建设部）

0.1.4　定义解释

建筑装饰装修的学科定义，包含着以下几个方面的内涵：

1. 建筑装饰装修的目的

（1）保护建筑物的主体结构　建筑结构构件不仅要有足够的强度和刚度，而且还要有足够的耐久性。当它们直接受到风吹、日晒、冰霜、雨雪的侵袭，腐蚀气体和有害气体的侵蚀，不同使用荷载的撞击、摩擦时，会迅速老化。因此，必须通过装饰装修构造在主体结构外表面形成装饰保护层，使其免遭破坏，从而延长建筑物的使用寿命。

（2）完善建筑物的使用功能　建筑师设计的建筑物的使用功能是粗线条的、大概的。建筑物的具体使用功能需要经过装饰装修设计师（室内建筑师）的再设计才能更加符合使用者的要求。以医疗建筑为例，建筑师设计的医疗建筑的重点是建筑的外观、宏观的空间关系和功能布局，如：中庭、楼层、交通组织、出入口、建筑物各空间之间的功能关系、大型建筑设备的配置配备。而装饰装修设计师（室内建筑师）则需要进行具体的医疗科室和各类诊疗空间、候诊空间、服务空间、交通空间的布局，直至办公桌椅的布置、诊疗设备和辅助设备的安排、界面的美化、识别标志的设计等详细功能的细化设计。经过这样的细化设计，建筑物的使用功能才得到了进一步完善。

（3）改善建筑物的室内环境　改善室内环境，如保温、隔热、隔声、防火、防潮、防腐、防静电等的要求。虽然在建筑设计时建筑师对这些已经有所考虑，但他们的考虑和采取的技术手段是初步的。以剧场空间为例：建筑师给定的是一个剧场空间的外壳，包括舞台、看台、休息厅空间、出入口和宏观的环境调节设计，而建筑室内设计师需要将这个环境按照剧场的要求进行具体化，包括舞台的形状、界面，舞台的设施——灯光设施和机械设施、传声设施、控制设施等，看台的观众座位安排、座椅的选择和排列、走道的设计、寻位设计等，整个剧场的各个界面——顶棚、墙面、地面形象、色彩、肌理设计及材料选择，整个剧场的声学、光学、空气调节等环境设计。只有经过了这一系列的具体入微的建筑室内设计，这个剧场空间才可以交付竣工并投入正常使用。

（4）美化建筑物的空间和界面　建筑被誉为"凝固的音乐"，而建筑设计师正是创造优美乐章的人。但建筑物作为一个整体，通常意义上的建筑师往往只完成了一部分工作——建筑形式和建筑结构，也就是说建筑师主要完成的是建筑的框架和建筑的外观形象，而这个阶段的建筑美是不完整的。建筑的室内形象同样是建筑整体形象的一个有机组成部分，这个部分的形象设计需要建筑装饰装修设计师（室内设计师）来完成。他们的主要任务就是通过装饰装修手段，使建筑物的内外空间和界面形象更加趋于完美。

2. 建筑装饰装修的物质基础

（1）装饰装修材料　这是装饰装修工程最基本的物质基础之一，没有适宜的装饰装修材料，装饰装修工程就无从进行。

（2）装饰装修饰物　这是装饰装修工程的物质基础之一，它们对营造室内空间的风格，深化室内空间的文化内涵起着关键的作用。

3. 建筑装饰装修的对象

1）建筑物的内表面及空间。

2）建筑物的外表面及空间。

4. 建筑装饰装修的过程

建筑装饰装修的定义概括了本课程所有的专业工作及其过程。我们可以用两个关键词进行概括，即"建筑装饰装修设计"和"建筑装饰装修施工"。

（1）装饰装修设计过程

1）方案设计。它主要是艺术和功能的设计，是对原建筑的完善和深化，是建筑空间的再设计和再加工。方案设计主要需要解决的问题是：外观形象、材料、设备配置、个性风格、生活理念、生活方式等。

2）技术设计。它是为实现方案设计的各项效果而进行的各种技术细节的设计，其中包括各类装饰材料的选用、装饰装修的构造设计及配电、智能、消防、暖通、节能、安保及施工技术的方案设计。

（2）装饰装修施工过程

1）实现装饰装修设计的效果，负责装饰装修工程施工的组织与管理。

2）根据国家或地方的施工验收规范确定各项技术工种的具体施工流程和施工工艺，并据此进行施工。

0.2　建筑装饰装修要素及具体要求

0.2.1　建筑装饰装修的要素

建筑装饰装修的内容和程序很复杂，但它的要素却只有四个，即设计、材料（饰物）、施工、验收。这四个要素对建筑装饰装修来说缺一不可（表 0-1）。

表 0-1　建筑装饰装修的要素

要　素	作　用	要　素	作　用
设计（艺术/技术）	设计方案和施工及验收的依据	施工	设计方案的实现途径
材料（饰物）	装饰装修工程的物质基础	验收	装饰装修工程的质量保证

0.2.2　《建筑装饰装修工程质量验收规范》（GB 50210）对建筑装饰装修要素的具体要求

《建筑装饰装修工程质量验收规范》（GB 50210）是国家标准，其中对装饰装修的要素提出了一系列具体要求，其中的强制性条款必须严格遵照执行（表 0-2）。

表 0-2　《建筑装饰装修工程质量验收规范》对建筑装饰装修各要素的具体要求

要　素	具 体 要 求
设计	1. 建筑装饰装修工程必须进行设计，并出具完整的施工图设计文件 2. 承担建筑装饰装修工程设计的单位应具备相应的资质，并应建立质量管理体系。由于设计原因造成的质量问题应由设计单位负责 3. 建筑装饰装修设计应符合城市规划、消防、环保、节能等有关规定 4. 承担建筑装饰装修工程设计的单位应对建筑物进行必要的了解和实地勘察，设计深度应满足施工要求 5. 建筑装饰装修工程设计必须保证建筑物的结构安全和主要使用功能。当涉及主体和承重结构改动或增加荷载时，必须由原结构设计单位或具备相应资质的设计单位核查有关原始资料，对既有建筑结构的安全性进行核验、确认 6. 建筑装饰装修工程的防火、防雷和抗震设计应符合现行国家标准的规定 7. 当墙体或吊顶内的管线可能产生冰冻或结露时，应进行防冻或防结露设计
材料（饰物）	1. 建筑装饰装修工程所用材料的品种、规格和质量应符合设计要求和国家现行标准的规定。当设计无要求时应符合国家现行标准的规定。严禁使用国家明令淘汰的材料 2. 建筑装饰装修工程所用材料的燃烧性能应符合现行国家标准《建筑内部装修设计防火规范》（GB 50222）、《建筑设计防火规范》（GB 50016）的规定 3. 建筑装饰装修工程所用材料应符合国家有关建筑装饰装修材料有害物质限量标准的规定 4. 所有材料进场时应对品种规格、外观、尺寸进行验收。材料包装应完好，应有产品合格证书、中文说明书及相关性能的检测报告，进口产品应按规定进行商品检验

（续）

要　素	具　体　要　求
材料（饰物）	5. 进场后需要进行复验的材料种类及项目应符合本规范各章的规定,同一厂家生产的同一品种同一类型的进场材料应至少抽取一组样品进行复验,当合同另有约定时应按合同执行 6. 当国家规定或合同约定应对材料进行见证检测时或对材料的质量发生争议时应进行见证检测 7. 承担建筑装饰装修材料检测的单位应具备相应的资质并应建立质量管理体系 8. 建筑装饰装修工程所使用的材料在运输储存和施工过程中必须采取有效措施防止损坏变质和污染环境 9. 建筑装饰装修工程所使用的材料应按设计要求进行防火防腐和防虫处理 10. 现场配制的材料如砂浆胶粘剂等应按设计要求或产品说明书配制
施工	1. 承担建筑装饰装修工程施工的单位应具备相应的资质,并应建立质量管理体系。施工单位应编制施工组织设计并应经过审查批准。施工单位应按有关的施工工艺标准或经审定的施工技术方案施工,并应对施工全过程实行质量控制 2. 承担建筑装饰装修工程施工的人员应有相应岗位的资格证书 3. 建筑装饰装修工程的施工质量应符合设计要求和本规范的规定,由于违反设计文件和本规范的规定施工造成的质量问题应由施工单位负责 4. 建筑装饰装修工程施工中,严禁违反设计文件擅自改动建筑主体、承重结构或主要使用功能;严禁未经设计确认和有关部门批准擅自拆改水、暖、电、燃气、通信等配套设施 5. 施工单位应遵守有关环境保护的法律法规,并应采取有效措施控制施工现场的各种粉尘、废气、废弃物、噪声、振动等对周围环境造成的污染和危害 6. 施工单位应遵守有关施工安全、劳动保护、防火和防毒的法律法规,应建立相应的管理制度,并应配备必要的设备、器具和标识 7. 建筑装饰装修工程应在基体或基层的质量验收合格后施工。既有建筑进行装饰装修前,应对基层进行处理并达到本规范的要求 8. 建筑装饰装修工程施工前应有主要材料的样板或做样板间(件),并应经有关各方确认 9. 墙面采用保温材料的建筑装饰装修工程,所用保温材料的类型、品种、规格及施工工艺应符合设计要求 10. 管道、设备等的安装及调试应在建筑装饰装修工程施工前完成,当必须同步进行时,应在饰面层施工前完成。装饰装修工程不得影响管道、设备等的使用和维修。涉及燃气管道的建筑装饰装修工程必须符合有关安全管理的规定 11. 建筑装饰装修工程的电器安装应符合设计要求和国家现行标准的规定。严禁不经穿管直接埋设电线 12. 室内外装饰装修工程施工的环境条件应满足施工工艺的要求。施工环境温度不应低于5℃。当必须在低于5℃气温下施工时,应采取保证工程质量的有效措施 13. 建筑装饰装修工程施工过程中应做好半成品、成品的保护,防止污染和损坏 14. 建筑装饰装修工程验收前应将施工现场清理干净

0.2.3　建筑装饰装修工程施工质量验收的相关标准和规范

　　建筑装饰装修工程的质量验收的标准和规范是建筑装饰装修工程施工的技术上和法律上的指南。但由于建筑装饰装修工程施工的复杂性,除了按《建筑装饰装修工程质量验收规范（GB 50210）》进行的验收以外,政府的有关部门和有些业主还会提出更多内容的验收要求,例如防火和环保方面的验收。因此,对建筑装饰装修工程的质量的验收标准也是多方面的,国家先后颁布了一系列的标准和规范,归纳起来有三类,具体的规范和标准如下:

1. 直接的工程验收规范

1）GB 50210 建筑装饰装修工程质量验收规范

2）GB 50327 住宅装饰装修工程施工规范

2. 专项的工程验收规范，例如防火、电器设计和环境保护方面的规范

1）GB 50222 建筑内部装修设计防火规范

2）JGJ/T 1692 民用建筑电气设计规范

3. 环境保护方面的规范

1）GB 50325 民用建筑工程室内环境污染控制规范

2）GB 18580 室内装饰装修材料　人造板及其制品中甲醛释放限量

3）GB 18581 室内装饰装修材料　溶剂型木器涂料中有害物质限量

4）GB 18582 室内装饰装修材料　内墙涂料中有害物质限量

5）GB 18583 室内装饰装修材料　胶粘剂中有害物质限量

6）GB 18584 室内装饰装修材料　木家具中有害物质限量

7）GB 18585 室内装饰装修材料　壁纸中有害物质限量

8）GB 18586 室内装饰装修材料　聚氯乙烯卷材地板中有害物质限量

9）GB 18587 室内装饰装修材料　地毯、地毯衬垫及地毯胶粘剂有害物质释放限量

10）GB 18588 混凝土外加剂中释放氨的限量

11）GB 6566 建筑材料放射性核素限量

0.3　本课程的教学

0.3.1　本课程的主要学习内容

装饰装修的构造设计及其施工流程、施工工艺、施工质量的验收方法和相关的规范。

0.3.2　本课程的性质

本课程是建筑装饰专业教学主干课程。就课程性质及在学科中的地位而言，它是建筑装饰装修专业的核心课程；是从事建筑装饰装修行业的专业技术人员必须具备的专业知识；是对"建筑装饰装修构造"和"建筑装饰装修施工"两门课程的整合。经过整合，本课程地位更加重要，其学习内容是本专业人员必备的专业知识。

0.3.3　本课程的特点

1. 整合性和综合性

本课程原来是按照装饰装修构造、装饰装修施工两门课程分别实施教学的。这两门课很有可能会安排在不同的学期由不同的老师来组织教学。这样做的弊端很多，主要有两点：一是重复多。因为这两个知识群相互关联性很强，讲构造的时候如果不讲设计施工的内容，那么这样的知识就很孤立了；讲施工时若不提构造，知识内容就无法展开。所以，每门课程都会重复其他课程的内容，从而造成课时的浪费。二是不连贯。因为通常是由不同的老师来组织教学，因此老师会根据自己的情况，各讲各的，有些甚至会出现矛盾。还有因为课程通常

被安排在不同的学期,因此在需要学生运用前置课程的知识时学生有可能已经遗忘了。

因此,经过全国建筑类教指委专家的反复论证,认为将这两门课程整合成一门课程,对教学有利。这样两部分内容紧密整合、互相穿插、一气呵成,使得教学效率大大提高,不仅可以节省课时,而且大大有利于学生对装饰装修的核心知识形成整体的概念,从而充分地掌握装饰装修的关键知识。

本课程涉及学科多,是典型的学科交叉性课程,前置课程有装饰装修制图、装饰装修设计、力学基础,本身又涉及材料、构造、施工、验收等多个方面的学科知识,所以就形成本课程综合性强的特点。

2. 实践性和经验性

本课程的知识大都源于实践又用于实践,许多知识都是别人的经验和实践。例如,别人怎样选择材料,如何进行构造设计,如何组织施工,这些知识、案例都是别人的实践和经验。要看懂本教材的文字和图样并不困难,但要真正融会贯通,需要学生根据教材提供的知识、案例和设计的作业及实训内容,反复琢磨、反复练习、反复实践,才有可能真正掌握本课程的知识。本专业有个非常特别的有利条件,就是整个社会都是学习的课堂。只要随时留意周围环境,商场、饭店、影院、会场、车站、居家……所有现实环境中的现实场景都是学习的对象,可以随时随地分析它们的优劣,琢磨它们的材料选择、构造设计及施工方法。除此之外,还要主动到工地进行参观、学习,丰富自己的知识和经验。因此,实践和经验在这门课程中起关键的作用,要在不断地练习和实践中积累自己的经验,使本课程的知识真正为下一步的装饰装修设计和装饰装修施工服务。

3. 记忆性和创新性

本课程涉及大量的图样和专业术语,一些材料的关键知识、典型部位的构造、相关的尺寸、施工流程的工艺、验收方法等都需要记忆。在记忆的同时还要不忘创新,不但要对这些知识举一反三地运用,还要发挥自己的创造力,对原有的知识进行创新,形成自己的知识。这一点特别体现在材料的选择和构造设计方面。教材中介绍的往往是一些典型的方法,而随着时代的进步,科学技术的发展,这些方法也会随之发生变化。学生自己也可以探索、创新一些新的材料使用、构造设计的方法,给人以新的惊喜。

0.4　如何学好本门课程

学好本课程最好能够做到下面的六个"多"。

1. 多观察　多思考

尽可能多地接触装饰施工工地,观察装饰工程从开始到结束的全过程,每个工程部件是如何完成的。多看已完成的建筑空间里精彩的构造,思考、琢磨它们的构造方法。留意有关人员从不同角度对构造提出的建议和想法。

2. 多阅读　多借鉴

多阅读课外资料,如设计规范、标准图集、工程施工图、工程实例分析等。在观察过程中分析建筑空间各个部位构造的不同处理方式,体会不同材料所体现的不同效果。对学过的构造知识进行归纳和总结,从而对构造理论产生较深的体会和理解,在设计时也可借鉴一些成功的构造手法。

3. 多动手　多实践

通过动手练习提高构造设计水平。临摹教材或资料上的构造图是一种很好的学习方法，从临摹的过程中可以加深和感知图中蕴含的信息，掌握正确规范的图面表达方式；多做构造设计练习更是很好的实践途径，做设计练习时要尽可能地多画构造大样；从施工现场或完工的建筑空间记录构造处理手法也是一种很好的实践。要认真地完成本教材设计的作业和布置的实训任务，从作业和实训中得到实践提高的锻炼。

思　考　题

0-1　建筑装饰装修的定义是什么？它有哪些要点？

0-2　建筑装饰装修的要素有几项？它包含哪些内容？

0-3　本课程是什么性质的课，它有哪些特点？

0-4　结合本专业的特点，谈谈你准备如何学好本课程？

第1章　建筑装饰装修构造与施工概述

 学习目标： 掌握建筑装饰装修构造的定义与类型，其中重点掌握构造设计的六条原理。熟悉建筑装饰装修的分类和装饰装修工程质量的验收标准。

1.1　建筑装饰装修的相关概念

1.1.1　建筑装饰装修的分类

建筑装饰装修的类型很多，可以通过下列四项分类方法了解建筑装饰装修的众多种类（表1-1）。

表1-1　建筑装饰装修工程分类

分类方法	建筑装饰装修的具体分类
根据使用功能的不同	家居、商业、旅游、餐饮、娱乐、交通、演观、文化、会展、经贸、体育、教育、医疗、科研、办公、宗教、司法、生产、军事等功能的装饰装修工程
根据所用材料的不同	水泥类、石膏类、陶瓷类、石材类、玻璃类、塑料类、裱糊类、涂料类、木材类和金属类等材料的装饰装修工程
根据施工方法的不同	抹、刷、涂、喷、滚、弹、铺、贴、裱、挂、钉等施工方法的装饰装修工程
根据工程部位的不同	外墙、内墙、顶棚、地面、隔断、门窗、店面和配套设置等部位的装饰装修工程

1.1.2　建筑装饰装修的对象和部位

虽然建筑装饰装修的类型很多，但对设计者来说需要设计的建筑装饰装修部位归纳起来只有三种对象和四个部位（表1-2、表1-3）。

表1-2　建筑装饰装修对象

对象	对应部位
基体	建筑物的主体结构或围护结构
基层	直接承受装饰装修施工的面层
细部	建筑装饰装修工程中局部采用的部件或饰物

表1-3　建筑装饰装修部位

部位	主要目的
顶棚	遮蔽隐蔽工程、防止脱落、改善室内物理环境、照明反射
内外墙柱面	防止剥落、防止污染
楼地面	防滑、耐磨、防尘、耐冲击、蓄热、易清洗
门窗花格	改善采光、调节通风、调节声音通过效果

1.1.3　建筑装饰装修的等级

建筑的类型很多，客观上存在着建筑物的等级。表1-4中有些已经不符合当前社会的发展水平，仅作为一个参考，让大家知道建筑装饰装修是有等级的。特别在设计政府主导的公共建筑装饰装修时，要参考相关的规定。

表 1-4　建筑装饰装修等级

等　级	建筑物类型
一	高级宾馆、别墅、纪念性建筑、大型博览建筑、观演建筑、交通建筑、体育建筑、一级行政机关办公楼、市级商场
二	科研建筑、高校、普通博览建筑、观演建筑、交通建筑、体育建筑、广播建筑、医疗建筑、通信建筑、旅馆、机关办公楼等
三	中小学、托儿所、生活服务性建筑、普通行政机关办公楼、普通居住建筑

1.1.4　建筑装饰装修的标准

建筑装饰装修要根据装饰对象的建筑等级来设计构造、选用材料和施工工艺。高等级建筑用高等级材料、构造和施工工艺，低等级建筑用低等级材料、构造和施工工艺。表 1-5 中所列的等级材料只是一个参考，因为目前建筑装饰装修材料已经大大丰富了，等级表不可能涵盖所有材料，但材料的等级是客观存在的。

表 1-5　建筑装饰装修材料等级

等级	房间类型	部位	内饰标准及材料	外饰标准及材料	备　注
一	全部房间	墙面	塑料壁纸(布)、织物墙面、大理石、装饰板、木墙裙、各种面砖、内墙涂料	大理石、花岗石、面砖、无机涂料、金属板、玻璃幕墙	
		楼地面	软木橡胶地板、各种塑料地板、大理石、彩色水磨石、地毯、木地板		
		顶棚	金属装饰板、塑料装饰板、金属壁纸、塑料壁纸、装饰吸声板、玻璃顶棚、灯具	室外雨篷下或悬挑部分的楼板下可参照装饰顶棚	
		门窗	夹板门、推拉门、带木镶边板、大理石镶边板、窗帘盒	各种颜色玻璃、铝合金门窗、塑钢门窗、特制木门窗、钢窗及玻璃栏板	
		其他设施	各种金属花格、竹木花格、自动扶梯、有机玻璃栏板、灯具、空调、防火设备、暖气设备、高档卫生设备	局部屋檐、屋顶可用各种瓦件和金属装饰物	
二	门厅、楼梯、走道、普通房间	墙面	各种内墙涂料和装饰抹灰、有窗帘盒和暖气罩	主要立面可用面砖，局部大理石、无机涂料	功能上有特殊要求者除外
		楼地面	彩色水磨石、地毯、各种塑料地板、卷材地毯、碎拼大理石地面		
		顶棚	混合砂浆、石灰膏罩面、钙塑板、胶合板、吸声板等顶棚饰面		
		门窗		普通木门窗、主要入口可用铝合金门	
	厕所、盥洗室	墙面	普通水磨石、陶瓷锦砖、1.4～1.7m 高度白瓷砖墙裙		
		顶棚	混合砂浆、石灰膏罩面		
		门窗	普通木门窗		

（续）

等级	房间类型	部位	内饰标准及材料	外饰标准及材料	备　注
三	一般房间	墙面	混合砂浆色浆粉刷、可赛银乳胶漆、局部油漆墙裙、柱子不作特殊装饰	局部可用面砖、大部分用水刷石或干粘石、无机涂料、色浆、清水砖	
		地面	局部水磨石、水泥砂浆地面		
		顶棚	混合砂浆、石灰膏罩面	同室内	
		其他	文体用房、托幼小班可用木地板、窗饰除托幼外不设暖气罩，不准做钢饰件，不用白水泥、大理石、铝合金门窗、不贴墙纸	禁用大理石、金属外墙板	
	门厅、楼梯走道		除门厅局部吊顶外，其他同一般房间，楼梯用金属栏杆木扶手或抹灰栏板		
	厕所、盥洗室		水泥砂浆地面、水泥砂浆墙裙		

1.2　建筑装饰装修构造

1.2.1　什么是建筑装饰装修构造

1. 建筑装饰装修构造的概念

建筑装饰装修构造就是指建筑装饰装修设计的结构方案和制造方法。通俗地说，建筑装饰装修设计就是方案设计，建筑装饰装修构造设计就是建筑装饰装修方案的施工图设计。

2. 建筑装饰装修构造设计的基本内容

1）提出实现方案的构造做法。

2）提出材料的选择方案。

3）提出施工的技术要求。

图1-1为方案图和构造图，图1-2为现实场景图，通过这两张图可以清晰地了解建筑装饰装修构造的基本内容。

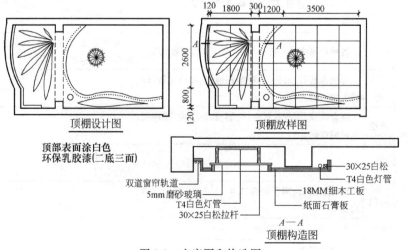

图1-1　方案图和构造图

图 1-2　现实场景图

1.2.2　建筑装饰装修构造的类型

建筑装饰装修构造可分为 3 种类型，见表 1-6 所示。

表 1-6　建筑装饰装修构造类型

类　　型	说　　明	主要方式
结构类构造	装饰木骨架、金属骨架与建筑主体结构连接在一起	竖向支撑、水平悬挂、垂直悬吊
饰面类构造	在建筑表面覆盖一层保护或装饰面层	涂刷、涂抹、铺贴、胶粘、钉嵌
配件类构造	成品、半成品，在现场安装	粘结、焊接、钉接、榫接

1.2.3　建筑装饰装修构造的设计原理

1. 服从原理

建筑装饰装修构造设计的目的是为了实现方案的效果，而建筑装饰装修方案设计是构造设计的依据，构造设计必须服从方案设计，想方设法完美地实现方案设计所设想的艺术效果。特别是有些创新性强的方案设计，会出现一些从未见过的装饰装修效果，构造设计过程中就要仔细揣摩方案设计者的意图，运用一切技术手段，努力实现这些创新的效果。

2. 规范原理

建筑装饰装修构造设计就是施工的命令。设计图本身的各项设计表达和图例必须符合国家相关的制图标准和规范。与制图有关的国家标准有：

1）GB/T 50001 房屋建筑制图统一标准

2）GB/T 50104 建筑制图标准

3）GB/T 50105 建筑结构制图标准

4）GB/T 50106 建筑给水排水制图标准

5）GB/T 50114 暖通空调制图标准

3. 可行原理

方案设计通过构造设计实现效果，构造设计方案必须是可以进行现实施工的，要把握三个要点：

（1）选用正确的装饰材料　建筑装饰材料种类繁多，新型装饰材料层出不穷。我们在使用建筑装饰材料时，可根据材料的使用部位和作用，选择不同技术性能的材料。材料必须安全可靠，有一定的耐久性。要对建筑装饰材料的基本性能充分了解，不能因为对材料的性能一知半解而滥用材料，留下事故隐患。

（2）考虑现实的施工条件　建筑装饰装修构造设计必须考虑现实的施工条件，运用现实、可行的施工工艺，无法施工的构造是没有意义的。因为装饰装修工种复杂，木、泥、漆、水电、智能、空调等工种往往要交叉施工，所以各工种需配合协调。不能单单考虑一个工种的施工条件，所以构造设计必须全面考虑施工条件。

（3）考虑合理的性价比　材料选择一定要考虑性价比。要根据工程的造价要求和经济性，合理选用合适的材料和合适的施工工艺。成本太高的材料选择时必须慎重，过于复杂的施工工艺也要慎用。但必须要用的贵重材料和复杂的施工工艺决不能以次充好、偷工减料。

4. 安全原理

建筑空间是人类自我保护、赖以生存的场所。如果没有安全保障，建筑的其他功能就会变得毫无意义，因此，建筑装饰装修构造设计必须考虑安全性。安全性有四个要点：

（1）主体结构的完整性　由于装饰所用的材料大多依附在主体结构上，主体结构构件必须承受由此传来的附加荷载，如地面构造和吊顶构造将增加楼盖荷载，重新布置室内空间会导致荷载变化及结构受力性能变化等。因此，严禁破坏建筑的主体结构，不应改变建筑的承重关系；构造设计必须符合力学原理，选择可靠的材料和结构方案；对没有把握的设计一定要经过设计论证；遵守国家相关法规的规定，不做危及结构安全的方案，任何情况下都不能越权设计；还要考虑抗震、抗风、避雷击等因素，尽量减少自然灾害带来的损失。

（2）装饰构件的稳定性　装饰构造自身的强度、刚度、稳定性一旦出现问题，不仅直接影响装饰效果，而且还可能造成人身伤害和财产损失，如玻璃幕墙的覆面玻璃和铝合金骨架在正常荷载情况下应满足强度、刚度等要求。因此，要正确验算装饰构件和主体结构构件的承载力，尤其是当需要拆改某些主体结构构件时，建筑主体的安全验算就非常重要。

（3）连接部件的可靠性　装饰构件与主体结构的连接也必须保证安全可靠，连接节点承担外界各种荷载，并传递给主体结构，如果连接节点强度不足，会导致装饰构件坠落，建筑装饰工程中，切忌破坏性装修。

（4）材料选择的规范性　建筑装饰装修设计有很多规范的制约。这里特别强调建筑装饰装修构造设计的材料选择必须执行《建筑内部装修设计防火规范》（GB 50222）。这个规范是强制性的国家标准，它对不同的建筑规定了不同的防火要求，还把建筑材料分成四个防火等级。因此，必须严格按照建筑的类型，选择防火等级对应的相关材料。

5. 可持续原理

这是当今社会非常重视的一个理念，要把社会发展从资源消耗型、投资扩大型转变为环境友好型、资源循环型。建筑装饰装修行业也同样面临这个转变，过去这个行业的浪费相当惊人，不仅表现在资源材料的浪费上，而且在设计的理念上没有把节能、节约资源、环境保护作为一个设计考量的重点，造成的设计后果就是建筑环境的使用耗能高、维护费用大、使用周期短、循环利用差。这个情况的改变必须从设计入手，重点从以下三个方面进行改变：

（1）节约能源　保温、节电、节水，充分利用自然光，大力选用节能光源。

（2）节约资源　节约使用不可再生资源，倡导采用循环材料，二次利用材料。

（3）环保控污　建筑装饰材料的选择和施工应符合国家《民用建筑工程室内环境污染控制规范》的要求，避免选择含有毒性物质和放射性物质的建筑装饰材料，如挥发有毒气体的油漆、涂料和化纤制品、放射性指标超过国家标准的石材，防止对使用者造成身体伤害，确保为人们提供一个安全可靠、环境舒适、有益健康的工作生活空间环境。

6. 整合原理

现代建筑，尤其是一些特殊要求的或大型的公共建筑，其结构空间大、设备数量多、功能要求复杂、各种设备错综布置，常利用装饰的各种构造方法将各种设施进行有机组织，如将通风口、窗帘盒、灯具、消防管道等设施与顶棚或墙面有机整合，不仅可减少设备占用空间、节省材料，而且可起到美化建筑物的作用。

建筑装饰装修工程是建筑施工的最后一道工序，它具有将各工种之间协调统一的整合作用。如果装饰构造得当合理，就能够更好地满足使用功能要求。

7. 美观原理

除了功能之外，美观是装饰装修的一个主要目的。不仅要造型形式美观、色彩搭配悦目协调、肌理搭配舒适得当、衔接收口自然得体，还要与整体设计风格统一协调。

8. 创新原理

创新是各类设计永恒的主题。创新的目的是如何使构造形式更新颖、造型更美观、结构更牢固、造价更经济、施工更方便、使用更舒适。建筑装饰装修是随着时代的进步在不断发展的，创新在其中起了关键的作用。当今装饰装修构造与过去的构造相比，在形式上已经发生很大的变化。许多习以为常的做法其实有着更大的改进空间，在这方面尚有很多工作可做。

附录：装修材料的防火等级及民用建筑材料的阻燃等级（表1-7～表1-9）

表 1-7　装修材料燃烧性能等级

等　级	装修材料燃烧性能	等　级	装修材料燃烧性能
A	不燃性	B_2	可燃性
B_1	难燃性	B_3	易燃性

表 1-8　单层、多层民用建筑内部各部位装修材料的燃烧性能等级

建筑物及场所	建筑规模、性质	装修材料燃烧性能等级					装饰织物		其他装饰材料
		顶棚	墙面	地面	隔断	固定家具	窗帘	帷幕	
候机楼的候机大厅、商店、餐厅、贵宾候机室、售票厅等	建筑面积 >10000m² 的候机楼	A	A	B_1	B_1	B_1	B_1		B_1
	建筑面积 ≤10000m² 的候机楼	A	B_1	B_1	B_1	B_2	B_2		B_2
汽车站、火车站、轮船客运站的候车(船)室、餐厅、商场等	建筑面积 >10000m² 的车站、码头	A	A	B_1	B_1	B_2	B_2		B_1
	建筑面积 ≤10000m² 的车站、码头	B_1	B_1	B_1	B_2	B_2	B_2		B_2

（续）

建筑物及场所	建筑规模、性质	装修材料燃烧性能等级					装饰织物		其他装饰材料
		顶棚	墙面	地面	隔断	固定家具	窗帘	帷幕	
影院、会堂、礼堂、剧院、音乐厅	>800 座位	A	A	B₁	B₁	B₁	B₁	B₁	B₁
	≤800 座位	A	B₁	B₁	B₂	B₁	B₂	B₁	B₂
体育馆	>3000 座位	A	A	B₁	B₁	B₁	B₁	B₁	B₂
	≤3000 座位	A	B₁	B₁	B₂	B₂	B₂	B₁	B₂
商场营业厅	每层建筑面积 >3000m² 或总建筑面积 >9000m² 的营业厅	A	B₁	A	A	B₁	B₁		B₂
	每层建筑面积 1000~3000m² 或总建筑面积 3000~9000m² 的营业厅	A	B₁	B₁	B₁	B₂	B₁		
	每层建筑面积 <1000m² 或总建筑面积 <3000m² 的营业厅	B₁	B₁	B₁	B₂	B₂	B₂		
饭店、旅馆的客房及公共活动用房等	设有中央空调系统的饭店、旅馆	A	B₁	B₁	B₁	B₂	B₂		B₂
	其他饭店、旅馆	B₁	B₁	B₂	B₂	B₂	B₂		
歌舞厅、餐馆等娱乐餐饮建筑	营业面积 >100m²	A	B₁	B₁	B₂	B₂	B₁		B₂
	营业面积 ≤100m²	B₁	B₁	B₁	B₂	B₂	B₁		B₂
幼儿园、托儿所、医院病房楼、疗养院、养老院		A	B₁	B₁	B₁	B₂	B₁		B₂
纪念馆、展览馆、博物馆、图书馆、档案馆、资料馆	国家级、省级	A	B₁	B₁	B₁	B₂	B₁		B₂
	省级以下	B₁	B₁	B₂	B₂	B₂	B₂		B₂
办公楼、综合楼	设有中央空调系统的办公楼、综合楼	A	B₁	B₁	B₁	B₂	B₂		B₂
	其他办公楼、综合楼	B₁	B₁	B₂	B₂	B₂	B₂		
住宅	高级住宅	B₁	B₁	B₁	B₁	B₂	B₂		B₂
	普通住宅	B₁	B₂	B₂	B₁	B₂			

表 1-9　高层民用建筑内部各部位装修材料的燃烧性能等级

建筑物	建筑规模、性质	装修材料燃烧性能等级					装饰织物				其他装饰材料
		顶棚	墙面	地面	隔断	固定家具	窗帘	帷幕	床罩	家具包布	
高级旅馆	>800 座位的观众厅、会议厅、顶层餐厅	A	B₁	B₁	B₁	B₁	B₁	B₁		B₁	B₁
	≤800 座位的观众厅、会议厅	A	B₁	B₁	B₁	B₂	B₂	B₁		B₂	B₁
	其他部位	A	B₁	B₁	B₂	B₂	B₂	B₁		B₂	B₁

（续）

建　筑　物	建筑规模、性质	装修材料燃烧性能等级									
		顶棚	墙面	地面	隔断	固定家具	装饰织物				其他装饰材料
							窗帘	帷幕	床罩	家具包布	
商业楼、展览楼、综合楼、商住楼、医院病房楼	一类建筑	A	B1	B1	B1	B2	B1	B1		B2	B1
	二类建筑	B1	B1	B2	B2	B2	B2	B2		B2	B2
电信楼、财贸金融楼、邮政楼、广播电视楼、电力调度楼、防灾指挥调度楼	一类建筑	A	A	B1	B1	B1	B1	B1		B2	B1

1.3　建筑装饰装修施工

1.3.1　什么是建筑装饰装修施工

1. 装饰装修施工的概念

以装饰装修设计方案图和施工图规定的设计要求和预先确定的验收标准为依据，以科学的流程和正确的技术工艺为指导，实施装饰装修各项工程内容的工程活动就是装饰装修施工。

2. 建筑装饰装修施工的内容

建筑装饰装修施工的内容有施工技术、施工组织与管理两块主要的内容。本课程着重探讨建筑装饰装修的施工技术方面的内容。重点是施工流程和施工工艺，就是如何把建筑装饰装修设计变成现实的技术问题（表1-10）。

表1-10　建筑装饰装修施工内容

施工内容	说　　明
施工流程	研究建筑装饰装修工程实施的科学程序。应该先做什么，后做什么。上一步需要做到什么程度才能接着做下一步
施工工艺	研究装饰装修工程实施的科学方法。如何施工才会有好的效果，施工的技术要点是什么，施工需要注意什么问题，怎样施工才能通过法定的质量检验
施工部位	顶棚、墙面、柱子、楼面、地面、门窗、木制品，还包括智能工程、消防工程等。凡是建筑装饰装修构造设计涉及的各个部位都要进行施工
施工类别	水泥类、石膏类、陶瓷类、石材类、玻璃类、塑料类、裱糊类、涂料类、木材类、金属类、设备类、管线类等
施工方法	抹、刷、涂、喷、滚、弹、铺、贴、裱、挂、钉、焊、裁、切等
施工工种	木工、镶贴工(泥工)、水电工、漆工、玻璃工、金属工、美工、杂工、设备安装工等

1.3.2　建筑装饰装修施工的要求

建筑装饰装修施工已成为一门独立的新兴学科和行业，其技术的发展与建材、轻工、化工、机械、电子、冶金、纺织及建筑设计、施工、应用和科研等众多的领域密切相关。

1. 专业性

建筑装饰装修工程除了审美功能以外，其本质内容是完善建筑的使用功能。它是建筑工程的有机组成部分。由于建筑装饰装修工程大多是以饰面为最终效果，所以许多处于隐蔽部位而对于工程质量起着关键作用的项目和操作工序很容易被忽略，或是其质量弊病很容易被表面的美化修饰所掩盖。如大量的预埋件、连接件、铆固件、骨架杆件、焊接件、饰面板下的基面或基层处理，防火、防腐、防潮、防水、防虫、绝缘、隔声等功能性与安全性的构造和处理等，专业性极强。为此，建筑装饰装修工程的从业人员应该是经过专业技术培训和接受过一定的职业教育的持证上岗人员，其技术人员应具备相应的美学知识、识图能力、专业技能和及时发现问题、解决问题的能力，还应具备严格执行国家政策和法规的强烈意识。

2. 规范性

建筑装饰工程的施工，不仅关系到美学效果，而且还涉及强电弱电、给水排水、空调电梯、设备安装等专项技术设计；涉及许多工种的互相配合；涉及质量控制和验收标准；涉及空气及环境质量；涉及建筑物的长期使用及使用安全等重大问题。因此无论是设计的表达、材料的选用还是施工技术与工艺的实施都要遵循国家制定的一系列规范与标准。所以说建筑装饰设计是一项严肃的建筑工程活动，所有的工作都要符合国家的法律法规，符合各种标准和规范，不能随心所欲，随意为之。

3. 复杂性

建筑装饰装修工程的施工工序繁多，施工操作人员的工种也十分复杂，这些工种包括水、电、暖、卫、木、泥水、玻璃、油漆、金属等多个工种。对于较大规模的工程，加上消防系统、音响系统、保安系统、通信系统等，常常有几十道工序。这些工种和工序交叉或轮流作业，往往会造成施工现场拥挤混乱，影响施工质量、进度和效率。因此，为保证工程质量、施工进度和提高工效，必须依靠具备专业知识和经验的施工管理人员，并以施工组织设计为指导，实行科学管理，使各工序和各工种之间衔接紧凑，人工、材料和施工机具调度协调。

4. 经济性

建筑装饰装修工程除了反映艺术性、时代感和科技水准，也反映了它的工程造价。现在建筑主体结构、安装工程和装饰工程的费用，其比例通常为30%、30%、40%，而国家重点工程、高级宾馆饭店、涉外及外资工程等建筑装饰装修工程费用已超过总投资的一半以上。随着科学技术的进步，新材料、新技术、新工艺和新设备的不断发展，建筑装饰装修工程造价还可能会继续提高。因此，必须做好建筑装饰装修工程的预算和估价工作，严格控制工程成本，加强施工企业的经济管理和经济活动的分析，节约投资，提高经济效益和建筑装饰装修工程的质量和水平。

5. 发展性

建筑装饰装修是一个交叉性专业，涉及到建材、化工、轻工以及建筑设计与施工等诸方面。改革开放以来，国外一些先进的装饰材料和施工工艺陆续传入我国，使我国的新材料、新技术和新工艺不断涌现，促进了我国建筑装饰技术的不断发展和进步。如陶瓷饰面砖的镶贴施工由原来的水泥砂浆粘贴逐步转向采用胶黏剂粘贴；饰面石板由传统的挂贴施工逐步转向干挂施工；用微薄木装饰板、塑铝板、不锈钢板等作为墙面和顶棚的罩面装饰取代了抹灰工艺。这些改进都是使湿法作业改变为干法作业，同时提高了保护结构主体的功能，提高了施工效率，缩短了施工工期，增强了装饰效果。这种现象随着科学技术的进步还将不断发展，可以毫不夸张地说，在建筑装饰行业几乎每天都在诞生着新的施工工艺和施工技术。

1.4　建筑装饰装修工程的质量验收要求

1.4.1　建筑装饰装修工程验收的意义

建筑装饰装修工程完工后必须进行验收，这是 GB 50210 规定的工程程序。公共建筑装饰装修工程验收采用国家标准，家庭建筑装饰装修工程验收可以采用国家标准，也可以采用地方标准。建筑装饰装修工程验收机构采用这两个标准进行的家装工程的验收都具有法律效力。

在验收过程中发现的质量问题必须全部整改。整改后，这部分工程还需要通过复验。验收合格以后才可以办理工程完工和交付手续。

1.4.2　建筑装饰装修工程验收的标准和依据

建筑装饰装修工程验收的各项标准已经在本书绪论中详细列出。这些标准是建筑装饰装修工程验收的法定依据。这些标准都是全国性的法规，它们是根据我国的宏观情况制定的用来约束全国建筑装饰装修工程的法规。

对家庭装饰装修工程而言，许多省份先后制定了符合本地条件的地方标准。各地也可以按照本地省级人民政府制定的地方标准进行验收，但需要在工程进行前事先约定。

1.4.3　建筑装饰装修工程验收的方法

1. 工程验收的主体

（1）当事者验收　即几方当事人共同验收。由业主、设计师、监理人员或施工单位一起共同进行，这种方法适合小型装饰工程和家装工程的验收。在没有纠纷的情况下，可以采用这样的方法。

（2）第三方验收　一般有两种方法：

1）由法定检验机构验收。即由政府技术监督局或建筑质检站这样的专业检验机构来进行验收。

2）由具有资质的专业检验机构进行验收。如果装修公司和客户出现了矛盾，可以请第三方的检验机构进行验收。这样的验收是收费的，需要预先支付验收费用。

2. 工程验收的方法

（1）分项验收　这种验收方法就是每完成一个分项工程就进行一次针对性的验收。如隐蔽工程完工就进行隐蔽工程的验收；防水工程完工就进行防水工程验收；中期工程完成就进行中期工程验收等。采用这种验收方法的优点是：及时发现装修缺陷，及时整改，如果出现问题，整改费用相对较少；缺点是：程序比较复杂，工期有可能拖延。采用分项验收方法的装修工程在最后完工时还有一个最终验收，但由于进行了分项验收，每个阶段的问题已经及时整改，所以在最后验收的时候就是履行一个手续。一般施工企业内部验收（监理公司监理验收）和装修公司验收多数采用这种验收方法。

（2）完工验收　这种验收方法就是在工程最后完工的时候对整个家装工程进行全面的验收。优点是程序比较简单，但一旦发现问题，整改起来就比较困难。例如，在隐蔽工程上发现了问题，需要及时整改，如果等到完工验收时才发现问题，返工的工程量就大了。

3. 验收的步骤

（1）准备相应的文件　工程验收时，必须准备好下列工程文件资料：

1）施工合同和工程预算单，工艺做法。

2）设计图纸，如施工中有较大修改，应有修改后图纸。

3）工程变更通知单。

4）隐蔽工程验收单。

5）材料验收单。

6）如做了防水工程需要提供防水工程验收单。

7）如做了工程分项验收，需提供工程分项验收单。

8）工程延期证明单。

9）如拆改墙体、水暖管道等需提供经物业公司、甲乙双方共同签字的批准单。

10）其他甲乙双方在施工过程中达成的书面协议。

上述资料是正规的装修公司目前都在执行的工程文件。但有些文件可能是单方面的，即双方签字，装饰装修公司存档，这些工程文件均是有法律效力的。在目前的装修市场有待进一步规范的情况下，作为客户索要上述工程文件是保护自身利益的必备手段，也是消费者知情权的具体体现。如果业主和装修公司因发生争议而走上法庭时，这些文件均属于证据。

（2）查看工程设计效果　对照设计图纸，查看各个房间的设计效果是否与图纸一致，设计效果是否达到了图纸的要求。

（3）查看工程的施工情况　按照约定的验收规范，检验各个部分的施工情况和使用效果。例如，每个开关都要开启和关闭，每个插座都要检验是否通电，煤气、冷热水龙头，地漏、马桶、水斗等都要试用，门窗、固定家具、抽屉都要开关抽拉，地面、墙面、吊顶、油漆等要仔细观察，看是否达到了施工规范的要求。

1.5　设计、材料、构造、施工和验收的相互关系

五句话可以归纳装饰装修设计、材料、构造、施工和验收五者的相互关系：

1）方案设计是构造设计的依据，方案设计通过构造设计转化为施工命令。

2）方案设计和构造设计是施工流程和施工工艺的依据。

3）材料和饰物是所有设计和施工的物质基础。

4）方案设计通过构造设计和施工工艺实现效果。

5）验收标准是设计依据之一，同时也是施工的技术要求和质量保证。

思　考　题

1-1　建筑装饰装修的对象和部位各是什么？

1-2　建筑装饰装修构造设计有哪些原理？

1-3 建筑装饰装修施工的要求是什么，分别有什么含义？

1-4 建筑装饰装修工程验收的意义是什么？它依据哪个国家标准？

1-5 设计、材料、构造、施工和验收的相互关系是什么？

实 训 课 题

建筑装饰装修行业考察

1. 实训目的

通过建筑装饰装修项目的考察，对课程讲解的建筑装饰装修的概念、分类、部位、对象、标准以及构造、施工的内容，要求有一个感性认识。同时培养自己的观察能力、记录能力、书面和口头表达能力。

2. 实训内容

建筑装饰装修行业考察实训项目任务书

任务名称	建筑装饰装修行业考察实训
任务要求	考察你所在城市的一个建筑装饰装修项目，例如车站、商店、学校、医院、影剧院等，观察它们的功能布局、内外设计和装饰材料的运用
实训目的	理解现实中的建筑装饰装修项目
行动描述	1. 整体了解项目的平面布局，拍摄平面布局图，对整个项目的状态布局了于胸 2. 拍摄建筑外立面并打印，尽可能地标注你所了解的内容 3. 拍摄建筑的主要功能区并打印，尽可能地标注你所了解的内容
工作岗位	本工作属于设计部和施工部，岗位为设计员和材料员、施工员、安全员、资料员、检验员
工作过程	1. 选定一个考察对象 2. 拍摄平面布局图，同时需要根据现场情况手绘草图，在草图上标注你所了解的内容 3. 拍摄建筑外立面，同时需要根据现场情况手绘草图，在草图上标注你所了解的内容 4. 打印拍摄照片，在平面图和外立面照片上以引出线的形式进行内容标注 5. 将以上内容编辑成博客文章 6. 将编辑完成的博客文章上传到指定网站 7. 撰写如何学好《建筑装饰装修构造与施工》课程的心得体会
工作工具	笔、纸、相机（或有拍照功能的手机）、计算机
工作方法	1. 明确任务要求 2. 确定考察项目 3. 从平面到立面进行项目考察、记录、拍摄 4. 回学校后打印拍摄照片，并在照片上以引出线的形式进行内容标注 5. 撰写心得体会，文字不少于 300 字 6. 用计算机编辑工具对以上内容进行编辑 7. 编辑排版尽量做到美观清晰

3. 实训要求

1）将实训内容编辑成一份 QQ 空间日志或新浪博客，其中应包括一段不少于 300 字的文字，谈谈如何学好《建筑装饰装修构造与施工》课程。

2）以班级为单位在 QQ 空间或新浪博客注册，将每个学生的空间日志或新浪博客上传，同学之间进行评、赞。

3）开一个主题班会，对考察收获进行交流，同学之间进行相互评议。

4. 特别关照

外出考察过程中一定要注意安全。

5. 测评考核

建筑装饰装修行业考察实训考核内容、方法及成绩评定标准

系　列	考核内容	考核方法	要求达到的水平	指标	自我评分	教师评分
基本素质	组织纪律性	点名	准时、安全到达考察地点	10		
		检查笔记情况	仔细观察、认真收集资料	10		
实际工作能力	在校外实训场所认真参与考察活动的全过程	检测各项能力	现场观察能力	10		
			摄影、记录能力	10		
			分析归纳能力	20		
			资料收集能力	10		
表达能力	博客编辑	QQ 空间或博客内容与质量	考察 QQ 空间或博客条理清楚、内容翔实、编辑美观	20		
	汇报交流	汇报质量	口头汇报交流条理清晰	10		
任务完成的整体水平				100		

第2章 墙、柱面的构造与施工

学习目标： 重点掌握基本墙面及柱子的材料和构造，镶板类墙面的材料、构造与施工，软包类墙面的材料、构造与施工。掌握贴面类墙面、涂刷类墙面和裱糊类墙面的材料、构造与施工。

2.1 墙、柱面概述

墙体是分隔建筑室内外空间的主要结构构件，柱子是支撑楼板的承重结构构件，而墙面、柱面是室内外空间的侧界面。墙面、柱面装饰对空间环境效果影响很大，是室内外装饰装修的主要部分。墙面和柱面装饰装修构造在方法上基本相同，但也有各自的特殊性。

2.1.1 墙面装饰装修的分类

1. 按位置分类

墙面装饰装修依其在房屋中所处位置的不同，有内墙面和外墙面之分。凡位于建筑物四周外侧的墙面装饰装修称之为外墙面装饰装修；位于建筑物内部的墙面装饰装修称之为内墙面装饰装修。

2. 按工艺分类

墙面装饰装修按材料和施工工艺可分为抹灰、贴面、涂刷、裱糊、镶板、软包、幕墙七大类。

2.1.2 内外墙装饰装修的基本功能

1. 外墙面装饰装修的基本功能

外墙面是构成建筑物外观的要素，直接影响到城市面貌和街景。因此，外墙面的装饰装修一般应根据建筑物本身的使用要求和周围环境等因素来选择饰面，通常选用具有抗老化、耐光照、耐风化、耐水、耐腐蚀和耐大气污染的外墙面饰面材料。外墙面装饰装修的基本功能主要有以下几方面：

（1）保护墙体 外墙面装饰装修在一定程度上保护墙体不受外界的侵蚀和影响，提高墙体防潮、抗腐蚀、抗老化的能力，提高墙体的耐久性和坚固性。

（2）改善性能 通过对墙面的装饰装修处理，可以弥补和改善墙体材料在功能方面的某些不足。如现代建筑中大量采用的吸热和热反射玻璃，能吸收或反射太阳辐射热能的50% ~70%，从而节约能源，改善室内温度。

（3）美化墙面 建筑物立面是人眼视线内所能观赏到的一个主要面，所以外墙面的装饰装修处理即立面装饰装修所体现的质感、色彩、线形等，对构成建筑总体艺术效果具有十分重要的作用。采用不同的墙面装饰材料和不同的装饰装修构造，会产生不同的装饰效果。

2. 内墙面装饰装修的基本功能

（1）保护墙体 建筑物的内墙面装饰装修与外墙面装饰装修一样，也具有保护墙体的作用。在易受潮湿的房间里，墙面贴瓷砖或进行防水、隔水处理，墙体就不会受潮；人流较大的门厅、走廊等处，在适当高度上做墙裙、内墙阳角处做护角处理，都会起到保护墙体的作用。

（2）保证室内使用条件 室内墙面经过装饰装修变得平整、光滑，这样既便于清扫和保持卫生，又可以增加光线和反射，提高室内照度，保证人们在室内的正常工作和生活需要。

当墙体本身热工性能不能满足使用要求时，可以在墙体内侧结合饰面做保温隔热处理，提高墙体的保温隔热能力。一些有特殊要求的空间，通过选用不同材料的饰面，能达到防尘、防腐蚀、防辐射等目的。

内墙饰面的另一个重要功能是辅助墙体的声学功能。例如，反射声波、吸声、隔声等。影剧院、音乐厅、播音室等公共建筑空间就是通过墙体、顶棚和地面上不同饰面材料所具有的反射声波和吸声的性能，达到控制混响时间、改善音质，从而达到改善使用环境的目的。在人群集中的公共场所，也是通过饰面层吸声来控制和减轻噪声影响的。

（3）美化室内环境 内墙装饰装修在不同程度上起到装饰和美化室内环境的作用，这种装饰美化应与地面、顶棚等的装饰装修效果相协调，同家具、灯具及其他陈设相结合。由于内墙饰面属近距离观赏范畴，甚至有可能和人的身体发生直接的接触，因此，内墙饰面要特别注意考虑装饰因素对人的生理状况、心理情绪的影响。

2.2 基本墙面及柱子的材料、构造

2.2.1 基本墙面装饰装修常用材料

墙面的装饰装修材料种类繁多，主要有涂料类、壁纸墙布类、软包类、人造装饰板、石材类、陶瓷类、玻璃类、金属类、装饰抹灰类等。各类装饰装修材料的品种详见表2-1。

表 2-1 墙面装饰装修材料的品种

类　　型	材　料　举　例
涂料类	无机类涂料（石灰、石膏、碱金属硅酸盐、硅溶胶等） 有机类涂料（乙烯树脂、丙烯树脂、环氧树脂等） 有机无机复合类涂料（环氧硅溶胶、聚合物水泥、丙烯酸硅溶胶等）
壁纸、墙布类	塑料壁纸、玻璃纤维贴墙布、织锦缎、壁毡等
软包类	真皮类、人造革、海绵垫等
人造装饰板	印刷纸贴面板、防火装饰板、PVC贴面装饰板、三聚氰胺贴面装饰板、 胶合板、微薄木贴面装饰板、铝塑板、彩色涂层钢板、石膏板等
石材类	天然大理石、花岗石、青石板、人造大理石等

（续）

类 型	材 料 举 例
陶瓷类	彩釉砖、墙地砖、马赛克、大规格陶瓷饰面板、霹雳砖、琉璃砖等
玻璃类	饰面玻璃板、玻璃马赛克、玻璃砖、玻璃幕墙材料等
金属类	铝合金装饰板、不锈钢板、铜合金板、镀锌钢板等
装饰抹灰类	斩假石、剁斧石、仿石抹灰、水刷石、干粘石等

2.2.2 隔墙的构造

隔墙是分隔建筑内空间的非承重墙，构造上要求自重轻、厚度薄、刚度好，并应满足隔声、防潮、防火等使用功能的要求。常用隔墙的构造做法有轻钢龙骨纸面石膏板隔墙、轻质砖隔墙等。

1. 轻钢龙骨纸面石膏板隔墙

轻钢龙骨纸面石膏板隔墙是由轻钢骨架（龙骨）和饰面材料组成的轻质隔墙。其优点是质量小、强度高、施工作业简便、防火隔声性能好、墙体厚度小。

轻钢龙骨纸面石膏板隔墙常用薄壁轻型钢、铝合金或拉眼钢板做骨架，两侧铺钉饰面板。构造做法如图 2-1 ~ 图 2-3 所示。

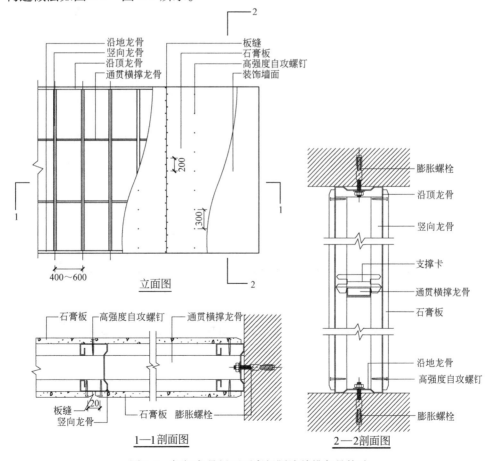

图 2-1　轻钢龙骨纸面石膏板隔墙单排龙骨构造

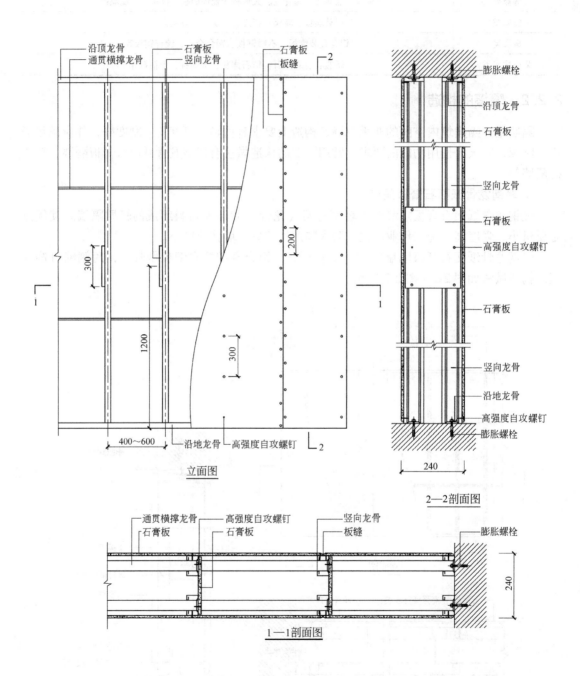

图 2-2　轻钢龙骨纸面石膏板隔墙双排龙骨构造

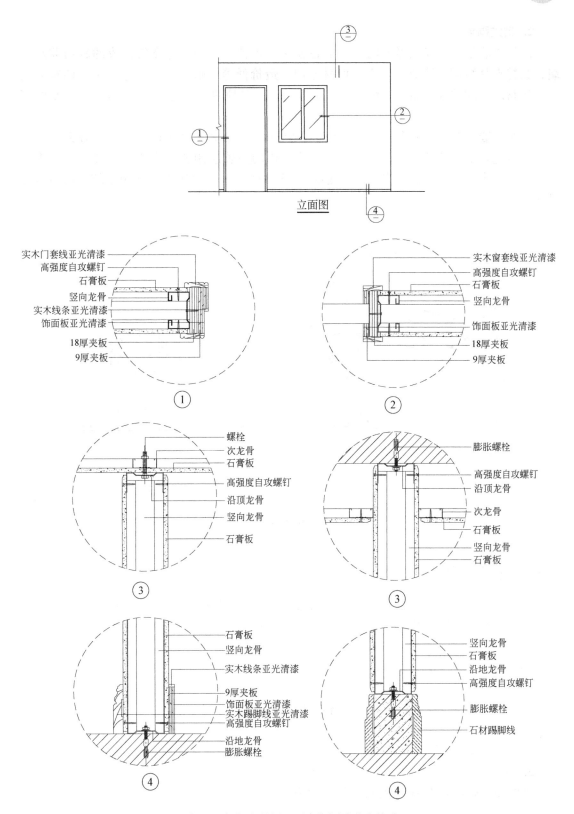

立面图

实木门套线亚光清漆
高强度自攻螺钉
石膏板
竖向龙骨
实木线条亚光清漆
饰面板亚光清漆
18厚夹板
9厚夹板

①

实木窗套线亚光清漆
高强度自攻螺钉
石膏板
竖向龙骨
饰面板亚光清漆
18厚夹板
9厚夹板

②

螺栓
次龙骨
石膏板
高强度自攻螺钉
沿顶龙骨
竖向龙骨
石膏板

③

膨胀螺栓
高强度自攻螺钉
沿顶龙骨
次龙骨
石膏板
竖向龙骨
石膏板

③

石膏板
竖向龙骨
实木线条亚光清漆
9厚夹板
饰面板亚光清漆
实木踢脚线亚光清漆
高强度自攻螺钉
沿地龙骨
膨胀螺栓

④

竖向龙骨
石膏板
沿地龙骨
高强度自攻螺钉
膨胀螺栓
石材踢脚线

④

图 2-3　轻钢龙骨纸面石膏板隔墙节点构造

2. 砌筑隔墙

砌筑隔墙是用加气混凝土砌块、空心砌块及各种小型砌块等砌筑而成的轻质非承重墙，其特点是防潮、防火、隔声、取材方便、造价低等。砌筑隔墙构造简单，砌筑时要注意块材之间的结合、墙体的稳定性、墙体的重量和刚度对楼板以及主体结构的影响等问题。

砌筑隔墙一般整砖顺砌，厚度为 90～120mm。由于其厚度较薄、稳定性较差，所以需对墙身进行加固处理，同时不足一块轻质砌块的空隙应用普通实心粘土砖镶砌。由于轻质砌块吸水性强，因此，应将隔墙底部 2～3 皮砖改用普通实心粘土砖砌筑，构造做法见图 2-4。

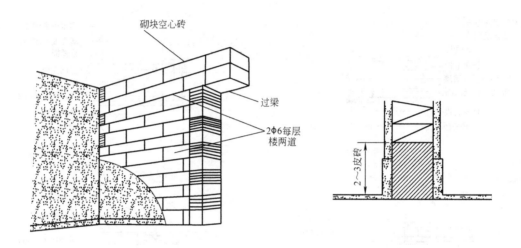

图 2-4　轻质砌块隔墙节点构造

2.2.3　柱子的构造

建筑室内外的柱子所处的位置显著，是室内外装饰装修的重点部分，与内外墙面同属立面，因此装饰构造基本相同。但由于造型及饰面材料的不同，柱子饰面构造做法有其特殊性。常用的有石材饰面板包柱、金属板包柱、木夹板包柱、铝塑板包柱。柱体造型有圆柱包圆柱、方柱包方柱、方柱改圆柱，方柱改异型柱居多。

1. 方柱

如图 2-5 所示为金属板、柚木夹板包方柱构造做法。

2. 圆柱

如图 2-6 所示为金属板包圆柱构造做法。

3. 异形柱

如图 2-7 所示为铝塑板包异形柱构造做法。

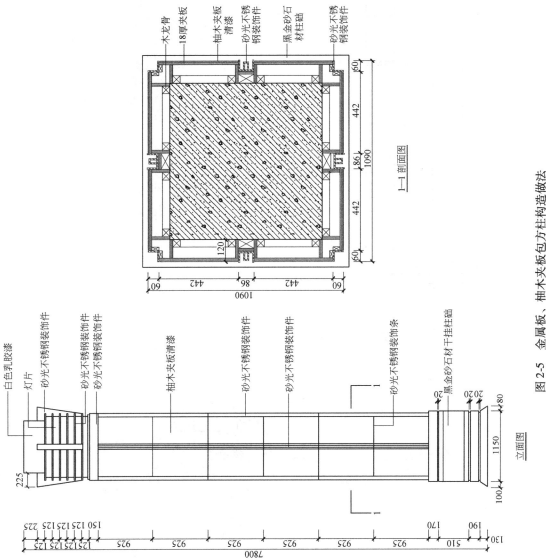

图 2-5　金属板、柚木夹板包方柱构造做法

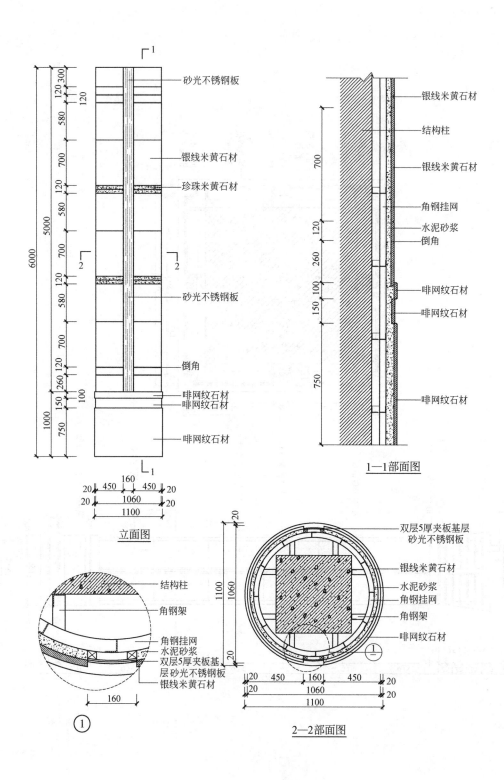

图 2-6 金属板包圆柱构造做法

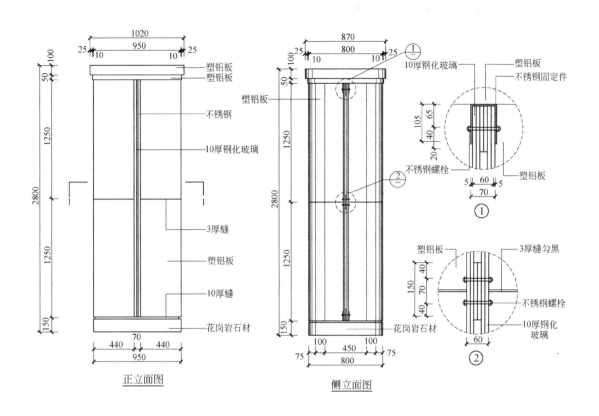

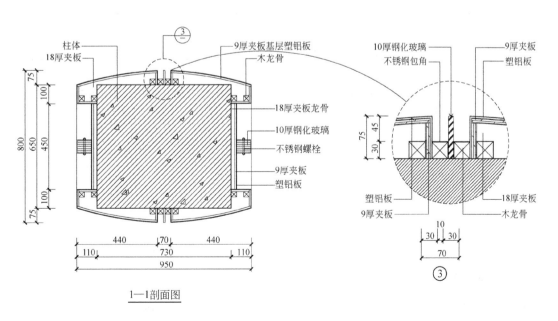

图 2-7　铝塑板包异型柱构造做法

2.3 贴面类墙面的材料、构造与施工

2.3.1 贴面类墙面的材料

    贴面类墙面是将大小不同的块材通过构造连接镶贴于墙体表面形成的墙体饰面。常用的墙体贴面材料有三类：一是陶瓷制品，如瓷砖、面砖、陶瓷锦砖、玻璃锦砖等；二是天然石材，如大理石、花岗岩等；三是预制块材，如水磨石饰面板、人造石材等。贴面类墙面材料的特点和适用范围见表2-2、表2-3。

表 2-2　陶瓷制品饰面块材

饰面块材名称	常见规格/mm 长×宽×厚	特点	适用范围
釉面瓷砖	152×152×5 152×152×6	表面光滑易清洗。颜色、印花、图案多样	多用于厕所、厨房、浴室、实验室、游泳池等处饰面工程
面砖 （又称外墙皮砖）	113×77×17 146×113×17 233×113×17 265×113×17	颜色多样	主要用于外墙面、柱面、窗心墙、门窗套等部位
陶瓷锦砖 （又称马赛克）	39×39×5 23.6×23.6×5 18.5×18.5×5 15.2×15.5×4.5	分为陶瓷和玻璃两种，粘贴在325mm×325mm的玻璃纤维网上。质地坚实、经久耐用，色泽多样，耐酸碱，耐水，耐磨，易清洗	适用于餐厅、厕所、浴室地面，内墙面及外墙面的装饰，以及大厅等处的艺术壁画装饰

表 2-3　饰　面　石　材

石材种类	石材名称	特　　点	适用范围
天然石材	大理石	质地均匀细密，硬度小，易于加工和磨光，表面光洁如镜，棱角整齐，美观大方，但其耐候性较花岗岩差	主要用于建筑室内装饰装修饰面
	花岗岩	质地坚硬密实，加工后表面平整光滑，棱角整齐，耐酸碱、耐冻	适用于建筑室内外装饰装修饰面
人造石材	人造大理石	花色可仿大理石，装饰效果好，表面抗污染性强，耐火性好，易于加工	主要用于建筑室内装饰装修饰面
	人造花岗岩	花色可仿花岗岩，装饰效果好，表面抗污染性强，耐火性好，易于加工	主要用于建筑室内装饰装修饰面

2.3.2 贴面类墙面的构造

    贴面类墙面按照墙体饰面材料的形状、重量、适用部位不同，其构造方法也有一定差异，可分为粘贴类和干挂类。

1. 粘贴类

质量小、面积小的饰面材料，如瓷砖、面砖、陶瓷锦砖、玻璃锦砖等，可以直接采用砂

浆等粘结材料镶贴，构造做法基本相同。但由于各饰面材料的性质的差别，粘贴做法略有不同。

（1）面砖饰面　面砖多数是以陶土为原料，表面有平滑的和带一定纹理质感的，背部质地粗糙且带有凹槽，可增强面砖和砂浆之间的粘结力。

面砖饰面的构造做法：先在基层上抹 15mm 厚 1∶3 的水泥砂浆作底灰，分两层抹平即可；粘贴砂浆用 1∶2.5 水泥砂浆或 1∶0.2∶2.5 水泥石灰混和砂浆，其厚度不小于 10mm，然后在其上贴面砖，并用 1∶1 白色水泥砂浆嵌缝，如图 2-8 所示。

（2）瓷砖饰面　瓷砖饰面的构造做法：10～15mm厚 1∶3 水泥砂浆打底，5～8mm 厚 1∶0.1∶2.5 水泥石灰膏混合砂浆粘贴，贴好后用清水将瓷砖表面擦洗干净，然后用白水泥嵌缝。

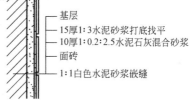

基层
15厚1∶3水泥砂浆打底找平
10厚1∶0.2∶2.5水泥石灰混合砂浆
面砖
1∶1白色水泥砂浆嵌缝

图 2-8　面砖饰面构造

（3）陶瓷锦砖与玻璃锦砖饰面　陶瓷锦砖与玻璃锦砖饰面的构造做法如图 2-9 所示。

（4）人造石材饰面

1）砂浆粘贴法。人造石材薄板饰面的构造做法比较简单，通常采用 1∶3 水泥砂浆打底，1∶0.3∶2 的水泥石灰混合砂浆或水泥∶有机高分子乳胶∶水 = 10∶0.5∶2.6 的有机高分子乳胶水泥浆粘结镶贴板材。

2）聚酯砂浆固定法。聚酯砂浆固定法是先用胶砂比 1∶（4.5～5）的聚酯砂浆固定板材四角和填满板材之间的缝隙，待聚酯砂浆固化并能起到固定作用以后，再进行灌浆操作，如图 2-10 所示。

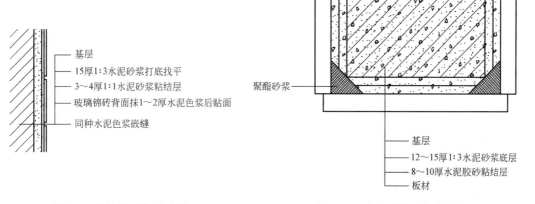

基层
15厚1∶3水泥砂浆打底找平
3～4厚1∶1水泥砂浆粘结层
玻璃锦砖背面抹1～2厚水泥色浆后贴面
同种水泥色浆嵌缝

图 2-9　陶瓷锦砖与玻璃锦
砖饰面构造

聚酯砂浆

基层
12～15厚1∶3水泥砂浆底层
8～10厚水泥胶砂粘结层
板材

图 2-10　聚酯砂浆固定法构造

3）树脂胶粘贴法。树脂胶粘贴法的构造做法如图 2-11 所示。

2. 干挂类

质量大、面积大的饰面材料如花岗岩、大理石等，则必须采取相应的构造连接措施，才能保证与主体结构的连接强度。传统做法是采用钢筋网挂法，板材与墙体之间灌注 1∶2.5 水泥砂浆。由于水泥砂浆会发生反碱现象，造成板材表面污染，因此现在常采用的构造做法是干挂法（图 2-12）。

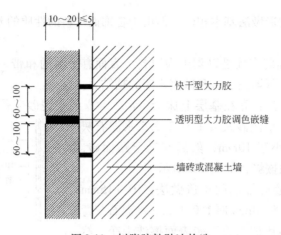

图 2-11 树脂胶粘贴法构造

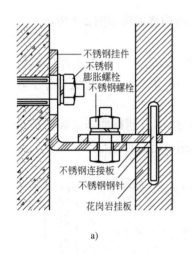

a)

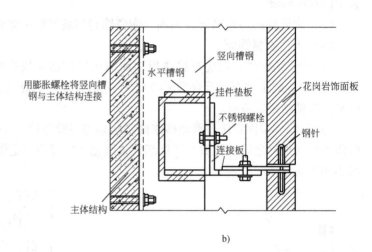

b)

图 2-12 干挂法构造

a）直接干挂法 b）间接干挂法

2.3.3 内墙贴面的施工

1. 内墙贴面施工流程

弹线、排砖、设标志块→粘贴面砖→擦洗、嵌缝→清理、验收。

2. 内墙贴面施工工艺

1）弹线、排砖、设标志块。在清理干净的墙面找平层上，依照室内标准水平线找出地面标高，按贴砖的面积计算纵横皮数，用水平尺找平，并弹出饰面砖的水平和垂直控制线。如用阴阳三角镶边时，则应将镶边位置预先分配好。纵向不足整块的部分，留在最下一皮与地面连接处。

2）粘贴饰面砖时，应先贴若干块废饰面砖作为标志块，上下用托线板挂直，作为粘贴厚度的依据，横向每隔 1.5m 左右做一个标志块，用拉线或靠尺校正平整度。在门洞口或阳角处，如有阳三角条镶边时，则应将尺寸留出，先铺贴一侧的墙面，并用托线板校正靠直。如无镶边，则应双面挂直。

3）按地面水平线嵌上一根八字靠尺或直尺，用水平尺校正，作为第一行饰面砖水平方向的依据。粘贴时，饰面砖的下口坐在八字靠尺或直靠尺上，这样可防止饰面砖因自重而向下滑移，以确保其铺贴的横平竖直。墙面与地面的相交处有阴三角条镶边时，需将阴三角条的位置留出后，方可放置八字靠尺或直靠尺。

4）粘贴饰面砖宜从阳角处开始，并由下往上进行。铺贴时应保持与相邻饰面砖的平整。如饰面砖的规格尺寸或几何形状不等时，应在粘贴时随时调整，使缝隙宽窄一致。

5）制作非整砖块时，可根据所需要的尺寸划痕，用合金钢錾手工切割，折断后在磨石上磨边，也可采用台式无齿锯或电热切割器等切割。

6）如墙面留有孔洞，应先用陶瓷铅笔在饰面砖上画好孔洞尺寸位置线，然后用切砖刀裁切或用胡桃钳将瓷砖局部钳去。

7）粘贴完后，用清水将饰面砖表面擦洗干净，用圆钉或小钢锯条将接缝内残余砂浆划出（注意划缝应在砂浆凝固前进行），再用白水泥浆勾缝，压嵌密实，并将饰面砖表面擦净。全部完工后，可用棉丝擦净墙面污物；污染严重的，可用稀盐酸刷洗，随后用清水冲净。

8）镶边条的粘贴顺序，一般先贴阴（阳）三角条再贴墙面，即先粘贴一侧墙面饰面砖，再粘贴阴（阳）三角条，然后再粘另一侧墙面饰面砖。这样，阴（阳）三角条比较容易与墙面吻合。

3. 施工注意要点

1）施工前，重点做好进场原材料的质量检查验收，所有材料应具有产品合格证书及相关性能检测报告。需进行复验的材料，应经过见证取样并封样送检，合格后方可使用。需对基体的后置埋件进行拉拔检测时，应做好现场监督检测工作。

2）粘贴墙面时，应先贴大面，后贴阴阳角、凹槽等费工多、施工难度大的部位。

3）施工中，着重对预埋件（或后置埋件）、连接节点、防水层、防腐处理等隐蔽工程加强监督检查，保证饰面砖安装牢固。

4）施工过程中应按工艺操作要点做好工序质量监控。

2.3.4　外墙贴面的施工

1. 外墙贴面施工流程

抹找平层→刷结合层→排砖、分格、弹线→粘贴面砖→勾缝→清理、验收。

2. 外墙贴面施工工艺

参考内墙贴面施工工艺。

3. 施工注意要点

1）抹找平层时应掌握以下要点：

①在基体处理完毕后，进行挂线、贴灰饼、充筋，其间距不宜超过 2m。

②抹找平层前应将基体表面润湿，并按设计要求在基体表面刷结合层。

③找平层应分层施工，严禁空鼓，每层厚度不应大于 7mm，且应在前一层终凝后再抹后一层；找平层总厚度不应大于 20mm，若超过此值必须采取加固措施。

④找平层的表面应刮平搓毛，并在终凝后浇水养护。

⑤找平层的表面平整度允许偏差为 4mm，立面垂直度允许偏差为 5mm。

⑥外墙饰面砖样板（件）完成后，必须进行粘结强度检验。

2）在找平层上刷结合层。

3）排砖、分格、弹线。排砖应按设计要求和施工样板进行，并确定其接缝宽度和分格。排砖宜使用整砖，对必须使用非整砖的部位，非整砖宽度不宜小于整砖宽度的1/3。排完砖后，即弹出控制线，作出标记。用面砖做灰饼，找出墙面、柱面、门窗套等横竖标准，阳角处要双面排直，灰饼间距不应大于1.5m。

4）面砖宜自上而下粘贴。对多层、高层建筑应以每一楼层为界，完成一个楼层再做下一个楼层。粘贴时，在面砖背后满抹粘结砂浆（粘结层厚度宜为4~8mm），粘贴后用小铲把轻轻敲击，使之与基层粘结牢固，并用靠尺、方尺随时找平找方。贴完一皮后须将砖上口灰刮平，每日收工前须清理干净。在与抹灰层交接的门窗套、窗间墙、柱等处应先抹好底子灰，然后粘贴面砖。面砖与抹灰层交接处做法可按设计要求处理。

5）在面砖粘贴完成一定时间后，应立即勾缝。勾缝应按设计要求的材料和深度进行（当设计无要求时，可用1:1水泥砂浆勾缝，砂子需过纱绷筛）。勾缝应按先水平后垂直的顺序进行，应连续、平直、光滑、无裂纹、无空鼓。

6）与预制构件一次成型的外墙饰面砖工程，应按设计要求铺砖、接缝。饰面砖不得有开裂和残缺，接缝要横平竖直。

7）饰面砖工程完工后，应及时将表面清理干净。

2.3.5　贴面类墙面的质量验收要求

1. 适用范围　以下质量验收要求适用于内墙饰面砖粘贴工程和高度不大于100m、抗震设防烈度不大于8度、采用满粘法施工的外墙面砖粘贴工程的质量验收。

2. 主控项目

1）饰面砖的品种、规格、图案、颜色和性能应符合设计要求。

检验方法：观察；检查产品合格证书、进场验收记录、性能检测报告和复验报告。

2）饰面砖粘贴工程的找平、防水、粘结和勾缝材料及施工方法应符合设计要求及国家现行产品标准和工程技术标准的规定。

检验方法：检查产品合格证书、复验报告和隐蔽工程验收记录。

3）饰面砖粘贴必须牢固。

检验方法：检查样板件粘结强度检测报告和施工记录。

4）满粘法施工的饰面砖工程无空鼓、裂缝。

检验方法：观察；用小锤轻击检查。

3. 一般项目

1）饰面砖表面应平整、洁净、色泽一致，无裂痕和缺损。

检验方法：观察。

2）阴阳角表面搭接方式、非整砖使用部位应符合设计要求。

检验方法：观察。

3）墙面突出物周围的饰面砖应整砖套割吻合，边缘应整齐。墙裙、贴脸空出墙面的厚度应一致。

检验方法：观察；尺量检查。

4）饰面砖接缝应平直、光滑，填嵌应连续、密实；宽度和深度应符合设计要求。

检验方法：观察；尺量检查。

5）有排水要求的部位应做滴水线（槽）。滴水线（槽）应顺直，流水坡向应正确，坡度应符合设计要求。

检验方法：观察；用水平尺检查。

6）饰面砖粘贴的允许偏差和检验方法应符合表 2-4 的规定。

表 2-4　饰面砖粘贴的允许偏差和检验方法

项目	允许偏差/mm		检验方法
	外墙面砖	内墙面砖	
立面垂直度	3	2	用2m垂直检测尺检查
表面平整度	4	3	用2m靠尺和塞尺检查
阴阳角方正	3	3	用直角检测尺检查
接缝直线度	3	2	拉5m线，不足5m拉通线，用钢直尺检查
接缝高低差	1	0.5	用钢直尺和塞尺检查
接缝宽度	1	1	用钢直尺检查

2.4　涂刷类墙面的材料、构造与施工

2.4.1　涂刷类墙面的材料

涂刷类墙面的材料在被覆盖材料（金属和非金属）表面形成的涂膜能够隔离空气、水分、阳光、微生物以及其他腐蚀介质，使被覆体免受侵蚀。同时涂料的装饰作用通过色彩、光泽、纹理等方面来实现，较其他饰面材料更具独特作用。透明清漆可提高和加强饰面材料的表现特征；质感涂料能通过涂装工具使涂膜形成各种抽象而又独特的立体肌理；有的涂料通过调配色彩和不同的涂装手法可使被涂物表面形成仿自然纹理；有的涂料还能使物体表面呈现特殊的荧光、珠光和金属光泽。

涂料的品种繁多，其分类方法也多种多样。按涂料状态分有溶剂型涂料、水溶型涂料、乳液型涂料、粉末涂料；按涂料装饰质感分有薄质涂料、厚质涂料、复层涂料；按建筑物涂刷部位分有内墙涂料、外墙涂料、地面涂料、顶棚涂料、屋面涂料；按涂料的特殊功能分有防火涂料、防水涂料、防霉涂料、防虫涂料、防结露涂料；按主要成膜物质分有油脂涂料、天然树脂涂料、酚醛涂料、沥青涂料、醇酸涂料、氨基涂料、聚酯涂料、环氧涂料、丙烯酸涂料、烯类树脂涂料、硝基涂料、纤维酯涂料、纤维醚涂料、聚氨基甲酸酯涂料、元素有机聚合物涂料、橡胶涂料、元素无机聚合物涂料。

常见各类涂料的优缺点见表 2-5。

表 2-5　常见涂料优缺点比较

种　类	优　点	缺　点
油脂涂料	耐候性良好，涂刷性好，可内用和外用，价廉	干燥缓慢，力学性能不高，涂膜较软，不能打磨、抛光
天然树脂涂料	干燥快，短油度涂膜坚硬，易打磨；长油度涂膜柔韧性、耐候性较好	短油度涂膜耐候性差，长油度涂膜不能打磨抛光

（续）

种　类	优　点	缺　点
酚醛涂料	漆膜较坚硬，耐水、耐化学腐蚀，能绝缘	漆膜干燥较慢，表面粗糙，易泛黄、变深
沥青涂料	涂膜附着力好、耐水、耐潮、耐酸碱、能绝缘、价廉	颜色黑，没有浅、白色漆，耐日光、耐溶剂性差
醇酸涂料	涂膜光泽和机械强度较好，耐候性优良，附着力好，能绝缘	耐光、耐热、保光泽性能差
氨基涂料	涂膜光亮、丰满、硬度高，不易泛黄，耐热、耐碱、耐磨、附着力好	烘烤干燥，烘烤过度漆膜泛黄、发脆，不适用于木质表面
硝基涂料	涂膜丰满、光泽好、干燥快、耐油，坚韧耐磨，耐候性较好	易燃，清漆不耐紫外线，在潮湿或寒冷环境中涂装时，涂膜浑浊发白，涂饰工艺复杂
过氯乙烯涂料	干燥快，涂膜坚韧，耐候、耐化学腐蚀、耐水、耐油、耐燃，机械强度较好	附着力、打磨、抛光性能较差，不耐 70°C 以上温度，固体分低
乙烯涂料	涂膜干燥快、柔韧性好、色浅，耐水性、耐化学腐蚀性优良，附着力好	固体分低，清漆不耐晒
丙烯酸涂料	涂膜光亮、附着力好、色浅、不泛黄，耐热、耐水、耐化学药品、耐候性优良	清漆耐溶剂性、耐热性差，固体分低
聚酯涂料	涂膜光亮、坚硬、韧性好，耐热、耐寒、耐磨	不饱和聚酯干性不易掌握，对金属附着力差，施工方法复杂
环氧涂料	附着力强，涂膜坚韧，耐水、耐热、耐碱，绝缘性能好	室外使用易粉化，保光性差，色泽较深
聚氨酯涂料	涂膜干燥快、坚韧、耐磨、耐水、耐热、耐化学腐蚀，绝缘性能良好，附着力强	喷涂时遇潮起泡，漆膜易粉化、泛黄，有一定毒性
有机硅涂料	耐高温、耐化学性好，绝缘性能优良，涂膜附着力强	个别品种漆膜较脆，附着力较差
橡胶涂料	耐酸、碱腐蚀，耐水、耐磨、耐大气性好，附着力和绝缘性能好	易变色，清漆不耐晒，施工性能不太好

2.4.2　涂刷类墙面的构造

涂刷类饰面是在墙面基层上，经批刮腻子处理使墙面平整，然后涂刷选定的建筑涂料所形成的一种饰面。

涂刷类饰面具有工效高、工期短、材料用量少、自重轻、造价低、维修更新方便等优点，但涂刷类饰面的耐久性略差。

涂刷类饰面材料色彩丰富，品种繁多，为建筑装饰设计提供了灵活多样的表现手段。但由于涂料所形成的涂层薄且平滑，即使采用厚涂料或拉毛做法，也只能形成微弱的小毛面，不能形成凹凸程度较大的粗糙质感表面。所以，涂刷类饰面的装饰作用主要在于改变墙面色彩，而不在于改善质感。

涂刷类饰面的涂层构造，一般可分为三层，即底层、中间层和面层。

1. 底层

底层俗称刷底漆，直接涂刷在满刮腻子找平的基层上。其主要作用是增加涂层与基层之间的粘结力。另外，底漆还兼具有基层封闭剂（封底）的作用，可以防止木脂、水泥砂浆抹灰层中的可溶性盐等物质渗出表面，造成对涂饰面的破坏。

2. 中间层

中间层是整个涂层构造中的成型层。其作用是通过适当的施工工艺，形成具有一定厚度的、匀实饱满的涂层，达到保护基层和形成所需要的装饰效果的目的。中间层的质量，关系着涂层的耐久性、耐水性和强度，在某些情况下还对基层起到补强的作用。近年来常采用厚涂料、白水泥、砂粒等材料配制中间成型层的涂料。

3. 面层

面层的作用主要在于体现涂层的色彩和光感，提高饰面层的耐久性和耐污染能力。面层至少应涂刷两遍，以保证涂层色彩均匀，并满足耐久性、耐磨性等方面的要求。一般情况下，油性漆、溶剂型涂料的光泽度要高一些。

2.4.3　涂刷类墙面的施工

1. 涂刷施工流程

基层处理→嵌、刮腻子，磨砂纸→涂刷封底涂料→涂刷饰面涂料→清理验收。

2. 施工注意要点

（1）基层处理

1）新建筑物的混凝土或抹灰基层表面在涂刷涂料前，应先涂刷抗碱封闭底漆。

2）旧墙面在涂刷涂料前，应清除疏松的旧装饰层并涂刷界面剂。

3）混凝土或抹灰基层涂刷溶剂型涂料时，含水率不得大于 8%；涂刷乳液型涂料时，含水率不得大于 10%。木材基层的含水率不得大于 12%。

（2）嵌、刮腻子，磨砂纸

1）嵌、刮腻子要控制遍数。嵌刮前基层表面的麻面、蜂窝、残缺处要填补好，打磨平整、光滑。

2）基层腻子应平整、坚实、牢固，无粉化、无起皮、无裂缝；内墙腻子的粘结强度应符合《建筑室内用腻子》（JG/T 298—2010）的规定。

3）厨房、卫生间、浴室墙面必须使用耐水腻子。

（3）涂刷封底涂料　封底漆必须在干燥、清洁、牢固的表面上进行，可采用喷涂或滚涂的方法施工，涂层必须均匀，不可漏涂。

（4）涂刷饰面涂料　涂饰面层涂料时应按涂刷顺序涂刷均匀，用力轻而匀，表面清洁干净。

2.4.4　涂刷类墙面的质量验收要求

1. 一般规定

（1）适用范围　以下质量验收要求适用于水性涂料涂饰、溶剂型涂料涂饰、美术涂饰等分项工程的质量验收。

（2）检查数量

1）室外涂饰工程每100m²应至少检查一处，每处不得小于10m²。

2）室内涂饰工程每个检验批应至少抽查10%，并不得少于3间；不足3间时应全数检查。

2. 水性涂料涂饰墙面的质量验收

（1）适用范围　以下质量验收要求适用于乳液型涂料、无机涂料、水溶性涂料等水性涂料涂饰工程的质量验收。

（2）主控项目

1）水性涂料涂饰工程所用涂料的品种、型号和性能应符合设计要求。

检验方法：检查产品合格证书、性能检测报告和进场验收记录。

2）水性涂料涂饰工程的颜色、图案应符合设计要求。

检验方法：观察。

3）水性涂料涂饰工程应涂饰均匀、粘结牢固，不得漏涂、透底、起皮和掉粉。

检验方法：观察；手摸检查。

4）水性涂料涂饰工程的基层处理应符合2.4.3施工注意要点中基层处理的要求。

检验方法：观察；手摸检查；检查施工记录。

（3）一般项目

1）薄涂料的涂饰质量和检验方法应符合表2-6的规定。

表2-6　薄涂料的涂饰质量和检验方法

项　目	普通涂饰	高级涂饰	检验方法
颜色	均匀一致	均匀一致	观察
泛碱、咬色	允许少量轻微	不允许	观察
流坠、疙瘩	允许少量轻微	不允许	观察
砂眼、刷纹	允许少量轻微砂眼，刷纹通顺	无砂眼，无刷纹	观察
装饰线、分色线直线度允许偏差/mm	2	1	拉5m线，不足5m拉通线，用钢直尺检查

2）厚涂料的涂饰质量和检验方法应符合表2-7的规定。

表2-7　厚涂料的涂饰质量和检验方法

项　目	普通涂饰	高级涂饰	检验方法
颜色	均匀一致	均匀一致	观察
泛碱、咬色	允许少量轻微	不允许	观察
点状分布	—	疏密均匀	观察

3）复层涂料的涂饰质量和检验方法应符合表2-8的规定。

表2-8　复层涂料的涂饰质量和检验方法

项　目	质量要求	检验方法
颜色	均匀一致	观察
泛碱、咬色	不允许	观察
喷点疏密程度	均匀，不允许连片	观察

4）涂层与其他装修材料和设备衔接处应吻合，界面应清晰。

检验方法：观察。

3. 溶剂型涂料涂饰墙面的质量验收

（1）适用范围 以下质量验收要求适用于丙烯酸酯涂料、聚氨酯丙烯酸涂料、有机硅丙烯酸涂料等溶剂型涂料涂饰工程的质量验收。

（2）主控项目

1）溶剂型涂料涂饰工程所选用涂料的品种、型号和性能应符合设计要求。

检验方法：检查产品合格证书、性能检测报告和进场验收记录。

2）溶剂型涂料涂饰工程的颜色、光泽、图案应符合设计要求。

检验方法：观察。

3）溶剂型涂料涂饰工程应涂饰均匀、粘结牢固，不得漏涂、透底、起皮和反锈。

检验方法：观察；手摸检查。

4）溶剂型涂料涂饰工程的基层处理应符合 2.4.3 施工注意要点中基层处理的要求。

检验方法：观察；手摸检查；检查施工记录。

（3）一般项目

1）色漆的涂饰质量和检验方法应符合表 2-9 的规定。

表 2-9　色漆的涂饰质量和检验方法

项　　目	普通涂饰	高级涂饰	检验方法
颜色	均匀一致	均匀一致	观察
光泽、光滑	光泽基本均匀，光滑无挡手感	光泽均匀一致，光滑	观察、手摸检查
刷纹	刷纹通顺	无刷纹	观察
裹棱、流坠、皱皮	明显处不允许	不允许	观察
装饰线、分色线直线度允许偏差/mm	2	1	拉 5m 线，足 5m 拉通线，用钢直尺检查

注：无光色漆不检查光泽。

2）清漆的涂饰质量和检验方法应符合表 2-10 的规定。

表 2-10　清漆的涂饰质量和检验方法

项　　目	普通涂饰	高级涂饰	检验方法
颜色	基本一致	均匀一致	观察
木纹	棕眼刮平、木纹清楚	棕眼刮平、木纹清楚	观察
光泽、光滑	光泽基本均匀，光滑无挡手感	光泽均匀一致，光滑	观察、手摸检查
刷纹	无刷纹	无刷纹	观察
裹棱、流坠、皱皮	明显处不允许	不允许	观察

3）涂层与其他装修材料和设备衔接处应吻合，界面应清晰。

检验方法：观察。

4. 美术涂饰工程的质量验收

（1）适用范围 以下质量验收要求适用于套色涂饰、滚花涂饰、仿花纹涂饰等室内外美术涂饰工程的质量验收。

（2）主控项目

1）美术涂饰所用材料的品种、型号和性能应符合设计要求。

检验方法：观察；检查产品合格证书、性能检测报告和进场验收记录。

2）美术涂饰工程应涂饰均匀、粘结牢固，不得漏涂、透底、起皮、掉粉和反锈。

检验方法：观察；手摸检查。

3）美术涂饰工程的基层处理应符合2.4.3施工注意要点中基层处理的要求。

检验方法：观察；手摸检查；检查施工记录。

4）美术涂饰的套色、花纹和图案应符合设计要求。

检验方法：观察。

2.5　裱糊类墙面的材料、构造与施工

2.5.1　裱糊类墙面的材料

裱糊类墙面是指用卷材类饰面材料，通过裱糊或铺钉等方式覆盖在墙体外表面而形成的一种内墙面饰面。裱糊类墙面装饰装修经常使用的饰面卷材有壁纸、壁布、皮革、微薄木等。由于卷材是柔性装饰材料，适宜于在曲面、弯角、转折、线脚等处成型粘贴，可获得连续的饰面，属于较高级的饰面类型。

在裱糊类饰面材料中，壁纸的使用最为广泛普遍。壁纸的种类很多，常用的分类为普通壁纸、发泡壁纸和特种壁纸。壁纸类别、特点与适用范围见表2-11。

表2-11　壁纸类别、特点与适用范围

类别	品种	特　点	适用范围
普通壁纸	单色压花壁纸	花色品种多、适用面广、价格低，可制成仿丝绸、织锦等图案	居住和公共建筑内墙面
	印花壁纸	可制成各种色彩图案，并可压出立体感的凹凸花纹	
发泡壁纸	低发泡壁纸 中发泡壁纸 高发泡壁纸	中、高档次的壁纸，装饰效果好，并兼有吸音功能，表面柔软，有立体感	居住和公共建筑内墙面
特种壁纸	耐水壁纸	用玻璃纤维毡作基材	卫生间、浴室等墙面
	防火壁纸	有一定的阻燃防火性能	防火要求较高的室内墙面
	木屑壁纸	可在纸上漆成各种颜色，表面粗糙，别具一格	多用于高级公共建筑厅堂
	彩色砂粒壁纸	表面似彩砂涂料，质感强	一般室内柱面、门厅、走廊等局部装饰
	纤维壁纸	质感强，可与室内织物协调，形成高雅、舒适的氛围	居住和公共建筑内墙面
聚氯乙烯壁纸 （PVC塑料壁纸）		以纸或布为基材，PVC树脂为涂层，经印花、压花、发泡等工序制成，具有花色品种多样，耐磨、耐折、耐擦洗，可选性强等特点，是目前产量最大、应用最广泛的一种壁纸。经过改进的、能够生物降解的PVC环保壁纸无毒、无味、无公害	各种建筑物的内墙面及顶棚

（续）

类别	品种	特　　点	适用范围
织物复合壁纸		将丝、棉、毛、麻等天然纤维复合于纸基上制成。具有色彩柔和、透气、调湿、吸音、无毒、无味等特点，但价格偏高，不易清洗	饭店、酒吧等高级墙面点缀
金属壁纸		以纸为基材，涂覆一层金属薄膜制成，具有金碧辉煌、华丽大方、不老化、耐擦洗、无毒、无味等特点。金属箔非常薄，很容易折坏，基层必须非常平整洁净，应选用配套胶粉裱糊	公共建筑的内墙面、柱面及局部点缀
复合纸质壁纸		将双层纸（表纸和底纸）施胶、层压，复合在一起，再经印刷、压花、表面涂胶制成。具有质感好、透气、价格较便宜等特点	各种建筑物的内墙面

2.5.2　裱糊类墙面的构造

各种卷材类饰面材料均应粘贴在具有一定强度、平整光洁的基层上，如水泥砂浆、混合砂浆、混凝土墙体，石膏板基层等。以下以壁纸为例介绍裱糊类墙面的构造。

1. 基层

满刮腻子，砂纸打磨平整，使基层表面平整、光洁、干净，不疏松掉粉，并有一定强度。为了避免基层吸水过快，应进行封闭处理，即在基层表面用稀释的无机高分子乳胶水涂刷基层一遍，进行基层封闭处理。

2. 壁纸材料预处理

为防止壁纸遇水后膨胀变形，壁纸裱糊前应做预处理。各种壁纸预处理方法如下：

1）无毒塑料壁纸裱糊前应先在壁纸背面刷清水一遍后，立即刷胶；或将壁纸浸入水中 3～5min 后，取出将水抖净，静置约 15min 后，再进行刷胶。

2）复合壁纸不得浸水，裱糊前应先在壁纸背面涂刷胶粘剂，放置数分钟。裱糊时，应在基层表面涂刷胶粘剂。

3）纺织纤维壁纸不宜在水中浸泡，裱糊前宜用湿布清洁壁纸背面。

4）带背胶的壁纸裱糊前应在水中浸泡数分钟。

5）金属壁纸裱糊前浸水 1～2min，阴干 5～8min 后在其背面刷胶。

6）玻璃纤维墙布和无纺布不需做胀水处理，背面不能刷胶粘剂，胶粘剂应直接刷在基层上。

3. 面层

裱糊工艺有搭接法、拼缝法、推贴法等，裱糊时应保证壁纸表面平整，无明显搭接痕迹。

2.5.3　裱糊类墙面的施工

1. 裱糊类墙面施工流程

基层处理→嵌、刮腻子→磨砂纸→涂刷封闭底漆→弹线、预拼→裱糊→清理、修整→检查验收。

2. 裱糊类墙面施工工艺

（1）基层处理

1）新建筑物的混凝土或抹灰基层墙面和顶棚，刮腻子前应涂刷抗碱封闭底漆。

2）旧墙面和顶棚在裱糊前应清除疏松的旧装修层，并涂刷界面剂。

3）混凝土或抹灰基层含水率不得大于8%，木材基层的含水率不得大于12%。

4）基层应平整、坚实、牢固，无粉化、起皮和裂缝；腻子的粘结强度应符合建筑规范要求。

5）抹灰基层表面平整度、立面垂直度及阴阳角方正应符合规范要求。

6）基层表面颜色应一致。

7）裱糊前应用封闭底胶涂刷基层。

（2）弹线、预拼试贴

1）为使裱糊的壁纸纸幅垂直、花饰图案连贯一致，裱糊前应先分格弹线。

2）全面裱糊前应先预拼试贴，观察接缝效果，确定裁纸尺寸及花饰拼贴。

（3）裁纸

1）根据弹线找规矩的实际尺寸统一规划裁纸并编号，以便按顺序粘贴。

2）裁纸时以上口为准，下口可比规定尺寸略长10～20mm。如为带花饰的壁纸，应先将上口的花饰对好，小心裁割，不得错位。

（4）湿润纸　塑料壁纸涂胶粘贴前，必须先将壁纸在水槽中浸泡几分钟，并把多余的水抖掉，静置2min，然后再裱糊。其目的是使壁纸不致在粘贴时吸湿膨胀，出现气泡、皱折。

（5）刷胶粘剂　将预先选定的胶粘剂，按要求调配或溶水（粉状胶粘剂）备用，调配好的胶粘剂应当日用完。基层表面与壁纸背面应同时涂胶。刷胶粘剂要求薄而均匀，不裹边。基层表面的涂刷宽度要比预贴的壁纸宽20～30mm。

3. 施工注意要点

1）为保证壁纸的颜色、花饰一致，裁纸时应统一安排，按编号顺序裱糊。主要墙面应用整幅壁纸，不足幅宽的壁纸应用在不明显的部位或阴角处。

2）有花饰图案的壁纸，如采用搭接法裱糊时，应使相邻两幅壁纸的花饰图案准确重叠，然后用直尺在重叠处由上而下一刀裁断，撕掉余纸后粘贴压实。

3）壁纸不得在阳角处拼缝，应包角压实；壁纸裹过阳角应不小于20mm。阴角壁纸搭缝时，应先裱糊压在里面的壁纸，再粘贴面层壁纸。搭接面应根据阴角垂直度而定，一般宽度不小于5mm。

4）遇有基层卸不下来的设备或突出物件时，应将壁纸舒展地裱在基层上，然后剪去不需要部分，使突出物四周不留缝隙。

5）壁纸与顶棚、挂镜线、踢脚线的交接处应严密顺直。

6）整间壁纸裱糊后，如有局部出现翘边、气泡等，应及时修补。

2.5.4　裱糊类墙面的质量验收要求

1. 适用范围　以下质量验收要求适用于聚氯乙烯塑料壁纸、复合纸质壁纸、墙布等裱糊工程的质量验收。

2. 主控项目

1）壁纸、墙布的种类、规格、图案、颜色和燃烧性能等级必须符合设计要求及国家现行标准的有关规定。

检验方法：观察；检查产品合格证书、进场验收记录和性能检测报告。

2）裱糊工程基层处理质量应符合裱糊类墙面的施工工艺中基层处理的要求。

检验方法：观察；手摸检查；检查施工记录。

3）裱糊后各幅拼接应横平竖直，拼接处花纹、图案应吻合，不离缝，不搭接，不显拼缝。

检验方法：观察；拼缝检查距离墙面 1.5m 处正视。

4）壁纸、墙布应粘贴牢固，不得有漏贴、补贴、脱层、空鼓和翘边。

检验方法：观察；手摸检查。

3. 一般项目

1）裱糊后的壁纸、墙布表面应平整，色泽应一致，不得有波纹起伏、气泡、裂缝、皱折及斑污，斜视时应无胶痕。

检验方法：观察；手摸检查。

2）复合压花壁纸的压痕及发泡壁纸的发泡层应无损坏。

检验方法：观察。

3）壁纸、墙布与各种装饰线、设备线盒应交接严密。

检验方法：观察。

4）壁纸、墙布边缘应平直整齐，不得有纸毛、飞刺。

检验方法：观察。

5）壁纸、墙布阴角处搭接应顺光，阳角处应无接缝。

检验方法：观察。

2.6 镶板类墙面的材料、构造与施工

2.6.1 镶板类墙面的材料

镶板类墙面是指在竹、木及其制品上，用石膏板、矿棉板、塑料板、玻璃、薄金属板材等材料制成的饰面板，通过镶、钉、拼、贴等施工方法构成的墙面饰面。这些材料有较好的接触感和可加工性，所以在建筑装饰中被大量采用。

不同的饰面板，因材质不同，可以达到不同的装饰效果。如采用木条、木板做墙裙、护壁使人感到温暖、亲切、舒适、美观；采用木材还可以按设计需要加工成各种弧面或形体转折，若保持木材原有的纹理和色泽，则更显质朴、高雅；采用经过烤漆、镀锌、电化等处理过的铜、不锈钢等金属薄板饰面，则会使墙体饰面色泽美观、花纹精巧、装饰效果华贵。

2.6.2 镶板类墙面的构造

镶板类墙面的构造主要分为骨架、面层两部分。

1. 骨架

先在墙内预埋木砖，墙面抹底灰，刷热沥青或铺油毡防潮，然后钉双向木墙筋，一般间

距 400~600mm（视面板规格而定），木筋断面（20~45）mm ×（40~45）mm。

2. 面层

面层饰面板通过镶、钉、拼、贴等构造方法固定在墙体基层骨架上，如图 2-13 所示。

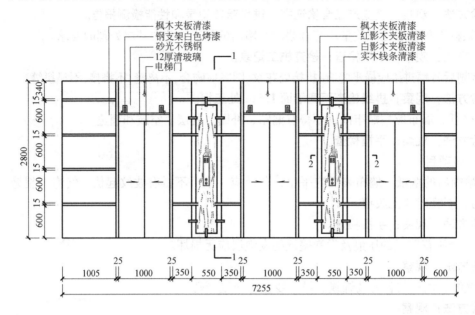

立面图

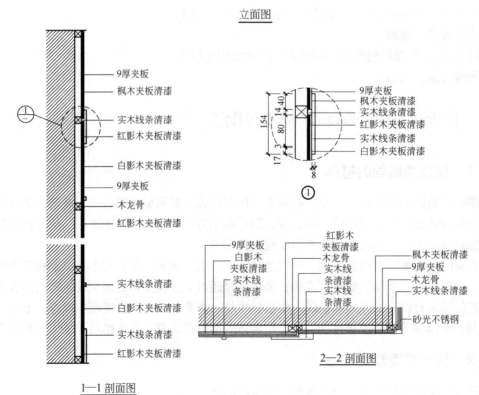

图 2-13　镶板类墙面构造

2.6.3　镶板类墙面的施工

镶板类墙面的施工流程、工艺和施工注意要点可参考第 7 章木制品工程的施工流程、工艺和施工注意要点。

2.6.4　镶板类墙面的质量验收要求

1. 主控项目

1）镶板类墙面所用骨架、配件、饰面板、填充材料及嵌缝材料的品种、规格、性能和木材的含水率、饰面板的颜色应符合设计要求。有隔声、隔热、阻燃、防潮等特殊要求的工程，材料应有相应性能等级的检测报告。

检验方法：观察；检查产品合格证书、进场验收记录、性能检测报告和复验报告。

2）骨架必须与基体结构连接牢固，并应平整、垂直、位置正确。

检验方法：手扳检查；尺量检查；检查隐蔽工程验收记录。

3）骨架间距和构造连接方法应符合设计要求。骨架内设备管线、门窗洞口等部位的加强龙骨应安装牢固、位置正确，填充材料的设置应符合设计要求。

检验方法：检查隐蔽工程验收记录。

4）木龙骨及木墙面板的防火和防腐处理必须符合设计要求。

检验方法：检查隐蔽工程验收记录。

5）骨架隔墙的墙面板应安装牢固，无脱层、翘曲、折裂及缺损。

检验方法：观察；手扳检查。

6）镶板类墙面板材所需预埋件、连接件的位置、数量及连接方法应符合设计要求。

检验方法：观察；尺量检查；检查隐蔽工程验收记录。

7）镶板类墙面板材安装必须牢固。

检验方法：观察；手扳检查。

8）镶板类墙面板材所用接缝材料的品种及接缝方法应符合设计要求。

检验方法：观察；检查产品合格证书和施工记录。

2. 一般项目

1）骨架隔墙内的填充材料应干燥，填充应密实、均匀、无下坠。

检验方法：轻敲检查；检查隐蔽工程验收记录。

2）镶板类墙面板材安装应垂直、平整、位置正确，板材不应有裂缝或缺损。

检验方法：观察；尺量检查。

3）镶板类墙面板材表面应平整光滑、色泽一致、洁净，接缝应均匀、顺直。

检验方法：观察；手摸检查。

4）镶板类墙面上的孔洞、槽、盒应位置正确、套割吻合、边缘整齐。

检验方法：观察。

5）镶板类墙面板材安装的允许偏差和检验方法应符合表 2-12 的规定。

表 2-12　板材安装的允许偏差和检验方法

项　目	允许偏差/mm	检 验 方 法
立面垂直度	4	用 2m 垂直检测尺检查
表面平整度	3	用 2m 靠尺和塞尺检查
阴阳角方正	3	用直角检测尺检查
接缝直线度	3	拉 5m 线，不足 5m 拉通线，用钢直尺检查
压条直线度	3	拉 5m 线，不足 5m 拉通线，用钢直尺检查
接缝高低差	1	用钢直尺和塞尺检查

2.7　软包类墙面的材料、构造与施工

2.7.1　软包类墙面的材料

软包类墙面是室内高级装饰做法之一，具有吸音、保温、质感舒适等特点，适用于对室内音质要求较高的会议厅、会议室、多功能厅、录音室、影剧院局部墙面等处。

软包类墙面的材料主要由底层材料、吸音层材料、面层材料三部分组成。底层材料采用阻燃型胶合板、FC 板、埃特尼板等。（FC 板或埃特尼板是以天然纤维、人造纤维或植物纤维与水泥等为主要原料，经烧结成型、加压、养护而成，比阻燃型胶合板的耐火性能高一级。）吸音层材料采用轻质不燃的多孔材料，如玻璃棉、超细玻璃棉、自熄型泡沫塑料等。面层材料采用阻燃型高档豪华软包面料，常用的有各种人造皮革、豪华防火装饰布、针刺超绒装饰布、背面深胶阻燃型豪华装饰布及其他全棉、涤棉阻燃型豪华软质面料。

2.7.2　软包类墙面的构造

软包饰面的构造组成主要有骨架、面层两大部分。

1. 骨架

墙内预埋防腐木砖，墙面抹底灰，均匀涂刷一层青油或满铺一层油纸，然后双向钉木墙筋，木筋一般间隔 400~600mm（视面板规格而定），木筋断面（20~45）mm×（40~45）mm。

2. 面层

（1）无吸音层软包饰面构造做法　将底层阻燃型胶合板就位，并将面层面料压封于木龙骨上。

（2）有吸音层软包饰面构造做法　将底层阻燃型胶合板钉于木龙骨上，然后以饰面材料包矿棉（海棉、泡沫塑料、棕丝、玻璃棉等）覆于胶合板上，并用暗钉将其钉在木龙骨上。

软包类墙面构造做法如图 2-14~图 2-16 所示。

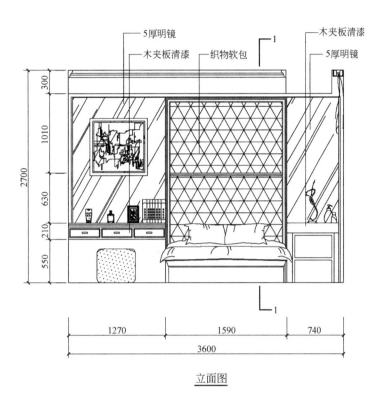

立面图

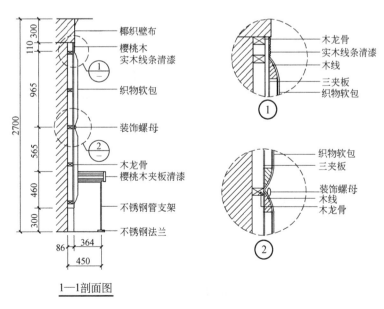

1—1剖面图

图 2-14　软包类墙面装饰构造做法一

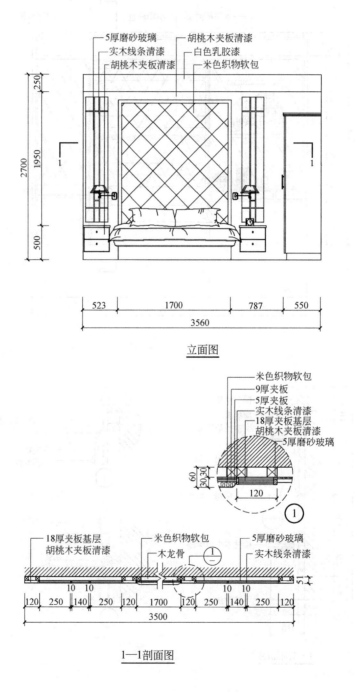

5厚磨砂玻璃　　　胡桃木夹板清漆
实木线条清漆　　　白色乳胶漆
胡桃木夹板清漆　　米色织物软包

250
1950
2700
500

523　　1700　　787　　550
3560

立面图

米色织物软包
9厚夹板
5厚夹板
实木线条清漆
18厚夹板基层
胡桃木夹板清漆
5厚磨砂玻璃

60
30 30
120

①

18厚夹板基层
胡桃木夹板清漆　　　米色织物软包　　　5厚磨砂玻璃
木龙骨　　　实木线条清漆

51
10 10　　　　　　　　10 10
120　250　140　250　120　1700　120　250　140　250　120
3500

1—1剖面图

图 2-15　软包类墙面装饰构造做法二

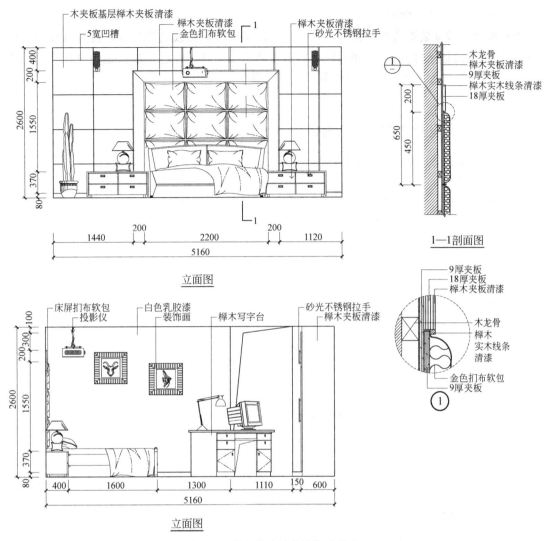

图 2-16　软包类墙面装饰构造做法三

2.7.3　软包类墙面的施工

1. 软包类墙面施工流程

基层或底板处理→吊直、套方、找规矩、弹线→计算用料、裁面料→粘贴面料→安装贴脸或装饰边线、刷镶边油漆→修整软包墙面。

2. 软包类墙面施工工艺

1）基层或底板处理。在结构墙上预埋木砖，抹水泥砂浆找平层。如果是直接铺贴，则应先将底板拼缝用油腻子嵌平密实，满腻子 1~2 遍，待腻子干燥后，用砂纸磨平，粘贴前基层表面刷清油一道。

2）吊直、套方、找规矩、弹线。根据设计图纸要求，把房间需要软包墙面的装饰尺寸、造型等通过吊直、套方、找规矩、弹线等工序落实到墙面上。

3）计算用料，套裁填充料和面料。首先根据设计图纸的要求确定软包墙面的具体做法。

4）粘贴面料。如采取直接铺贴法施工时，应待墙面细木装修基本完成时，边框油漆达到交活条件，方可粘贴面料。

5）安装贴脸或装饰边线。根据设计选定和加工好的贴脸或装饰边线，按设计要求把油漆刷好（达到交活条件），便可进行装饰板的安装工作。首先经过试拼，达到设计要求的效果后，便可与基层固定和安装贴脸或装饰边线，最后涂刷镶边油漆成活。

6）修整软包墙面。除尘清理，钉粘保护膜和处理胶痕。

2.7.4 软包类墙面的质量验收要求

1. 适用范围 以下质量验收要求适用于墙面、门等软包工程的质量验收。

2. 主控项目

1）软包面料、内衬材料及边框的材质、颜色、图案、燃烧性能等级和木材的含水率应符合设计要求及国家现行标准的有关规定。

检验方法：观察；检查产品合格证书、进场验收记录和性能检测报告。

2）软包工程的安装位置及构造做法应符合设计要求。

检验方法：观察；尺量检查；检查施工记录。

3）软包工程的龙骨、衬板、边框应安装牢固，无翘曲，拼缝应平直。

检验方法：观察；手扳检查。

4）单块软包面料不应有接缝，四周应绷压严密。

检验方法：观察；手摸检查。

3. 一般项目

1）软包工程表面应平整、洁净，无凹凸不平及皱折；图案应清晰、无色差，整体应协调美观。

检验方法：观察。

2）软包边框应平整、顺直、接缝吻合。其表面涂饰质量应符合表2-9、表2-10的有关规定。

检验方法：观察；手摸检查。

3）清漆涂饰木制边框的颜色、木纹应协调一致。

检验方法：观察。

4）软包工程安装的允许偏差和检验方法应符合表2-13的规定。

表2-13 软包工程安装的允许偏差和检验方法

项 目	允许偏差/mm	检验方法
垂直度	3	用1m垂直检测尺检查
边框宽度、高度	0；-2	用钢尺检查
对角线长度差	3	用钢尺检查
裁口、线条接缝高低差	1	用钢直尺和塞尺检查

2.8 幕墙类墙面的材料、构造与施工

2.8.1 幕墙类墙面的材料

幕墙类墙面是由金属构件与各种板材组成的悬挂在建筑主体结构外侧的轻质围护墙，幕

墙不承担结构荷载，只承受自重和风荷载，是现代建筑经常使用的一种装饰性很强的外墙饰面。

幕墙类墙面的材料主要由饰面材料和骨架材料组成，常用材料见表2-14。

表 2-14　常用幕墙类墙面的材料

功能类型	材　　料	特　　点
饰面材料	玻璃	制作技术要求高，而且投资大、易损坏、耗能大，所以一般只在重要的公共建筑立面处理中运用
	金属	美观新颖、装饰效果好，而且自重轻、连接牢靠，耐久性也较好
	铝塑板	有金属质感、晶莹光亮、美观新颖、豪华，装饰效果好，而且施工简便、易操作，自重轻、连接牢靠，耐久、耐候性较好，应用广泛
	石材	装饰效果豪华、典雅、大方，饰面施工简便、操作安全，连接牢固可靠，耐久、耐候性很好，适用于大型建筑物的外墙饰面
骨架材料	型钢	强度高，价格较低，但维修费用高
	铝合金型材	价格较高，但构造合理，安装方便，装饰效果好
	不锈钢型材	价格昂贵，规格少，但耐久性和装饰性很好

除以上表格中的材料外，幕墙类墙面安装还需要有连接固定件和封缝材料。

连接固定件是幕墙骨架之间及骨架与主体结构构件（如楼板）之间的结合件。固定件主要有金属膨胀螺栓、普通螺栓、拉铆钉、射钉等；连接件多采用角钢、槽钢、钢板加工而成，形状根据使用部位的不同和用于幕墙结构的不同而变化。连接件应选用镀锌件或者对其进行防腐处理，以保证其具有较好的耐腐蚀性、耐久性和安全可靠性。

封缝材料是用于幕墙与框格、框格与框格之间缝隙的材料，主要有填充材料、密封材料、防水材料。

2.8.2　幕墙类墙面的构造

幕墙种类主要以其所采用的饰面材料分类，通常有玻璃幕墙、金属幕墙、人造板幕墙、石材幕墙等几种类型。玻璃幕墙根据骨架与面层的连接构造方式，可分为明骨架（明框式）体系与暗骨架（隐框式）体系两种。金属幕墙、人造板幕墙、石材幕墙等连接构造方式基本为暗骨架（隐框式）体系。幕墙的构造主要由骨架和面层两部分组成。

1. 骨架

幕墙骨架是幕墙的支撑体系，由竖向骨架和横向骨架组成。幕墙骨架一般用型钢、铝合金型材和不锈钢型材，采用预埋件焊接或螺栓连接的方法固定在主体结构上。

2. 面层

幕墙类墙面面层材料的安装根据面层材料的不同有相应的构造安装方法。明骨架（明框式）玻璃幕墙是采用镶嵌槽夹持方法安装玻璃（图2-17），暗骨架（隐框式）玻璃幕墙采用粘接或机械性扣件固定（图2-18），石材幕墙一般采用干挂法固定在骨架上（图2-19）。

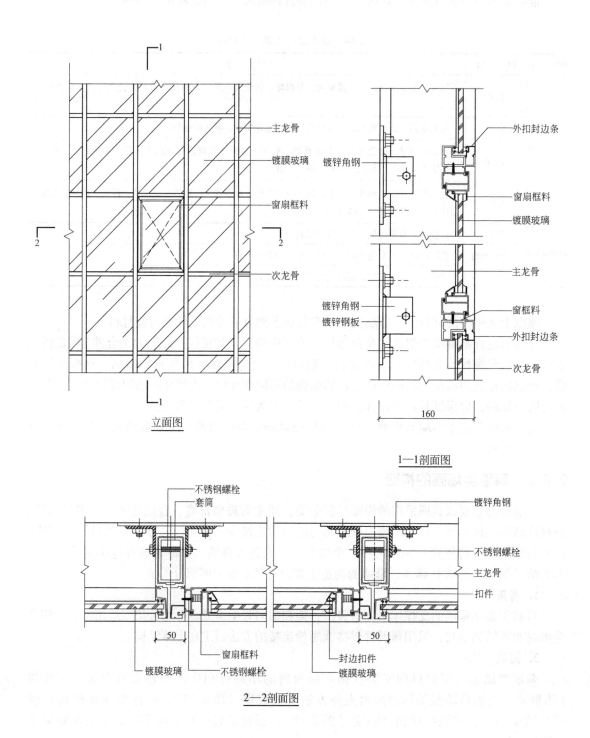

立面图

1—1剖面图

2—2剖面图

图 2-17　明骨架（明框式）玻璃幕墙构造

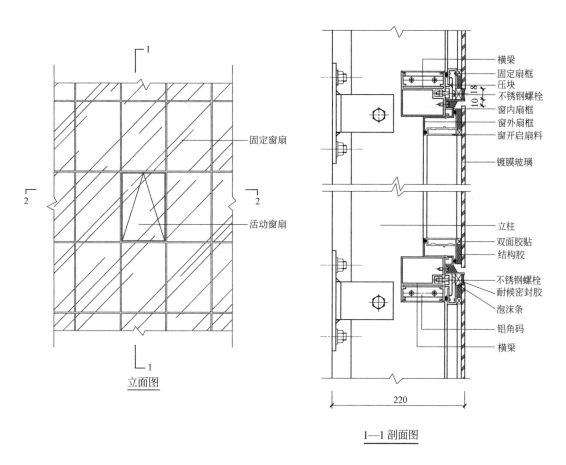

立面图

1—1 剖面图

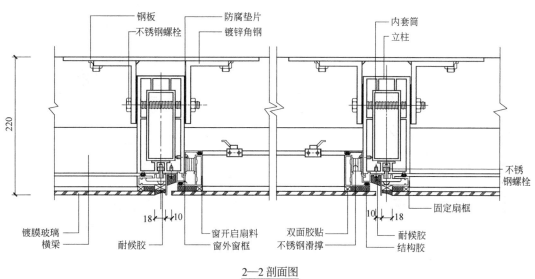

2—2 剖面图

图 2-18 暗骨架（隐框式）玻璃幕墙构造做法

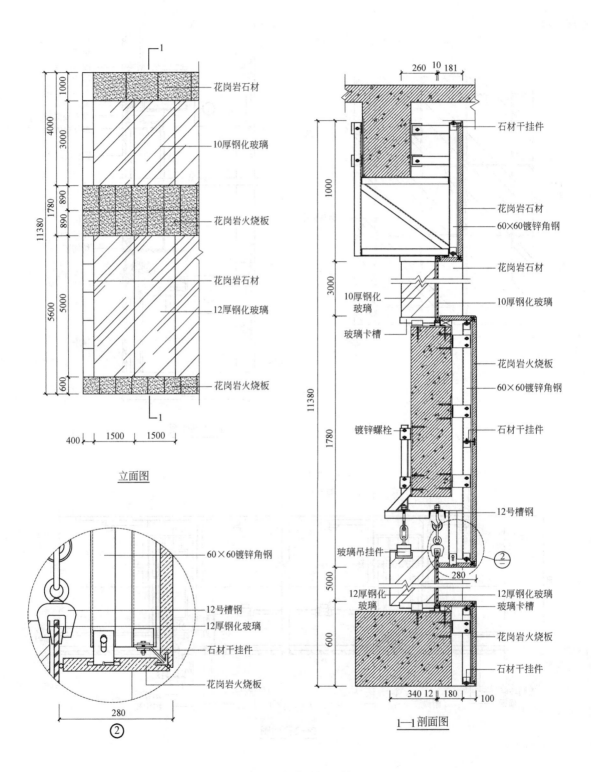

立面图

②

1—1剖面图

图2-19　石材幕墙构造做法

2.8.3　幕墙类墙面的施工

本节以玻璃幕墙施工工艺为例。

1. 幕墙类墙面的施工流程

安装各楼层紧固铁件→横竖龙骨装配→安装竖向主龙骨→安装横向次龙骨→安装镀锌钢板→安装保温防火矿棉→安装玻璃→安装盖板及装饰压条。

2. 幕墙类墙面的施工工艺

（1）安装各楼层紧固铁件　主体结构施工时埋件预埋形式及紧固铁件与埋件连接方法，均要按设计图纸要求进行操作，一般有以下两种方式：

1）在主体结构的每层现浇混凝土楼板或梁内预埋铁件，角钢连接件与预埋件焊接，然后用螺栓（镀锌）再与竖向龙骨连接。

2）在主体结构的每层现浇混凝土楼板或梁内预埋"T"形槽埋件，角钢连接件与"T"形槽通过镀锌螺栓连接，即把螺栓预先穿入"T"形槽内，再与角钢连接件连接。

紧固件的安装是玻璃幕墙安装过程中的主要环节，直接影响到幕墙与结构主体连接的牢固和安全程度。安装时将紧固铁件在纵横两方向中心线进行对正，初拧螺栓，校正紧固件位置后，再拧紧螺栓。紧固件安装时，也是先对正纵横中心线后，再进行电焊焊接，焊缝长度、高度及电焊条的质量均应符合结构焊缝要求。

（2）横、竖龙骨装配　在龙骨安装就位之前，预先装配好以下连接件：

1）竖向主龙骨之间接头用的镀锌钢板内套筒连接件。

2）竖向主龙骨与紧固件之间的连接件。

3）横向次龙骨的连接件。

各节点连接件的连接方法要符合设计图纸要求，连接必须牢固，横平竖直。

（3）竖向主龙骨安装　主龙骨一般由下往上安装，每两层为一整根，每楼层通过连接紧固铁件与楼板连接。

1）先将主龙骨竖起，上、下两端的连接件对准紧固铁件的螺栓孔，初拧螺栓。

2）主龙骨可通过紧固铁件和连接件的长螺栓孔上、下、左、右进行调整，左、右水平方向应与弹在楼板上的位置线相吻合，上、下对准楼层标高，前、后不得超出控制线，接头处应留适当宽度的伸缩缝。所有焊缝重新加焊至设计要求，并清理干净焊药皮。清理检查竖向龙骨后，进行垂直度、水平度、间距等项检查，符合要求后，装入横向水平龙骨，取掉木支撑。两端橡胶垫要严格控制各横向水平龙骨之间的中心距离及上下垂直度，同时要核对玻璃封带，并应敷贴平整。最后在钢板上焊钢钉，要焊牢固，钉距及规格符合设计要求，确保上下垂直，间距符合设计要求。

3. 施工注意要点

1）竖向龙骨与水平龙骨之间的镀锌连接件、竖向龙骨之间连接专用的内套管及连接件等，均要在厂家预制加工好，材质及规格尺寸要符合设计要求。

2）承重紧固件。竖向龙骨与结构主体之间，通过承重紧固件进行连接。紧固件的规格尺寸应符合设计要求。为了防止腐蚀，紧固件表面须镀锌处理。紧固件与预埋在混凝土梁、柱、墙面上的埋件固定时，应采用不锈钢或镀锌螺栓。

3）螺栓、螺帽、钢钉等紧固件用不锈钢或镀锌件，规格尺寸应符合设计要求，并应有出厂证明。

4）接缝密封胶是保证幕墙具有防水性能、气密性能和抗震性能的关键。其材料必须有很好的防渗透、抗老化、抗腐蚀性能，并具有能适应结构变形和热胀冷缩的弹性，因此应有出厂证明和防水试验记录。

5）保温材料的导热系数、防水性能和厚度要符合设计要求。

2.8.4 幕墙类墙面的质量验收要求

1. 适用范围 以下质量验收要求适用于建筑高度不大于150m、抗震设防烈度不大于8度的隐框玻璃幕墙、半隐框玻璃幕墙、明框玻璃幕墙、全玻幕墙及点支承玻璃幕墙工程的质量验收。

2. 主控项目

1）玻璃幕墙工程所使用的各种材料、构件和组件的质量，应符合设计要求及国家现行产品标准和工程技术规范的规定。

检验方法：检查材料、构件、组件的产品合格证书、进场验收记录、性能检测报告和材料的复验报告。

2）玻璃幕墙的造型和立面分格应符合设计要求。

检验方法：观察；尺量检查。

3）玻璃幕墙使用的玻璃应符合下列规定：

①幕墙应使用安全玻璃，玻璃的品种、规格、颜色、光学性能及安装方向应符合设计要求。

②幕墙玻璃的厚度不应小于6mm。全玻幕墙肋玻璃的厚度不应小于12mm。

③幕墙的中空玻璃应采用双道密封。明框幕墙的中空玻璃应采用聚硫密封胶及丁基密封胶；隐框和半隐框幕墙的中空玻璃应采用硅酮结构密封胶及丁基密封胶；镀膜面应在中空玻璃的夹层内表面上。

④幕墙的夹层玻璃应采用聚乙烯醇缩丁醛（PVB）胶片干法加工合成的夹层玻璃。点支承玻璃幕墙夹层玻璃的夹层胶片（PVB）厚度不应小于0.76mm。

⑤钢化玻璃表面不得有损伤；厚度8.0mm以下的钢化玻璃应进行引爆处理。

⑥所有幕墙玻璃均应进行边缘处理。

检验方法：观察；尺量检查；检查施工记录。

4）玻璃幕墙与主体结构连接的各种预埋件、连接件、紧固件必须安装牢固，其数量、规格、位置、连接方法和防腐处理应符合设计要求。

检验方法：观察；检查隐蔽工程验收记录和施工记录。

5）各种连接件、紧固件的螺栓应有防松动措施；焊接连接应符合设计要求和焊接规范的规定。

检验方法：观察；检查隐蔽工程验收记录和施工记录。

6）隐框或半隐框玻璃幕墙，每块玻璃下端应设置两个铝合金或不锈钢托条，其长度不应小于100mm，厚度不应小于2mm，托条外端应低于玻璃外表面2mm。

检验方法：观察；检查施工记录。

7）明框玻璃幕墙的玻璃安装应符合下列规定：

①玻璃槽口与玻璃的配合尺寸应符合设计要求和技术标准的规定。

②玻璃与构件不得直接接触，玻璃四周与构件凹槽底部应保持一定的空隙，每块玻璃下部应至少放置两块宽度与槽口宽度相同、长度不小于 100mm 的弹性定位垫块；玻璃两边嵌入量及空隙应符合设计要求。

③玻璃四周橡胶条的材质、型号应符合设计要求，镶嵌应平整，橡胶条长度应比边框内槽长 1.5%～2.0%，橡胶条在转角处应斜面断开，并应用粘结剂粘结牢固后嵌入槽内。

检验方法：观察；检查施工记录。

8）高度超过 4m 的全玻幕墙应吊挂在主体结构上，吊夹具应符合设计要求，玻璃与玻璃、玻璃与玻璃肋之间的缝隙，应采用硅酮结构密封胶填嵌严密。

检验方法：观察；检查隐蔽工程验收记录和施工记录。

9）点支承玻璃幕墙应采用带万向头的活动不锈钢爪，其钢爪间的中心距离应大于 250mm。

检验方法：观察；尺量检查。

10）玻璃幕墙四周、玻璃幕墙内表面与主体结构之间的连接节点、各种变形缝、墙角的连接节点应符合设计要求和技术标准的规定。

检验方法：观察；检查隐蔽工程验收记录和施工记录。

11）玻璃幕墙应无渗漏。

检验方法：在易渗漏部位进行淋水检查。

12）玻璃幕墙结构胶和密封胶的打注应饱满、密实、连续、均匀、无气泡，宽度和厚度应符合设计要求和技术标准的规定。

检验方法：观察；尺量检查；检查施工记录。

13）玻璃幕墙开启窗的配件应齐全，安装应牢固，安装位置和开启方向、角度应正确；开启应灵活，关闭应严密。

检验方法：观察；手扳检查；开启和关闭检查。

14）玻璃幕墙的防雷装置必须与主体结构的防雷装置可靠连接。

检验方法：观察；检查隐蔽工程验收记录和施工记录。

3. 一般项目

1）玻璃幕墙表面应平整、洁净；整幅玻璃的色泽应均匀一致；不得有污染和镀膜损坏。

检验方法：观察。

2）每平方米玻璃的表面质量和检验方法应符合表 2-15 的规定。

表 2-15　每平方米玻璃的表面质量和检验方法

项　目	质量要求	检验方法
明显划伤和长度 >100mm 的轻微划伤	不允许	观　察
长度≤100mm 的轻微划伤	≤8 条	用钢尺检查
擦伤总面积	≤500mm²	用钢尺检查

3）一个分格铝合金型材的表面质量和检验方法应符合表 2-16 的规定。

表 2-16　一个分格铝合金型材的表面质量和检验方法

项　目	质量要求	检验方法
明显划伤和长度 >100mm 的轻微划伤	不允许	观　察
长度≤100mm 的轻微划伤	≤2 条	用钢尺检查
擦伤总面积	≤500mm²	用钢尺检查

4）明框玻璃幕墙的外露框或压条应横平竖直，颜色、规格应符合设计要求，压条安装应牢固。单元玻璃幕墙的单元拼缝或隐框玻璃幕墙的分格玻璃拼缝应横平竖直、均匀一致。

检验方法：观察；手扳检查；检查进场验收记录。

5）玻璃幕墙的密封胶缝应横平竖直、深浅一致、宽窄均匀、光滑顺直。

检验方法：观察；手摸检查。

6）防火、保温材料填充应饱满、均匀，表面应密实、平整。

检验方法：检查隐蔽工程验收记录。

7）玻璃幕墙隐蔽节点的遮封装修应牢固、整齐、美观。

检验方法：观察；手扳检查。

8）明框玻璃幕墙安装的允许偏差和检验方法应符合表2-17的规定。

表2-17　明框玻璃幕墙安装的允许偏差和检验方法

项　　目		允许偏差/mm	检验方法
幕墙垂直度	幕墙高度≤30m	10	用经纬仪检查
	30m<幕墙高度≤60m	15	
	60m<幕墙高度≤90m	20	
	幕墙高度>90m	25	
幕墙水平度	幕墙幅宽≤35m	5	用水平仪检查
	幕墙幅宽>35m	7	
构件直线度		2	用2m靠尺和塞尺检查
构件水平度	构件长度≤2m	2	用水平仪检查
	构件长度>2m	3	
相邻构件错位		1	用钢直尺检查
分格框对角线长度差	对角线长度≤2m	3	用钢尺检查
	对角线长度>2m	4	

9）隐框、半隐框玻璃幕墙安装的允许偏差和检验方法应符合表2-18的规定。

表2-18　隐框、半隐框玻璃幕墙安装的允许偏差和检验方法

项　　目		允许偏差/mm	检验方法
幕墙垂直度	幕墙高度≤30m	10	用经纬仪检查
	30m<幕墙高度≤60m	15	
	60m<幕墙高度≤90m	20	
	幕墙高度>90m	25	
幕墙水平度	层高≤3m	3	用水平仪检查
	层高>3m	5	
幕墙表面平整度		2	用2m靠尺和塞尺检查
板材立面垂直度		2	用垂直检测尺检查
板材上沿水平度		2	用1m水平尺和钢直尺检查
相邻板材板角错位		1	用钢直尺检查
阳角方正		2	用直角检测尺检查
接缝直线度		3	拉5m线，不足5m拉通线，用钢直尺检查
接缝高低差		1	用钢直尺和塞尺检查
接缝宽度		1	用钢直尺检查

思 考 题

2-1 简述墙面装饰装修的分类及功能。

2-2 常用墙、柱面装饰装修的材料有哪些?

2-3 简述内墙贴面施工工艺。

2-4 简述饰面砖粘贴工程的质量验收要求。

2-5 简述涂刷类墙面施工注意要点。

2-6 简述溶剂型涂料涂饰墙面的质量验收要求。

2-7 简述裱糊类墙面的构造做法。

2-8 简述裱糊类墙面施工注意要点及质量验收要求。

2-9 简述镶板类墙面板材安装的允许偏差和检验方法。

2-10 软包类墙面的材料有哪三部分组成? 各组成部分材料有哪些?

2-11 简述软包工程安装的允许偏差和检验方法。

2-12 幕墙的饰面材料有哪些?

2-13 简述幕墙施工工艺流程。

实 训 课 题

墙、柱面构造设计与施工实训项目任务书

1. 实训目的

通过构造设计、施工操作系列实训项目,充分理解墙、柱面工程的构造、施工工艺和验收方法,使学生在今后的设计和施工实践中能够更好地把握墙、柱面工程的构造、施工及验收的主要技术关键。

2. 实训内容

根据本校的实际条件,选择本任务书两个选项的其中之一进行实训。

选项一 墙、柱面构造设计实训项目任务书

任务名称	墙、柱面构造设计实训
任务要求	选择本校某大楼门厅的一个墙或柱面,将其还原成构造设计图
实训目的	理解墙、柱面构造原理
行动描述	1. 深入观察分析所要还原的墙、柱面,分析其构造组成 2. 画出构造图,并标注其材料与工艺 3. 构造图符合国家制图标准
工作岗位	本工作属于设计部,岗位为设计员
工作过程	1. 选定一个需还原的构造对象,分析其可能的构造组成 2. 画出结构分析草图 3. 根据分析草图,分别画出墙或柱的平面、立面、主要节点大样图 4. 标注材料与尺寸 5. 编写设计说明 6. 填写设计图图框并签字

（续）

工作工具	笔、纸、计算机
工作方法	1. 先查找类似资料，分析特定墙、柱面的构造特点 2. 明确构造设计的任务要求 3. 熟悉制图标准和线型要求 4. 确定构造设计方案，然后进行深入设计 5. 结构设计要求达到最简洁、最牢固的效果 6. 图面表达尽量做到美观清晰

<table>
<tr><td colspan="2" align="center">选项二　内墙镶、贴、涂、裱施工训练项目任务书</td></tr>
<tr><td>任务名称</td><td>内墙镶、贴、涂、裱施工（根据学校实训条件4选1）</td></tr>
<tr><td>任务要求</td><td>6~8m² 的内墙镶、贴、涂、裱施工工艺编制及施工操作和质量验收，并写出实训报告</td></tr>
<tr><td>实训目的</td><td>通过实践操作掌握内墙镶、贴、涂、裱施工工艺和验收方法，为今后走上工作岗位做好知识和能力方面的准备</td></tr>
<tr><td>行动描述</td><td>教师根据授课要求提出实训要求。学生实训团队根据设计方案和实训施工现场，对6~8m² 的内墙进行镶、贴、涂、裱施工工艺的编制，进行施工操作、工程验收。工程完工后，各项资料按行业要求进行整理。实训完成以后，学生写出实训报告</td></tr>
<tr><td>工作岗位</td><td>本工作涉及设计部设计员岗位和工程部材料员、施工员、资料员、质检员岗位</td></tr>
<tr><td>工作过程</td><td>详见教材相关内容</td></tr>
<tr><td>工作要求</td><td>各项施工过程需按国家验收标准的要求进行</td></tr>
<tr><td>工作工具</td><td>记录本、合页纸、笔、相机、卷尺等</td></tr>
<tr><td>工作团队</td><td>1. 分组。6~10人为一组，选1名项目组长，确定1~3名见习设计员、1名见习材料员、1~3名见习施工员、1名见习资料员、1名见习质检员
2. 各位成员分头进行各项准备，做好资料、材料、设计方案、施工工具等准备工作</td></tr>
<tr><td>工作方法</td><td>1. 项目组长制订计划及工作流程，为各位成员分配任务
2. 见习设计员准备图纸，向其他成员进行方案说明和技术交底
3. 见习材料员准备材料，并主导材料验收工作
4. 见习施工员带领其他成员进行放线，放线完成后进行核查
5. 按施工工艺进行各项施工操作，完工后清理现场，准备验收
6. 由见习质检员主导进行质量检验
7. 见习资料员记录各项数据，整理各种资料
8. 项目组长主导进行实训评估和总结，并与团队成员一起撰写实训报告
9. 指导教师核查实训情况，并进行点评</td></tr>
</table>

3. 实训要求

1）选择选项一者，需按逻辑顺序将所绘图纸装订成册，并制作目录和封面。

2）选择选项二者，以团队为单位写出实训报告（实训报告示例见附录）。

3）在实训报告封面上要有实训考核内容、方法及成绩评定标准，并按要求进行自我评价。

4. 特别关照

实训过程中要注意安全。

5. 测评考核

墙、柱面工程构造设计实训考核内容、方法及成绩评定标准

考核内容	评价项目	指标	自我评分	教师评分
设计合理	材料标注正确	20		
	构造设计工艺简洁、构造合理、结构牢固	40		
设计符合规范	线型正确、符合规范	10		
	构图美观、布局合理	10		
	表达清晰、标注全面	10		
图面效果	图面整洁	5		
设计时间	按时完成任务	5		
任务完成的整体水平		100		

面砖铺贴实训考核内容、方法及成绩评定标准

项目	考核内容	考核方法	要求达到的水平	指标	小组评分	教师评分
对基本知识的理解	对内墙面砖理论的掌握	编写施工工艺	正确编制施工工艺	30		
		理解质量标准和验收方法	正确理解质量标准和验收方法	10		
实际工作能力	在校内实训室场所进行实际动手操作，完成实操任务	检测各项能力	技术交底的能力	8		
			材料验收的能力	8		
			放样弹线的能力	4		
			面砖装配调平和面砖安装的能力	12		
			质量检验的能力	8		
职业能力	团队精神、组织能力	个人和团队评分相结合	计划的周密性	5		
			人员调配的合理性	5		
验收能力	根据实训结果评估	实训结果和资料核对	验收资料完备	10		
任务完成的整体水平				100		

6. 总结汇报

1）实训情况概述（任务、要求、团队组成等）。

2）实训任务完成情况。

3）实训的主要收获。

4）存在的主要问题。

5）团队合作情况（个人在团队中的作用、团队的整体表现、团队的竞争力等）。

6）对实训安排的建议。

附录：内墙贴面砖实训报告（编写提纲）

一、实训团队

团队成员	姓名	主要任务
项目组长		
见习设计员		

（续）

团队成员	姓　　名	主要任务
见习材料员		
见习施工员		
见习资料员		
见习质检员		
其他成员		

二、实训计划

工作任务	完成时间	工作要求

三、实训流程

1. 技术准备

1）根据实训现场条件及设计图纸，进行面砖编排等深化设计。

2）材料检查。

内墙贴面材料要求

序　　号	材　　料	要　　求
1	水泥	
2	砂子	
3	面砖	

3）编制施工方案，经项目组充分讨论后，送达指导教师进行审批。

4）熟悉施工图纸及设计说明，对操作人员进行技术交底，明确设计要求。

2. 机具准备

内墙面砖工程机具设备

序　　号	分　　类	名　　称
1	机械	
2	工具	
3	计量检验用具	

3. 作业条件准备

1）主体结构施工完成后并经检验合格。

2）面砖及其他材料已进场，经检验其质量、规格、品种、数量及各项性能指标符合设计和规范要求，并复试合格。

3）各种专业管线、设备、预埋件已安装完成，经检验合格并办理交接手续。

4）门窗框已安装完成，嵌缝符合要求。门窗框已贴好保护膜，栏杆、预留孔洞及雨水管预埋件等已施工完毕，且均通过检验，质量符合要求。

5）施工所需的脚手架已搭设完成，垂直运输设备已安装好，符合使用要求和安全规定，并经检验合格。

6）施工现场所需的临时用水、用电及各种工具、机具准备就绪。

7）各控制点、水平标高控制线测设完毕，并经预检合格。

4. 施工工艺

工　序	施工流程	施 工 要 求
1	准备	
2	粘贴	
3	收口	

5. 验收方法

内墙面砖工程质量标准和检验方法见表2-4。

内墙面砖工程检验记录

序　号	分　项	质 量 标 准		
1	主控项目			
2	一般项目	项　目	内墙面砖允许偏差/mm	检 验 方 法
		立面垂直度		
		表面平整度		
		阴阳角方正		
		接缝直线度		
		接缝高低差		
		接缝宽度		

6. 整理资料

以下各项工程资料需要装入专用资料袋。

序　号	资料目录	份　数	验 收 情 况
1	设计图纸		
2	现场原始实际尺寸		
3	工艺流程和施工工艺		
4	工程竣工图		
5	验收标准		
6	验收记录		
7	考核评分		

第3章 顶棚的构造与施工

学习目标：掌握顶棚的分类与基本功能，重点掌握悬吊式顶棚的材料、构造与施工。熟悉直接式顶棚的材料、构造与施工。

3.1 顶棚概述

顶棚位于楼板和屋面板下，是室内空间上部通过采用各种材料及形式组合，形成具有使用功能与审美功能的建筑装饰构件，又称天棚、吊顶、天花板。

顶棚的装饰工程历史悠久，如古代建筑的藻井（图3-1）（藻井是覆斗形的窟顶装饰，因和中国古代建筑的屋顶结构藻井相似而得其名，是中国传统建筑中室内顶棚的独特装饰部分。一般做成向上隆起的井状，有方形、多边形或圆形凹面，周围饰以各种花纹、雕刻和彩绘。多用在宫殿、寺庙中的宝座、佛坛上方最重要部位）。随着科学技术的发展和构造工艺的改进，顶棚装饰又有了新的内容，如发光顶棚、金属挂片等。

a)   b)

图3-1 古代建筑的藻井

a）故宫太和殿天花正中的藻井 b）明清宫苑的藻井

3.1.1 顶棚装饰构造的分类

顶棚装饰构造的种类繁多，主要有以下几种分类方式：

1. 按外观分

根据外观形式的不同可以分为平滑式、井格式、分层式、折板式、悬浮式、波浪式，如图3-2所示。

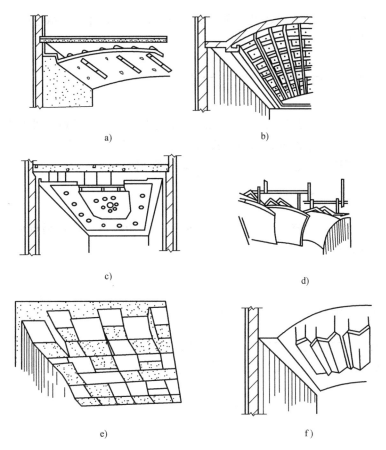

图 3-2 顶棚的外观形式

a) 平滑式 b) 井格式 c) 和 d) 分层式 e) 和 f) 悬浮式

2. 按构造分

根据装饰构造做法的不同可以分为直接式（图3-3）、悬吊式和结构式。

3. 按龙骨材料分

根据龙骨材料的不同可以分为木龙骨顶棚和轻钢龙骨顶棚。

3.1.2 顶棚的基本功能

1. 遮蔽设备工程

在建筑使用功能中，有空调工程、消防、强弱电等功能需求，通常把这种工程称为设备工程，同时还要保证它们的设备维修方便。实践中常常利用顶棚把设备工程遮蔽起来，饰面留出检

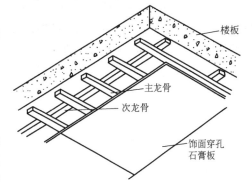

图 3-3 直接式顶棚的构造形式

修孔、空调送风口、回风口等。许多大型超市以商品吸引人，空间大，所以顶面不进行顶棚处理，可以完全看到设备工程的管道和桥架。

2. 增强空间效果

顶棚在装饰装修设计中有着非常重要的作用，我们可以通过顶棚遮蔽设备工程，也可以

对设备工程进行处理体现出结构之美，还可以对顶棚做层叠处理，丰富空间层次，再通过辅助灯光体现空间艺术。

3.2 悬吊式顶棚的材料、构造与施工

悬吊式顶棚又称吊顶，其饰面层和楼板或者屋面板之间有一定的空间距离，通过吊杆连接，在之中的空间里可以布设各种管道和设备，饰面层经过设计可以产生不同的层次，丰富空间效果。悬吊式顶棚的特点是样式多变、材料丰富、造价高。

3.2.1 悬吊式顶棚的材料

悬吊式顶棚的材料品种繁多，样式各异，根据不同功能可分为：吊点材料、吊杆材料、龙骨材料、饰面材料和辅助构件。

1. 吊点材料

吊杆与楼板或屋面板的连接点称为吊点。吊点材料一般预埋 $\phi 8 \sim \phi 10$ 的钢筋，也可以预埋构件、射钉、膨胀螺栓等，如图3-4所示。

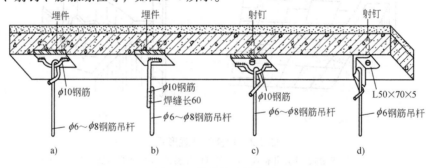

图3-4 吊点的连接方式

2. 吊杆材料

吊杆按材料分为钢筋吊杆、型钢吊杆、木吊杆。钢筋吊杆的直径一般是 $\phi 6 \sim \phi 8$ mm，通过预埋、焊接等方法连接；木吊杆是现在家庭装潢中比较普遍的做法，常用 40mm×40mm 的松木和麻花钉直接和顶面钉接，吊杆和木龙骨也是如此钉接，这样可以省时省力，如图3-5所示。

3. 龙骨材料

悬吊式顶棚龙骨一般有金属龙骨和木龙骨之分。

（1）金属龙骨材料 金属龙骨材料适用于面积大、结构层次简单，造型不太复杂的悬吊式顶棚，施工速度快。金属龙骨常见的有轻钢龙骨、铝合金龙骨、角钢和普通型钢等。

1）轻钢龙骨材料。轻钢龙骨是一种白金属色的型材，

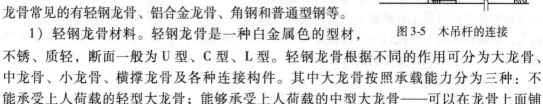

图3-5 木吊杆的连接

不锈、质轻，断面一般为U型、C型、L型。轻钢龙骨根据不同的作用可分为大龙骨、中龙骨、小龙骨、横撑龙骨及各种连接构件。其中大龙骨按照承载能力分为三种：不能承受上人荷载的轻型大龙骨；能够承受上人荷载的中型大龙骨——可以在龙骨上面铺

设简易检修通道；能够承受上人荷载和 800N 集中荷载的重型大龙骨——可以在龙骨上面铺设永久性检修走道。

大龙骨的截面高度分别为 30 ~ 38mm、45 ~ 50mm、60 ~ 100mm，中龙骨的截面高度为 50mm 或 60mm，小龙骨的截面高度为 25mm。轻钢龙骨型号及规格见表 3-1。

2）铝合金龙骨材料。铝合金龙骨吊顶，是随着铝型材挤压技术的发展而出现的新型吊顶材料。铝合金龙骨质量较轻，型材表面经过阳极氧化处理，表面光泽美观，有较强的抗腐蚀、耐酸碱能力，防火性能好，安装简单，适用于公共建筑大厅、楼道、会议室、卫生间、厨房间的吊顶装修。铝合金龙骨常用的有 T 型、L 型及特制龙骨。铝合金龙骨型号及龙骨配件规格见表 3-2 和表 3-3。

3）型钢龙骨。型钢龙骨一般为主龙骨，间距在 1 ~ 2m，使用规格根据使用用途和荷载大小确定。型钢龙骨与吊杆之间常用螺栓连接，与次龙骨之间采用铁卡子、弯钩螺栓连接或者焊接。在荷载较大或特殊情况下，可以采用角钢、槽钢、工字钢等型钢龙骨。型钢龙骨型号及规格见表 3-4。

（2）木龙骨材料　木龙骨的断面一般为正方形或者矩形，材料一般以松木或杉木（南方以樟子松）为主。主龙骨规格为 50mm × 70mm，间距一般为 1.2 ~ 1.5m，用水泥钉、麻花钉等钉接或栓接在吊杆上。主龙骨下面的次龙骨一般为井格状排布，其中垂直于主龙骨的次龙骨规格为 50mm × 50mm，平行于主龙骨方向的次龙骨规格为 50mm × 30mm。木龙骨材料必须进行防火和防腐处理：先刷氟化钠防腐剂 1 ~ 2 遍，再涂防火涂料 3 道。主龙骨和次龙骨之间直接用钉接的方法固定，次龙骨之间可以用榫接或者钉接方式，如图 3-6 所示。

木龙骨一般用于造型复杂的悬吊式顶棚中，如带弧度的顶棚。

表 3-1　轻钢龙骨型号及规格

类　别	型号	断面尺寸/mm	断面面积/cm²	质量/(kg/m)	断面示意图
上人悬吊式顶棚龙骨	CS60	60 × 27 × 1.5	1.74	1.366	
上人悬吊式顶棚龙骨	US60	60 × 27 × 1.5	1.62	1.27	
不上人悬吊式顶棚龙骨	C60	60 × 27 × 0.63	0.78	0.61	
	C50	50 × 20 × 0.63	0.62	0.488	
	C25	25 × 20 × 0.63	0.47	0.37	
中龙骨	—	50 × 15 × 1.5	1.11	0.87	

表 3-2　铝合金主龙骨型号及龙骨配件规格

型号	主龙骨示意图	主龙骨吊件及规格	主龙骨连接件		备　注
			示意图	规格/mm	
TC60	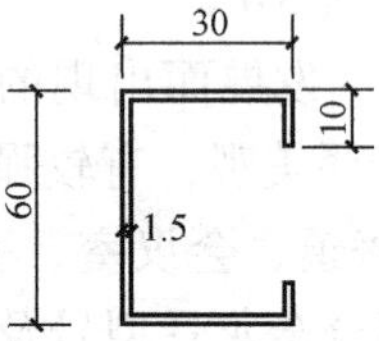	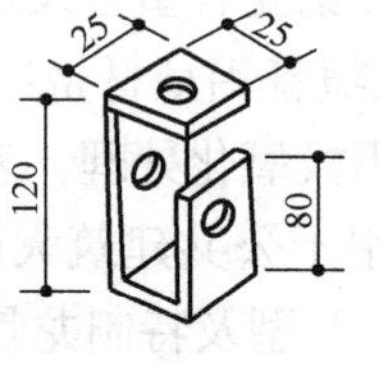	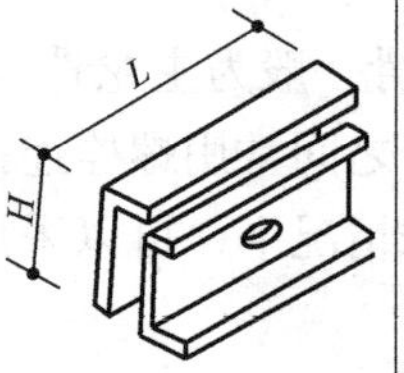	$L = 100$ $H = 60$	适用于吊点距离1500mm的上人吊顶,主龙骨可承受1000N检修荷载
TC50	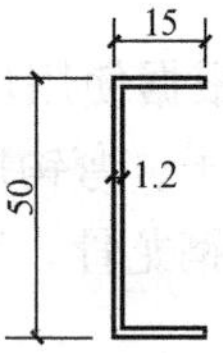	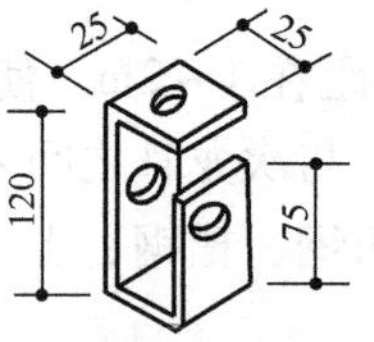		$L = 100$ $H = 50$	适用于吊点距离900~1200mm的不上人悬吊式顶棚
TC38	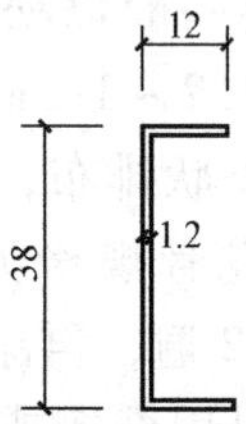	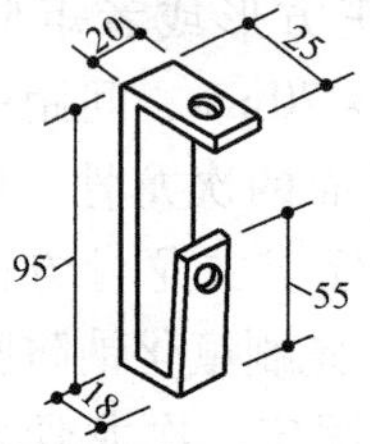		$L = 82$ $H = 39$	适用于吊点距离900~1200mm的不上人悬吊式顶棚

表 3-3　铝合金次龙骨型号及龙骨配件规格

名称	代号	规格			备　注
		示意图	厚度/mm	重量/(kg/m)	
纵向龙骨	LT—23 LT—16	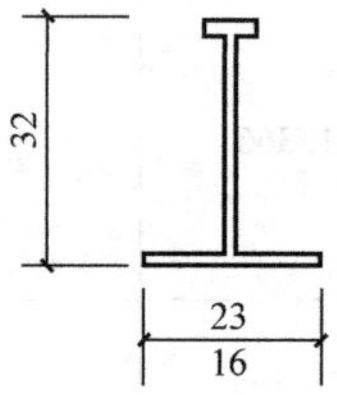	1	0.2 0.12	纵向龙骨
横撑龙骨	LT—23 LT—16	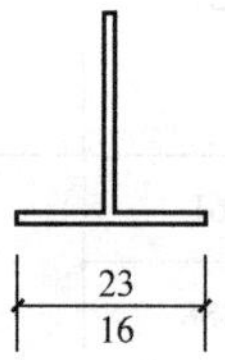	1	0.135 0.09	横向使用,用于纵向龙骨两侧
边龙骨	LT—边龙骨	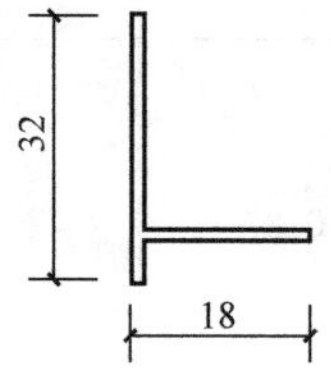	1	0.25	顶棚与墙面收口处使用

（续）

名称	代号	规格			备 注
		示意图	厚度/mm	重量/(kg/m)	
异形龙骨	LT—异形边龙骨	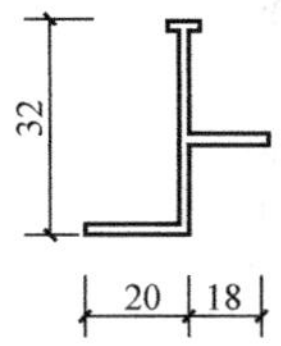 32 20 18	1	0.25	高低顶棚处封边收口使用
LT-23 龙骨吊钩 LT-异形龙骨吊钩	TC50 吊钩	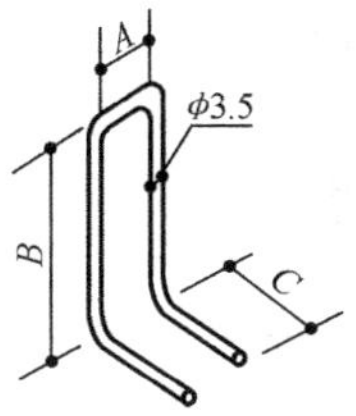 A φ3.5 B C	φ3.5	0.014	1. T 形龙骨与主龙骨垂直吊挂时使用 2. TC50 吊钩：$A=16mm$，$B=60mm$，$C=25mm$ TC38 吊钩：$A=13mm$，$B=48mm$，$C=25mm$
	TC38 吊钩		φ3.5	0.012	
LT 异形龙骨吊挂钩	TC60 系列 TC50 系列 TC38 系列	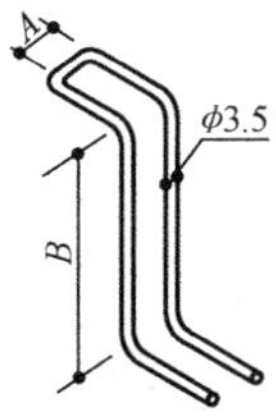 A φ3.5 B	φ3.5	0.021 0.019 0.017	1. T 形龙骨与主龙骨平行吊挂时使用 2. TC60 系列：$A=31mm$，$B=75mm$ TC50 系列：$A=16mm$，$B=65mm$ TC38 系列：$A=13mm$，$B=55mm$
LT-23 龙骨连接件、 LT-异形龙骨连接件		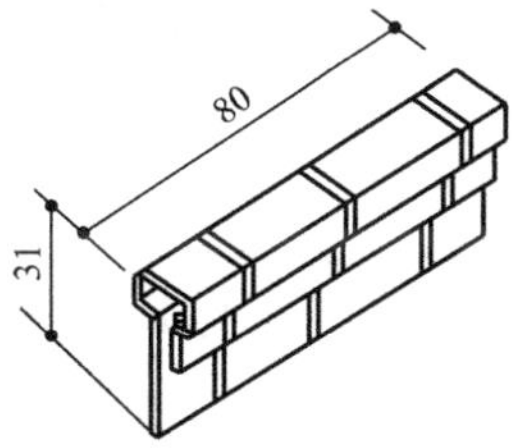 80 31	0.8	0.025	连接 LT-23 龙骨及 LT-异形龙骨用

表 3-4 型钢龙骨型号及规格

构件名称	型 号	示意图	用 途
等边角钢	20mm×3mm、25mm×3mm、 30mm×3mm、40mm×5mm、 50mm×5mm、70mm×6mm 等	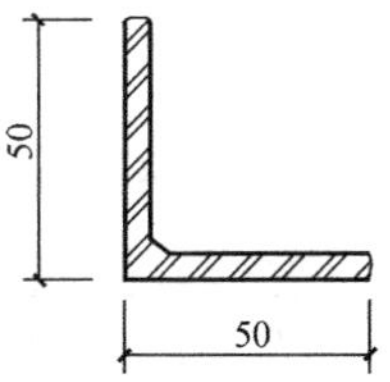 50 50	用于上人顶棚的辅助龙骨、边龙骨等

（续）

构件名称	型　号	示意图	用　途
工字钢	10 号、12.6 号、14 号、16 号	（140，80 尺寸的工字钢截面图）	用于上人顶棚的主龙骨
槽钢	5 号、6.3 号 8 号、10 号、 12.6 号、14b 号	（126，53 尺寸的槽钢截面图）	用于上人顶棚的主龙骨

4. 饰面材料

顶棚的饰面材料非常丰富，根据施工方法可以分为抹灰类和板材类。

（1）抹灰类　在龙骨上钉钢丝网、钢板网或者木条，然后在上面做抹灰面层。其特点是工序繁琐，湿作业量大。

（2）板材类　在龙骨上用各种饰面板材做装饰饰面是现在工程中常见的做法。常见的板材有植物性板材（木板、木屑板、胶合板、纤维板、密度板等）、矿物质板材（各种石膏板、矿棉板等）、塑料扣板、金属板材（铝板、铝扣板、薄钢板）等，常用板材及特性见表 3-5。

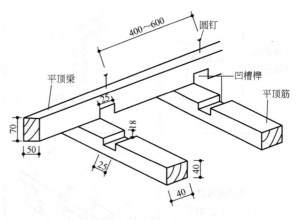

图 3-6　木龙骨的连接构造

表 3-5　常用板材及特性

板材名称	材料性能	安装方式	适用范围
纸面石膏板	质量小、强度高、阻燃防火、保温隔热，可锯可钉、可刨和粘贴，加工性能好，施工方便	搁置、钉接	适用于各类建筑的顶棚
无纸面石膏板（石膏装饰吸音板、防火石膏装饰吸音板）	同上	搁置、钉接	同上
胶合板	质量小、强度高、不耐防火、保温隔热，可锯可钉、可刨和粘贴，加工性能好，施工方便	搁置、钉接	同上
矿棉吸声板	质量小、吸声、防火、保温隔热、美观、施工方便	搁置、钉接	适用于公共建筑的顶棚

（续）

板材名称	材料性能	安装方式	适用范围
珍珠岩吸声板	质量小、吸声、防火、防潮、防虫蛀、耐酸、装饰效果好,可锯、可刨,施工方便	搁置、钉接	适用于各类建筑的顶棚
塑料扣板	质量小、防潮、防虫蛀,装饰效果好,可锯,施工方便	钉接	适用于厨房、卫生间的顶棚
金属扣板	质量小、防潮、防火、美观,施工方便	卡接	适用于各类建筑的顶棚

5. 辅助构件

在悬吊式顶棚中,辅助构件起着很大的作用,主要有连接龙骨的连接件,主次龙骨之间的挂件、挂钩,详见表3-6和表3-7。另外还有连接龙骨和饰面层之间的钉子,连接吊杆和顶面之间的射钉、膨胀螺栓等。

表 3-6　顶棚装饰构造用龙骨配件

构件名称	示意图	用　途	备　注
主龙骨吊件	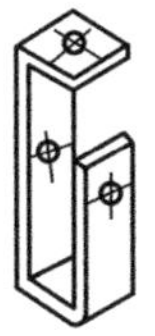	用于连接主龙骨和吊杆	
主次龙骨挂件	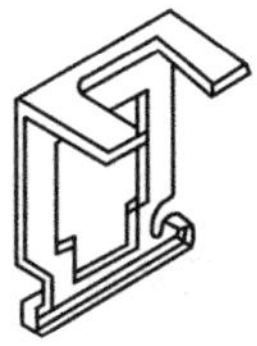	用于连接主龙骨和次龙骨	
次龙骨支托	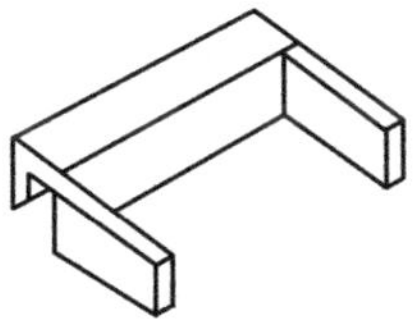	用于次龙骨之间相互垂直的连接	
次龙骨连接件	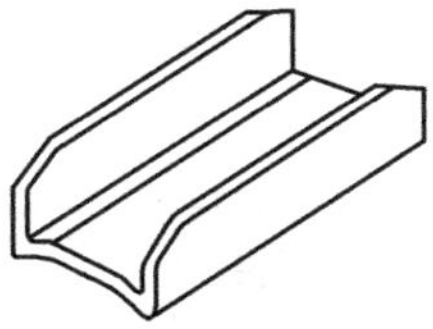	用于两根次龙骨之间的连接	
轻型吊顶龙骨吊挂件	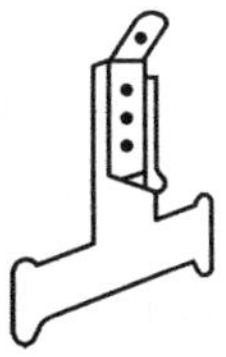	用于覆面龙骨和吊杆的连接	一般用于不上人顶棚

表 3-7 顶棚装饰构造用五金配件

构件名称	型 号	示意图	用 途
镀锌螺栓	M6×30、M6×40、M6×50	EQ	用于木龙骨和吊杆之间的连接
膨胀螺栓	M6×65、M6×75、M8×90、M8×100、M8×110、M8×130	EQ	一般用于吊点
圆钉	3号、4号、5号、6号	60 6号圆钉	用于木龙骨之间的连接
麻花钉	50、55、65、75	57.2	用于木龙骨之间的连接
水泥钉	11号、10号、8号、7号	63.5	用于和混凝土墙之间的连接
骑马钉	20、30	10.5 20	
十字槽沉头木螺钉	10、20、30、40、50	EQ	用于石膏板和龙骨的固定，一般要凹入饰面板

3.2.2 悬吊式顶棚的构造

悬吊式顶棚一般由悬吊结构、顶棚骨架、饰面层三部分组成。

1. 悬吊结构

悬吊结构包括吊点和吊杆。

（1）吊点 吊杆与楼板或屋面板之间的连接点称之为吊点。吊点的布置应均匀，一般为 900~1200mm 左右，主龙骨上的第一个吊点距主龙骨端点距离不超过 300mm，吊点材料应该根据不同的使用环境、不同的楼板结构区别对待；吊点材料常采用预埋Φ10 的钢筋，也可采用预埋构件、射钉、膨胀螺栓等，如图 3-7 所示。

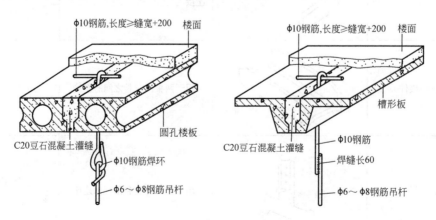

图 3-7 预制板吊点的构造

（2）吊杆 吊杆又称吊筋，是连接龙骨和吊点之间的传力构件。吊杆的作用是承受整个悬吊式顶棚的重量（如饰面层、龙骨以及检修人员），并将这些重量传递给屋面板、楼板、屋架或梁等，同时还可以调整、确定顶棚的空间高度，如图 3-8 所示。

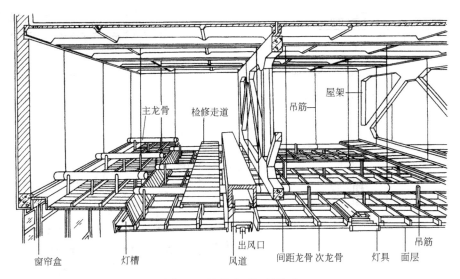

图 3-8　悬吊式顶棚的构造

2. 顶棚骨架

顶棚骨架由主龙骨和次龙骨组成，也称主搁栅和次搁栅，主要承受来自面层装饰材料的重量，按材料不同可分为木龙骨、铝合金龙骨、轻钢龙骨等。

3. 饰面层

饰面层又叫面层，其主要作用是装饰室内空间，并兼有吸音、反射和隔热保温等特定功能。面层的构造设计要结合烟感器、喷淋头、灯具、空调进出风口等布置。

饰面层做法有抹灰类、板材类和金属格栅类等。

（1）抹灰类顶棚面层 抹灰类顶棚面层一般有两种：板条抹灰和钢板网抹灰。

板条抹灰是用 10mm×30mm 的木板条固定在次龙骨上，用纸筋灰或麻刀灰进行抹灰装饰。板条间隙 8～10mm，板条头要错开排列，可以避免因板条变形、石灰干缩等原因引起的开裂，如图 3-9 所示。

钢板网抹灰是在次龙骨上固定 1.2mm 厚的钢板网，然后衬垫一层 $\phi6mm@200mm$ 钢筋网片，再在钢板网上进行抹灰。钢板网抹灰顶棚的耐久性、防震性和耐火性均好，但造价较高，一般用于中、高档建筑中，但是湿作业量大，施工进度慢，目前已不多见，如图 3-10 所示。

（2）板材类顶棚面层 在龙骨上通过钉接、粘贴、搁置、卡接、吊挂等方式用饰面板材进行顶棚装饰，称为板材类顶棚面层。板材材料可以是石膏、木材、塑料、金属等（图 3-11）。

（3）金属格栅类顶棚面层 通过在金属龙骨上卡接、吊挂成品金属格栅来进行顶棚装饰，称为金属格栅类顶棚面层。

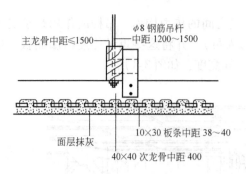

图 3-9　板条抹灰的饰面构造

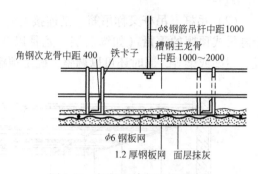

图 3-10　钢板网抹灰的饰面构造

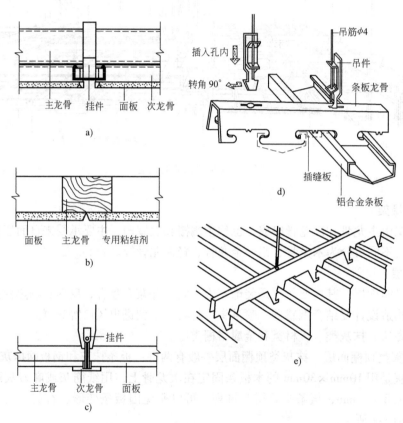

图 3-11　悬吊式顶棚饰面板与龙骨的连接构造

a) 钉接　b) 粘贴　c) 搁置　d) 卡接　e) 吊挂

3.2.3　木龙骨顶棚的构造和施工

木龙骨适用于小面积的、造型复杂的悬吊式顶棚，施工速度快、易加工，但防火性能差，是家庭装修常采用的构造做法。

1. 木龙骨顶棚的构造

木龙骨顶棚主要由吊点、吊杆、木龙骨和面层组成，其中木龙骨分主龙骨、次龙骨、横撑龙骨三部分。主龙骨为 50mm × (70 ~ 80)mm，间距 0.9 ~ 1.5m；次龙骨为 30mm × (30 ~ 50)mm，间距根据具体规格而定，一般为 400 ~ 600mm。次龙骨用 50mm × 50mm 的方木吊筋钉牢在主龙骨的底部，用8号镀锌铁丝绑牢，次龙骨之间用钉接或榫接的方式连接。

2. 木龙骨顶棚的施工

（1）施工流程　放线→木龙骨处理→龙骨拼装→安装吊点、吊筋→固定沿墙龙骨→龙骨的吊装固定。

（2）施工工艺

1）放线。放线的内容主要包括：标高线、造型位置线、吊点布置线、大中型灯位线等。放线的作用：一方面使施工有了基准线，便于下一道工序确定施工位置；另一方面能够检查吊顶以上部位的管道对标高位置的影响。

①确定标高线。定出地面的基准线，如原地坪无饰面要求，基准线为原地平线，如原地坪有饰面要求，基准线则为饰面后的地坪线。以地坪线基准线为起点，根据设计要求在墙（柱）面上量出吊顶的高度，并在该点上画出高度线（作为吊顶的底标高），一般用"水柱法"。

②确定造型位置线。对于规则的建筑空间，应根据设计要求，先在一个墙面上量出吊顶造型的位置和距离，并按该尺寸画出平行于墙面的直线，再从另外三个墙面，用同样的方法画出直线，便可以得到造型位置外框线，然后根据外框线，逐步画出造型的各个部位的位置。对于不规则的建筑空间，可根据施工图纸测出造型边缘距墙面的距离，运用同样的方法，找出吊顶造型边框的有关基本点，将各点连线形成吊顶造型线。

③确定吊点位置。按每平方米一个均匀布置，灯位处、承载部位、龙骨与龙骨相接处及叠级吊顶的叠级处应增设吊点。

2）木龙骨处理。对于工程中所用的木龙骨要进行筛选并进行防火处理，一般将防火涂料涂刷或喷于木材表面，也可以将木材放在防火槽内浸渍，对所选用防火涂料的规定见表3-8。

表3-8　对选择及使用防火涂料的规定

防火涂料种类	每平方米木材表面所用防火涂料的数量(以kg计)不得小于	特　征	基本用途	限制和禁止的范围
硅酸盐涂料	0.50	无抗水性,在二氧化碳的作用下分解	用于不直接受潮湿作用的构件上	不得用于露天构件及位于二氧化碳含量高的大气中
可塞银(酪素)涂料	0.70	—	用于不直接受潮湿作用的构件上	构件不得用于露天
掺有防火剂的油质涂料	0.60	抗水性良好	用于露天构件上	—
氯乙烯涂料和其他碳化氢为主的涂料	0.60	抗水性良好	用于露天构件上	—

3）龙骨拼装。吊顶的龙骨架在吊装前，应在楼（地）面上进行拼装，拼装的面积一般控制在10m²以内，否则不便拼装。拼装时，先拼装大片的龙骨骨架，再拼装小片的局部骨架。拼装的方法常采用咬口（半榫扣接）拼装法，具体做法为：在龙骨上开出凹槽，槽深、

槽宽以及槽与槽之间的距离应符合有关规定，然后将凹槽与凹槽进行咬口拼装，凹槽处应涂胶并用钉子固定，如图 3-8 所示。

4）安装吊点、吊筋。

①吊点。常采用膨胀螺栓、射钉、预埋铁件等方法。用冲击电钻在建筑结构面上打孔，然后放入膨胀螺栓。用射钉将角铁等固定在建筑结构底面。

当在装配式预制空心楼板顶棚底面采用膨胀螺栓或射钉固定吊点时，其吊点必须设置在已灌实的楼板板缝处。

②吊筋。常采用钢筋、角钢、扁铁或方木，其规格应满足承载要求，吊筋与吊点的连接可采用焊接、钩挂、螺栓或螺钉等连接方法。吊筋安装时，应做防腐和防火处理。

5）固定沿墙龙骨。沿吊顶标高线固定沿墙龙骨，一般是用冲击电钻在标高线以上 10mm 处墙面打孔，孔径 12mm，孔距 0.5 ~ 0.8m，孔内塞入木楔，将沿墙龙骨钉固在墙内木楔上，沿墙木龙骨的截面尺寸与吊顶次龙骨尺寸一样。沿墙木龙骨固定后，其底边应与其他次龙骨底边标高一致。

6）龙骨吊装固定。木龙骨吊顶的龙骨架有两种形式，即单层网格式木龙骨架及双层木龙骨架。

①单层网格式木龙骨架的吊装固定：分片吊装。单层网格式木龙骨架的吊装一般先从一个墙角开始，将拼装好的木龙骨架托起至标高位置，对于高度低于 3.2m 的吊顶骨架，可在高度定位杆上作临时支撑，高度超过 3.2m 时，可用铁丝在吊点处作临时固定。然后用棒线绳或尼龙线沿吊顶标高线拉出平行或交叉的几条水平基准线作为吊顶的平面基准。最后，将龙骨架向下慢慢移动，使之与基准线平齐，待整片龙骨架调正调平后，先将其靠墙部分与沿墙龙骨钉接，再用吊筋与龙骨架固定。

龙骨架与吊筋固定。龙骨架与吊筋的固定方法有多种，视选用的吊杆材料和构造而定，常采用绑扎、钩挂、木螺钉固定等。

龙骨架分片连接。龙骨架分片吊装在同一平面后，要进行分片连接形成整体，其方法是：将端头对正，用短方木进行连接，短方木钉于龙骨架对接处的侧面或顶面，对于一些重要部位的龙骨连接，可采用铁件进行连接加固。

叠级吊顶龙骨架连接。对于叠级吊顶，一般是从最高平面（相对可接地面）吊装，其高低面的衔接，常用做法是先以一条方木斜向将上下平面龙骨架定位，然后用垂直的方木把上下两个平面龙骨架连接固定。

龙骨架调平与起拱。各个分片连接固定后，在整个吊顶面下拉出十字交叉的标高线，来检查并调整吊顶平整度，使得误差在规定的范围内。

对一些面积较大的木龙骨架吊顶，可采用起拱的方法来平衡吊顶的下坠，一般情况下，跨度在 7 ~ 10m 间起拱量为 3/1000，跨度在 10 ~ 15m 间起拱量为 5/1000。

②双层木龙骨架的吊装固定。

主龙骨架的吊装固定。按照设计要求的主龙骨间距（通常为 1000 ~ 1200mm）布置主龙骨（通常沿房间的短向布置）并与已固定好的吊杆间距一致。连接时先将主龙骨搁置在沿墙龙骨（标高线木方）上，调平主龙骨，然后与吊杆连接并与沿墙龙骨钉接或用木楔将主龙骨与墙体楔紧。

次龙骨架的吊装固定。次龙骨即是采用小木方通过咬合拼接而成的木龙骨网格，其规格、要求及吊装方法与单层木龙骨吊顶相同。将次龙骨吊装至主龙骨底部并调好位置后，用短方木将主、次龙骨连接牢固。

3.2.4　木龙骨顶棚的质量验收要求

1. 一般规定

（1）适用范围　以下要求针对木龙骨顶棚的制作与安装工程的质量验收。

（2）顶棚工程验收时应检查下列文件和记录

1）顶棚工程的施工图、设计说明及其他设计文件。

2）材料的产品合格证书、性能检测报告、进场验收记录和复验报告。

3）隐蔽工程验收记录。

4）施工记录。

（3）顶棚工程应对人造木板的甲醛含量进行复验

（4）顶棚工程应对下列隐蔽工程项目进行验收

1）顶棚内管道、设备的安装及水管试压。

2）木龙骨防火、防腐处理。

3）预埋件或拉结筋。

4）吊杆安装。

5）龙骨安装。

6）填充材料的设置。

（5）各分项工程的检验批应按下列规定划分　同一品种的顶棚工程每 50 间（大面积房间和走廊按顶棚面积 30m² 为一间）应划分为一个检验批，不足 50 间也应划分为一个检验批。

（6）检查数量　每个检验批应至少抽查 10%，并不得少于 3 间；不足 3 间时应全数检查。

（7）安装龙骨前，应按设计要求对房间净高、洞口标高和顶棚内管道、设备及其支架的标高进行交接检验。

（8）顶棚工程的木饰面板必须进行防火处理，并应符合有关设计防火规范的规定。

（9）顶棚工程中的预埋件、钢筋吊杆和型钢吊杆应进行防锈处理。

（10）安装饰面板前应完成顶棚内管道和设备的调试及验收。

（11）吊杆距主龙骨端部距离不得大于 300mm，当大于 300mm 时，应增加吊杆。当吊杆长度大于 1.5m 时，应设置反支撑。当吊杆与设备相遇时，应调整并增设吊杆。

（12）顶棚工程的木吊杆、木龙骨和木饰面板必须进行防火处理，并应符合有关设计防火规范的规定。

（13）重型灯具、电扇及其他重型设备严禁安装在顶棚工程的龙骨上。

2. 暗龙骨顶棚工程

以下要求适用于木龙骨骨架，以石膏板、金属板、矿棉板、木板、塑料板或格栅等为饰面材料的暗龙骨顶棚工程的质量验收。

（1）主控项目

1）顶棚标高、尺寸、起拱和造型应符合设计要求。

检验方法：观察；尺量检查。

2）饰面材料的材质、品种、规格、图案和颜色应符合设计要求。

检验方法：观察；检查产品合格证书、性能检测报告、进场验收记录和复验报告。

3）暗龙骨顶棚工程的吊杆、龙骨和饰面材料的安装必须牢固。

检验方法：观察；手扳检查；检查隐蔽工程验收记录和施工记录。

4）吊杆、龙骨的材质、规格、安装间距及连接方式应符合设计要求。金属吊杆应经过表面防腐处理；木吊杆、龙骨应进行防腐、防火处理。

检验方法：观察；尺量检查；检查产品合格证书、性能检测报告、进场验收记录和隐蔽工程验收记录。

5）石膏板的接缝应按其施工工艺标准进行板缝防裂处理。安装双层石膏板时，面层板与基层板的接缝应错开，并不得在同一根木龙骨上接缝。

检验方法：观察。

（2）一般项目

1）饰面材料表面应洁净、色泽一致，不得有翘曲、裂缝及缺损。压条应平直、宽窄一致。

检验方法：观察；尺量检查。

2）饰面板上的灯具、烟感器、喷淋头、风口箅子等设备的位置应合理、美观，与饰面板的交接应吻合、严密。

检验方法：观察。

3）金属吊杆、龙骨的接缝应均匀一致，角缝应吻合，表面应平整，无翘曲和锤印。木质吊杆、龙骨应顺直，无劈裂和变形。

检验方法：检查隐蔽工程验收记录和施工记录。

4）顶棚内填充吸声材料的质量和铺设厚度应符合设计要求，并应有防散落措施。

检验方法：检查隐蔽工程验收记录和施工记录。

5）暗龙骨顶棚工程安装的允许偏差和检验方法应符合表3-9的规定。

表3-9 暗龙骨顶棚工程安装的允许偏差和检验方法

项　　目	允许偏差/mm				检验方法
	纸面石膏板	金属板	矿棉板	木板、塑料板、格栅	
表面平整度	3	2	2	2	用2m靠尺和塞尺检查
接缝直线度	3	1.5	3	3	拉5m线，不足5m拉通线，用钢直尺检查
接缝高低差	1	1	1.5	1	用钢直尺和塞尺检查

3. 明龙骨顶棚工程

以下要求适用于以木龙骨为骨架，以石膏板、金属板、矿棉板、塑料板、玻璃板或格栅等为饰面材料的明龙骨顶棚工程的质量验收。

（1）主控项目

1）顶棚标高、尺寸、起拱和造型应符合设计要求。

检验方法：观察；尺量检查。

2）饰面材料的材质、品种、规格、图案和颜色应符合设计要求。当饰面材料为玻璃板时，应使用安全玻璃或采取可靠的安全措施。

检验方法：观察；检查产品合格证书、性能检测报告和进场验收记录。

3）饰面材料的安装应稳固严密。饰面材料与龙骨的搭接宽度应大于龙骨受力面宽度的2/3。

检验方法：观察；手扳检查；尺量检查。

4）吊杆、龙骨的材质、规格、安装间距及连接方式应符合设计要求。金属吊杆应进行表面防腐处理；木龙骨应进行防腐和防火处理。

检验方法：观察；尺量检查；检查产品合格证书、进场验收记录和隐蔽工程验收记录。

5）明龙骨顶棚工程的吊杆和龙骨安装必须牢固。

检验方法：手扳检查；检查隐蔽工程验收记录和施工记录。

（2）一般项目

1）饰面材料表面应洁净、色泽一致，不得有翘曲、裂缝及缺损。饰面板与明龙骨的搭接应平整、吻合，压条应平直、宽窄一致。

检验方法：观察；尺量检查。

2）饰面板上的灯具、烟感器、喷淋头、风口箅子等设备的位置应合理、美观，与饰面板的交接应吻合、严密。

检验方法：观察。

3）金属龙骨的接缝应平整、吻合、颜色一致，不得有划伤、擦伤等表面缺陷。木质龙骨应平整、顺直，无劈裂。

检验方法：观察。

4）顶棚内填充吸声材料的质量和铺设厚度应符合设计要求，并应有防散落措施。

检验方法：检查隐蔽工程验收记录和施工记录。

5）明龙骨顶棚工程安装的允许偏差和检验方法应符合表 3-10 的规定。

表 3-10　明龙骨顶棚工程安装的允许偏差和检验方法

项　　目	允许偏差/mm				检验方法
	石膏板	金属板	矿棉板	塑料板、玻璃板	
表面平整度	3	2	3	2	用 2m 靠尺和塞尺检查
接缝直线度	3	2	3	3	拉 5m 线，不足 5m 拉通线，用钢直尺检查
接缝高低差	1	1	2	1	用钢直尺和塞尺检查

3.2.5　轻钢龙骨顶棚的构造和施工

轻钢龙骨是公共空间中用得比较多的一种顶棚材料，轻钢龙骨按其截面形状可分为：U型、C 型和 L 型。

1. 轻钢龙骨顶棚的构造

轻钢龙骨由主龙骨、中龙骨、横撑小龙骨、次龙骨、吊件、接插件和挂插件组成。主龙骨一般用特制的型材，断面有 U 形和 C 形，一般多为 U 形。主龙骨按其承载能力分为 38、50 和 60 三个系列。38 系列龙骨适用于吊点距离 0.9 ~ 1.2m 的不上人悬吊式顶棚；50 系列龙骨适用于吊点距离 0.9～1.2m 的上人悬吊式顶棚，主龙骨可承受 80kg 的检修荷载；60 系列龙骨适用于吊点距离 1.5m 的上人悬吊式顶棚，可承受 80～100kg 检修荷载。龙骨的承载能力还与型材的厚度有关，荷载大时必须采用厚型材料。中龙骨和小龙骨断面有 C 形和 T 形两种。吊杆与主龙骨、主龙骨与中龙骨、中龙骨与小龙骨之间是通过吊挂件和接插件连接的，如图 3-12～图 3-14 所示。

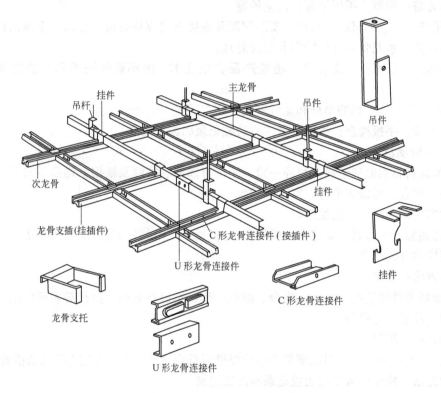

图 3-12　悬吊式顶棚轻钢龙骨构造

2. 施工流程

轻钢龙骨纸面石膏板吊顶的施工工艺流程为：交验→找规矩→弹线→复核→吊筋制作安装→主龙骨安装→调平龙骨架→次龙骨安装→固定→安装面板→质量检查、缝隙处理→饰面安装。

3. 施工工艺

（1）交验　吊顶正式安装前应对上一步工序进行交接验收，其内容以有利于吊顶施工为准，如结构的强度、设备的位置、水电暖管线的铺设等。

（2）找规矩　根据设计和工程实际情况，在吊顶标高处找出一个标准基平面与实际情况进行对比，核实存在的误差并对其进行调整，确定平面弹线的基准。

（3）弹线　弹线顺序是先竖向标高，后平面造型和细部，竖向标高线弹于墙上，平面造型和细部弹于顶板上。一般主要弹出如下基准线：

1）弹顶棚标高线。先弹施工标高基准线，一般常用 0.5m 为基准线，弹于四周墙壁。以施工标高基准线为准，按设计所定的顶棚标高，用仪器及量具沿室内墙面将顶棚高度量出，并将此高度用墨线弹于墙面上，其水平允许偏差不得大于 5mm。如顶棚有跌级造型，其标高应全部标出。

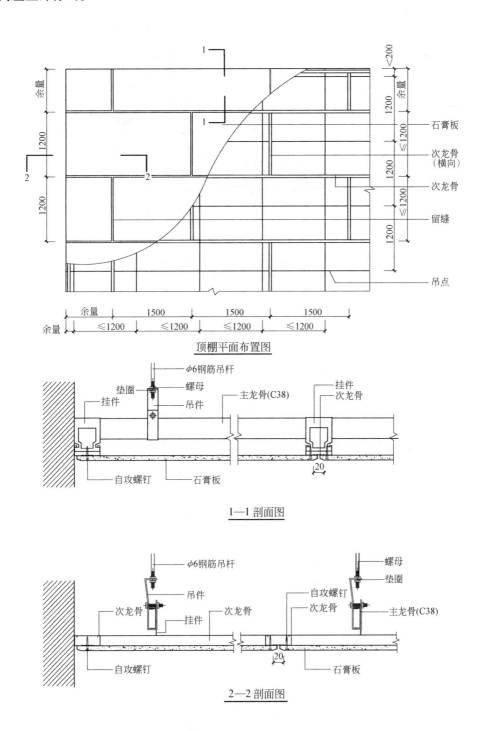

图 3-13　轻钢龙骨顶棚（不上人）构造图

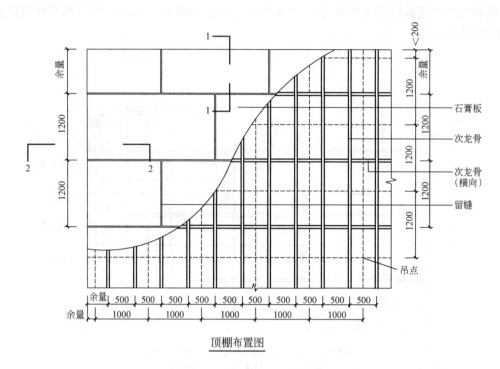

顶棚布置图

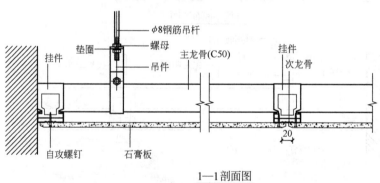

1—1 剖面图

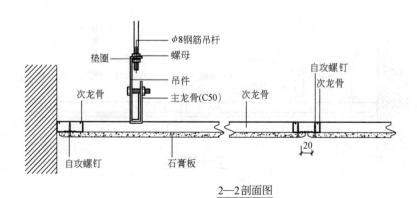

2—2 剖面图

图 3-14 轻钢龙骨顶棚（上人）构造图

2）弹平面造型线。根据设计平面，以房间的中心为准，将设计平面造型以先高后低的顺序，逐步弹在顶板上，并应注意对累计误差的调整。

3）弹吊筋吊点位置线。根据造型线和设计要求，确定吊筋吊点的位置，并弹于顶板上。

4）弹大型灯具、电扇等吊具位置线。所有大型灯具、电扇等吊具、吊杆的位置，应按设计全部测定准确，并用墨线弹于楼板板底。如吊具、吊杆的锚固件须用膨胀螺栓固定者，应将膨胀螺栓中心位置一并弹出。

5）弹附加吊杆位置线。根据具体设计，将顶棚检修走道、检修口、通风口、柱子周边处及其他所有须加"附加吊杆"之处的吊杆位置一一测出，弹于楼板板底上。

（4）复核　为保证吊顶安装施工顺利、位置准确，弹线完成后，对所有标高线、平面造型吊点位置等进行全面检查复量，如有遗漏或尺寸错误，均应立即进行补充和纠正。所弹顶棚标高线与四周设备、管线、管道等有无矛盾，对大型灯具的安装有无妨碍，均须一一核实，确保准确无误。

（5）吊筋的制作与固定　轻钢龙骨的吊筋一般用钢筋制作，吊筋的固定做法根据楼板的种类不同而不同。具体做法如下：

1）预制钢筋混凝土楼板设吊筋，应在主体工程施工时预埋吊筋。如无预埋时应用膨胀螺栓固定，并应保证其连接强度。

2）现浇钢筋混凝土楼板设吊筋，一般是预埋吊筋，或是用膨胀螺栓或用射钉固定吊筋，并应保证其强度。

（6）安装轻钢龙骨架

1）安装轻钢主龙骨。主龙骨按弹线的位置就位，利用吊件悬挂在吊筋上，待全部主龙骨安装就位后，进行调直调平定位，将吊筋上的调子螺母拧紧，龙骨中间部分按具体设计起拱（一般起拱高度不得小于房间短向跨度的3/1000）。

2）安装副龙骨。主龙骨安装完毕后即安装副龙骨。副龙骨有通长和截断两种，通长副龙骨与主龙骨垂直，截断副龙骨（也叫横撑龙骨）与通长垂直。副龙骨紧贴主龙骨安装，并与主龙骨扣牢，不得有松动及歪曲不直之处。副龙骨安装时应从主龙骨一端开始，高低跌级顶棚应先安装高跨部分后再安装低跨部分。副龙骨的位置要准确，特别是板缝处，要充分考虑缝隙尺寸。

3）安装其他龙骨。靠近柱子周边，增加"附加龙骨"或角龙骨时，应按具体设计要求进行安装。凡高低跌级顶棚、灯槽、灯具、窗帘盒等处，根据具体设计应增加"连接龙骨"。

（7）骨架安装质量检查　上列工序安装完毕后，应对整个龙骨架的安装质量进行严格检查。

1）龙骨架荷重检查。在顶棚检修孔周围、高低跌级处、吊灯吊扇等处，根据设计荷载规定进行加载检查。加载后如果龙骨架有翘曲、颤动之处，则应增加吊筋予以加强。增加的吊筋数量和具体位置，应通过计算确定。

2）龙骨架安装及连接质量检查。对整个龙骨架的安装质量及连接质量进行彻底检查。连接件应错位安装，龙骨连接处的偏差不得超过相关规范的规定。

3）各种龙骨质量检查。对主龙骨、副龙骨、附加龙骨、角龙骨、连接龙骨等进行详细质量检查。如果发现有翘曲或扭曲以及位置不正、部位不对等处，则均应彻底纠正。

（8）安装石膏板

1）选择石膏板。普通纸面石膏板在安装之前，应根据设计的规格尺寸、花色品种进行选板，凡有裂纹、破损、缺棱、掉角、受潮以及护面纸损坏者均应一律剔除不用。选好的石膏板应平放于有垫板的木板之上，以免沾水受潮。

2）安装石膏板。安装时应使纸面石膏板长边（即包封边）与主龙骨平行，从顶棚的一端向另一端开始逐块排列，错缝安装，余量放在最后安装。石膏板与墙面之间应留 6mm 间隙。板与板的接缝宽度不得小于板厚。每块石膏板用 3.5mm×25mm 自攻螺钉固定在次龙骨上，固定时应从石膏板中部开始，向两侧展开，螺钉间距为 150～200mm，螺钉距纸面石膏板板边（面纸包封的板边）不得小于 10mm，并不得大于 15mm；距切割后的板边不得小于 15mm，并不得大于 20mm。钉头应略低于板面，但不得将纸面钉破。钉头应做防锈处理，并用石膏腻子腻平。

（9）石膏板安装质量检查　纸面石膏板装钉完毕后，应对其质量进行检查。如果整个石膏板顶棚表面平整度偏差超过 3mm、接缝平直度偏差超过 3mm、接缝高低度偏差超过 1mm，石膏板有钉接缝处不牢固，则均应彻底纠正。

（10）嵌缝　纸面石膏板安装质量经检查或修理合格后，根据纸面石膏板板边类型及嵌缝规定进行嵌缝。但是要注意，无论使用什么腻子，均应保证有一定的膨胀性。施工中常用石膏腻子，一般施工做法如下：

1）直角边纸面石膏板嵌缝。直角边纸面石膏板顶棚定缝，均为平缝，嵌缝时应用刮刀将嵌缝腻子均匀饱满地嵌入板缝中，并将腻子刮平（与石膏板面齐平）。纸面石膏板如需进行装饰，应在腻子完全干燥后施工。

2）楔形边纸面石膏板顶棚嵌缝。楔形边纸面石膏板顶棚嵌缝采用三道腻子。

第一道腻子：用刮刀将嵌缝腻子均匀饱满地嵌入缝中，将浸湿的穿孔纸带贴于缝处，用刮刀将纸带用力压平，使腻子从孔中挤出，然后再薄压一层腻子。用嵌缝腻子将石膏板上所有的钉子孔填平。

第二道腻子：第一道嵌缝腻子完全干燥后覆盖第二道嵌缝腻子，使之略高于石膏板表面，腻子宽为 200mm 左右，另外在钉孔上亦再覆盖腻子一道，宽度较钉孔扩大出 25mm 左右。

第三道腻子：第二道嵌缝腻子完全干燥后，再薄压 300mm 宽嵌缝腻子一层，用清水刷湿边缘后用抹刀拉平，使石膏板面平滑，钉孔第二道腻子上亦再覆盖嵌缝腻子一层，并用力拉平使之与石膏板面交接平滑。上述第三道嵌缝腻子完全干燥后，用 2 号砂纸安装在手动或电动打磨器上，将嵌缝腻子打磨光滑，打磨时不得将护纸磨破。嵌缝的纸面石膏板顶棚应妥善保护，不得损坏、碰撞，不得有任何污染。如石膏板表面另有饰面时，应按具体设计进行装饰。

3.2.6　铝合金龙骨顶棚的构造和施工

1. 铝合金龙骨顶棚的构造

（1）主龙骨（大龙骨）　主龙骨的侧面有长方形孔和圆形孔。长方形孔供次龙骨穿插连接，圆形孔供悬吊固定。

（2）次龙骨（中小龙骨）　次龙骨的长度，根据饰面板的规格进行下料，在次龙骨的两端，为了便于插入主龙骨的方眼中，要加工成"凸"字形状。为了使多根次龙骨在穿插连接中保持顺直，在次龙骨的端头部位弯一个角度，使两根次龙骨在一个方眼中保持中心线重合。

（3）边龙骨　边龙骨亦称封口角铝，其作用是在吊顶边角等部位进行封口，使边角部位保持整齐、顺直。边龙骨有等边和不等边两种。一般常用 25mm×25mm 等边边龙骨，色彩应当与板的色彩相同，如图 3-15 所示。

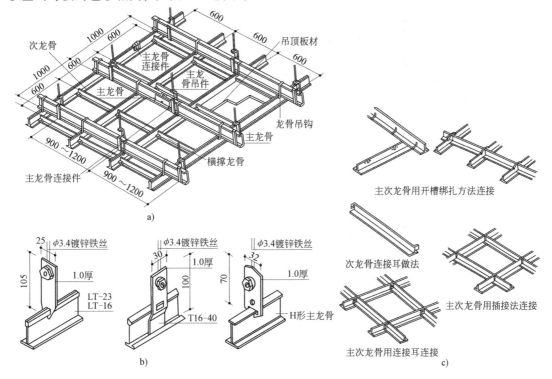

图 3-15　悬吊式顶棚铝合金龙骨构造

a）LT 形铝合金龙骨悬吊式顶棚构造透视　b）LT 形铝合金龙骨悬吊式顶棚节点构造　c）主次龙骨连接方式

2. 施工流程

铝合金龙骨吊顶的施工工艺比较简单，其施工操作顺序为：放线定位→固定悬吊体系→安装调平龙骨→安装饰面板。

3. 施工工艺

单独由 T 型（或 L 型）铝合金龙骨装配的吊顶，只能是无附加荷载的装饰性单层轻型吊顶。它适用于室内大面积平面顶棚的装饰，与轻钢 U 型、C 型龙骨单层吊顶的主要区别在于：它可以比较灵活地将饰面材料平放搭装，而不必进行封闭式钉固安装，其次是必要时可作明装（外露纵横骨架）、暗装（板材边部为企口、嵌装后骨架隐藏）或半明半暗式安装（外露部分骨架），如图 3-16 所示。

铝合金龙骨吊顶的具体施工工艺如下：

（1）放线定位　铝合金龙骨吊顶的放线定位，主要是弹标高线和龙骨的布置线，这是吊顶施工的主要依据和标准，必须符合设计的要求。

1）根据设计图纸，结合具体情况，将龙骨及吊点位置弹到楼板底面上。如果吊顶设计要求有一定的造型或图案，应弹出吊顶对称轴线，龙骨及吊点位置应对称布置。龙骨和吊杆的间距、主龙骨的间距是影响吊顶高度的重要因素。不同的龙骨断面及吊点间距，都有可能影响主龙骨之间的距离。各种吊顶的龙骨间距和吊杆间距，一般都控制在 $1.0 \sim 1.2m$ 以内。所有弹出的线均应当清晰有条理，位置准确无误。铝合金板吊顶，如果是将饰面板卡在龙骨之上，则龙骨应与板垂直；如果用螺钉进行固定，则要看饰面板的形状以及设计上的要求。

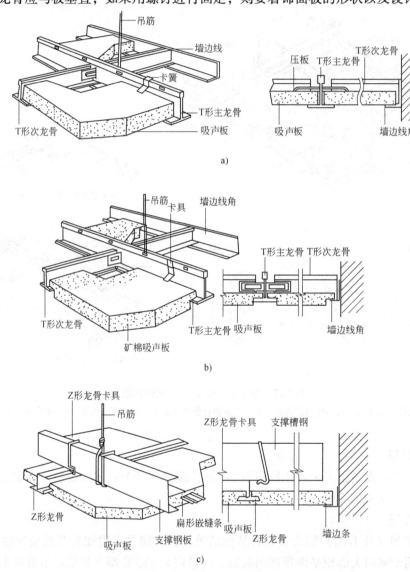

图 3-16 龙骨显露方式

a）明装 b）半明半暗式安装 c）暗装

2）确定吊顶标高。利用"水柱法"将设计标高线弹到四周墙面或柱面上，如果吊顶有不同标高，那么应将变截面的位置弹到楼板上；然后，再将角铝或其他封口材料固定在墙面或柱面，封口材料的底面与标高线重合。角铝常用的规格为 25mm × 25mm，铝合金板吊顶的角铝应同板的色彩一致。角铝多用高强水泥钉固定，亦可用射钉固定。

(2) 固定悬吊体系

1) 悬吊形式。采用简易吊杆的悬吊有三种形式。

①镀锌铁丝悬吊：由于活动式装配吊顶一般不做上人考虑，所以在悬吊体系方面也比较简单。目前用的最多的是用射钉将镀锌铁丝固定在结构层上，另一端同主龙骨的圆形孔绑牢。镀锌铁丝不宜太细，如若单股使用，不宜用小于 14 号的铅丝。

②伸缩式吊杆悬吊：伸缩式吊杆的形式较多，用得比较普遍的是将 8 号铅丝调直，用一个带孔的弹簧钢片将两根铅丝连起来，调节与固定主要是靠弹簧钢片。

③简易伸缩吊杆悬吊：简易伸缩吊杆悬吊，其伸缩与固定原理与伸缩式吊杆悬吊一样，只是在弹簧钢片的形状上有些差别。

2) 吊杆与镀锌铁丝的固定。常用的办法是：用射钉枪将吊杆与镀锌铁丝固定。可以选用尾部带孔或不带孔的两种射钉规格。如果选用尾部带孔的射钉，只要将吊杆一端的弯钩或铁丝穿过圆孔即可；如果选用尾部不带孔的射钉，角钢的一条边用射钉固定，另一条边钻一个 5mm 左右的孔，然后再将吊杆穿过孔将其悬挂。悬吊宜沿主龙骨方向，间距不宜大于 1.2m。在主龙骨的端部或接长处，需加设吊杆或悬挂铅丝。如果选用镀锌铁丝悬吊，不应绑在吊顶上部的设备管道上，因为管道变形或局部维修时，会对吊顶的平整度带来不利影响。

(3) 安装调平龙骨

1) 安装调平龙骨时，根据已确定的主龙骨（大龙骨）位置及确定的标高线，先大体上将其基本就位。次龙骨（中、小龙骨）应紧贴主龙骨安装就位。

2) 龙骨就位后，再满拉纵横控制标高线（十字中心线），从一端开始，一边安装，一边调整，全部安装完毕后，最后再精调一遍，直到龙骨调平、调直为止。如果吊顶面积较大，则在中间还应当适当起拱，以满足下垂的要求。调平时应注意一定要从一端调向另一端，要做到纵横平直。对于铝合金吊顶，龙骨的调平调直是一道比较麻烦而细致的施工工序，龙骨是否调平调直，也是板条吊顶质量控制的关键，因此必须认真仔细地进行。因为只有龙骨调平调直，才能使板条饰面达到理想的装饰效果。否则，吊顶饰面成为波浪式的表面，从宏观上看去就有很不舒服的感觉。

3) 边龙骨宜沿墙面或柱面标高线钉牢，固定时一般常用高强水泥钉，钉的间距一般不宜大于 50cm。如果基层材料强度较低，紧固力不能满足，就应采取相应的措施加强，如改用膨胀螺栓或加大水泥钉的长度等办法。在一般情况下，边龙骨不能承重，只起到封口的作用。

4) 主龙骨的接长：主龙骨的接长一般选用连接件进行。连接件可用铝合金，也可用镀锌钢板，在其表面冲成倒刺，与主龙骨方孔相连。主龙骨接长完成后，应全面校正主龙骨、次龙骨的位置及水平度，需要接长的主龙骨，连接件应错位安装。

(4) 安装饰面板　铝合金龙骨吊顶安装饰面板，可分为明装、暗装和半明半隐（简称半隐）三种形式。

1) 明装：明装即纵横 T 形龙骨骨架均外露，饰面板只需搁置在 T 形两翼上即可。其安装方法简单，施工速度较快，维修比较方便，但装饰性稍差。

2）暗装：暗装即饰面板边缘有企口，嵌装后骨架不暴露。其安装方法比明装稍复杂，维修时不太方便，但装饰效果较好。

3）半隐：半隐即饰面板边缘有企口，安装后龙骨内嵌在企口中。这样既有较好的装饰效果，又便于维修。

3.2.7　轻钢龙骨和铝合金龙骨顶棚的质量验收要求

1. 一般规定

（1）适用范围　以下质量验收要求针对轻钢龙骨和铝合金龙骨顶棚的制作与安装工程的质量验收。

（2）顶棚工程验收时应检查下列文件和记录

1）顶棚工程的施工图、设计说明及其他设计文件。

2）材料的产品合格证书、性能检测报告、进场验收记录和复验报告。

3）隐蔽工程验收记录。

4）施工记录。

（3）顶棚工程应对人造木板的甲醛含量进行复验

（4）顶棚工程应对下列隐蔽工程项目进行验收

1）顶棚内管道、设备的安装及水管试压。

2）预埋件或拉结筋。

3）吊杆安装。

4）龙骨安装。

5）填充材料的设置。

（5）各分项工程的检验批划分　同一品种的顶棚工程每 50 间（大面积房间和走廊按顶棚面积 30m² 为一间）应划分为一个检验批，不足 50 间也应划分为一个检验批。

（6）检查数量　每个检验批应至少抽查 10%，并不得少于 3 间；不足 3 间时应全数检查。

（7）安装龙骨前，应按设计要求对房间净高、洞口标高和顶棚内管道、设备及其支架的标高进行交接检验。

（8）顶棚工程的木饰面板必须进行防火处理，并应符合有关设计、防火规范的规定。

（9）顶棚工程中的预埋件、钢筋吊杆和型钢吊杆应进行防锈处理。

（10）安装饰面板前应完成顶棚内管道和设备的调试及验收。

（11）吊杆距主龙骨端部距离不得大于 300mm，当大于 300mm 时，应增加吊杆。当吊杆长度大于 1.5m 时，应设置反支撑。当吊杆与设备相遇时，应调整并增设吊杆。

（12）重型灯具、电扇及其他重型设备严禁安装在顶棚工程的龙骨上。

2. 暗龙骨顶棚工程

本节适用于以 UT 型轻钢龙骨、铝合金龙骨等为骨架，以石膏板、金属板、矿棉板、木板、塑料板或格栅等为饰面材料的暗龙骨顶棚工程的质量验收。

（1）主控项目

1）顶棚标高、尺寸、起拱和造型应符合设计要求。

检验方法：观察；尺量检查。

2）饰面材料的材质、品种、规格、图案和颜色应符合设计要求。

检验方法：观察；检查产品合格证书、性能检测报告、进场验收记录和复验报告。

3）暗龙骨顶棚工程的吊杆、龙骨和饰面材料的安装必须牢固。

检验方法：观察；手扳检查；检查隐蔽工程验收记录和施工记录。

4）吊杆、龙骨的材质、规格、安装间距及连接方式应符合设计要求。金属吊杆、龙骨应经过表面防腐处理。

检验方法：观察；尺量检查；检查产品合格证书、性能检测报告、进场验收记录和隐蔽工程验收记录。

5）石膏板的接缝应按其施工工艺标准进行板缝防裂处理。安装双层石膏板时，面层板与基层板的接缝应错开，并不得在同一根龙骨上接缝。

检验方法：观察。

（2）一般项目

1）饰面材料表面应洁净、色泽一致，不得有翘曲、裂缝及缺损。压条应平直、宽窄一致。

检验方法：观察；尺量检查。

2）饰面板上的灯具、烟感器、喷淋头、风口篦子等设备的位置应合理、美观，与饰面板的交接应吻合、严密。

检验方法：观察。

3）金属吊杆、龙骨的接缝应均匀一致，角缝应吻合，表面应平整，无翘曲、锤印。

检验方法：检查隐蔽工程验收记录和施工记录。

4）顶棚内填充吸声材料的质量和铺设厚度应符合设计要求，并应有防散落措施。

检验方法：检查隐蔽工程验收记录和施工记录。

5）暗龙骨顶棚工程安装的允许偏差和检验方法应符合表 3-11 的规定。

表 3-11　暗龙骨顶棚工程安装的允许偏差和检验方法

项　目	允许偏差/mm				检验方法
	纸面石膏板	金属板	矿棉板	木板、塑料板、格栅	
表面平整度	3	2	2	2	用 2m 靠尺和塞尺检查
接缝直线度	3	1.5	3	3	拉 5m 线，不足 5m 拉通线，用钢直尺检查
接缝高低差	1	1	1.5	1	用钢直尺和塞尺检查

3. 明龙骨顶棚工程

本节适用于以 UT 型轻钢龙骨、铝合金龙骨等为骨架，以石膏板、金属板、矿棉板、塑料板、玻璃板或格栅等为饰面材料的明龙骨顶棚工程的质量验收。

（1）主控项目

1）顶棚标高、尺寸、起拱和造型应符合设计要求。

检验方法：观察；尺量检查。

2）饰面材料的材质、品种、规格、图案和颜色应符合设计要求。当饰面材料为玻璃板时，应使用安全玻璃或采取可靠的安全措施。

检验方法：观察；检查产品合格证书、性能检测报告和进场验收记录。

3）饰面材料的安装应稳固严密。饰面材料与龙骨的搭接宽度应大于龙骨受力面宽度的2/3。

检验方法：观察；手扳检查；尺量检查。

4）吊杆、龙骨的材质、规格、安装间距及连接方式应符合设计要求。金属吊杆、龙骨应进行表面防腐处理。

检验方法：观察；尺量检查；检查产品合格证书、进场验收记录和隐蔽工程验收记录。

5）明龙骨顶棚工程的吊杆和龙骨安装必须牢固。

检验方法：手扳检查；检查隐蔽工程验收记录和施工记录。

（2）一般项目

1）饰面材料表面应洁净、色泽一致，不得有翘曲、裂缝及缺损。饰面板与明龙骨的搭接应平整、吻合，压条应平直、宽窄一致。

检验方法：观察；尺量检查。

2）饰面板上的灯具、烟感器、喷淋头、风口篦子等设备的位置应合理、美观，与饰面板的交接应吻合、严密。

检验方法：观察。

3）金属龙骨的接缝应平整、吻合、颜色一致，不得有划伤、擦伤等表面缺陷。

检验方法：观察。

4）顶棚内填充吸声材料的质量和铺设厚度应符合设计要求，并应有防散落措施。

检验方法：检查隐蔽工程验收记录和施工记录。

5）明龙骨顶棚工程安装的允许偏差和检验方法应符合表3-12的规定。

表3-12　明龙骨顶棚工程安装的允许偏差和检验方法

项　目	允许偏差/mm				检验方法
	石膏板	金属板	矿棉板	塑料板、玻璃板	
表面平整度	3	2	3	2	用2m靠尺和塞尺检查
接缝直线度	3	2	3	3	拉5m线，不足5m拉通线，用钢直尺检查
接缝高低差	1	1	2	1	用钢直尺和塞尺检查

3.2.8　悬吊式顶棚的细部构造（线脚、灯具、上人孔）

1. 线脚与顶棚之间的构造

线脚又称装饰线条，是顶棚和墙面之间的具有装饰和界面交接处理功能的构件，其剖面基本形状有矩形、三角形、半圆形等，材质一般是木材、石膏或者金属。线脚可采用粘贴法或者直接钉固法在墙面固定。

（1）木线条　木线条一般采用质地比较硬、细腻的木料，由机械加工而成，一般固定方法是在墙内预埋木砖，再用麻花钉固定。已经砌好的墙，特别是混凝土墙可以直接用地板钉固定，要求线条挺直，接缝紧密。

（2）石膏线条　石膏线条采用以石膏为主的材料加工而成，其正面可以浇铸各种花纹图案，质地细腻美观，一般固定方法是粘贴法，要求与墙面顶棚交接处紧密联系，避免产生缝隙。

（3）金属线条　金属线条包括不锈钢线条、铜线条、铝合金线条等，常用于办公空间和公共使用空间内，如办公室、会议室、电梯间、走道和过厅等，给人以精致科技感的装饰效果。一般用木条做模，金属线条镶嵌，胶水固定。

常见装饰线条造型如图 3-17 所示。

2. 顶棚与灯具之间的构造

灯具是满足空间照明的人工照明工具，一般安装在顶棚上。顶棚和灯具的结合一般分为两种：直接式和间接式。

（1）直接式（吸顶灯、筒灯、光带）　直接式灯具是指灯具主体和顶棚直接接触的灯具，一般有日光灯盘、筒灯、吸顶灯、灯带等。

日光灯盘、筒灯是现阶段使用比较广泛的灯具，普遍使用于中低档装饰要求的办公空间和走道空间等，这两种灯具镶嵌在顶棚内，可以平行于主龙骨或者中小龙骨，在设置这两种灯具时，要尽量避免切断主龙骨，但可以切断中小龙骨。

吸顶灯是厨卫等空间的主要照明工具，当灯具质量小于 1kg 时，可以直接安装在顶棚饰面上；当灯具质量大于 1kg 小于 4kg 时，要固定在主龙骨上。

灯带又称为光带，一般用荧光灯管或者走珠灯等。灯带长度一般要符合灯管长度的倍数，灯带槽的宽度根据灯管数量而定，安装位置有两种，水平和垂直（图 3-18）。

（2）间接式（吊灯）　吊灯一般质量比较大，和顶棚通过吊杆连接。当质量不超过 8kg 时，可以将吊杆连接在附加主龙骨上，附加主龙骨和主龙骨直接连接；当质量超过 8kg 时，应该在楼板上预埋构件，或者通过多个膨胀螺栓构件连接。

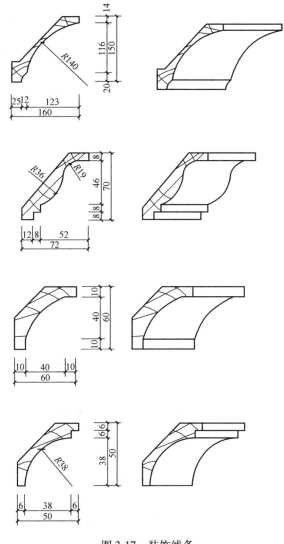

图 3-17　装饰线条

3. 顶棚与上人孔之间的构造

上人孔又称检修孔、进人孔，是为了对顶棚内部空间的设备、管线、灯具、风口等检修而设置的，要求隐蔽、美观、保证顶棚的完整性。一般顶棚至少设置两个上人孔，其构造如图 3-19 所示。

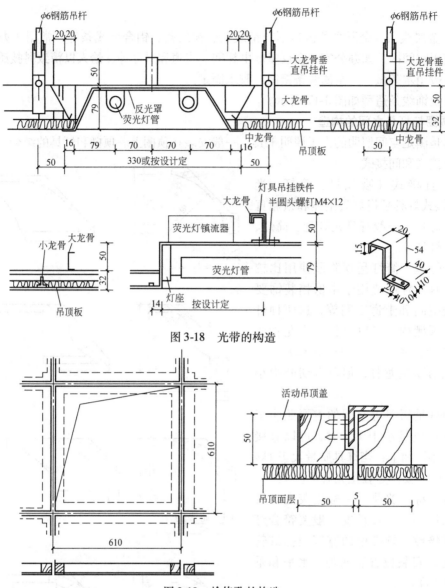

图 3-18　光带的构造

图 3-19　检修孔的构造

3.3　直接式顶棚的材料、构造与施工

　　直接式顶棚是指在屋面板或者楼板结构底面上直接做饰面材料的顶棚。它结构简单，材料用得少，构造层厚度小，施工方便，造价低廉，但不能隐藏管线、设备等，适合层高比较小的空间使用。

　　直接式顶棚根据其使用材料和施工工艺可分为：抹灰类顶棚、裱糊类顶棚、涂刷类顶棚和结构式顶棚。

3.3.1　抹灰类顶棚的构造与施工

　　在屋面板或楼板的底面上直接抹灰的顶棚，称为"直接抹灰顶棚"。直接抹灰顶棚主要有纸筋灰抹灰、石灰砂浆抹灰、水泥砂浆抹灰等。普通抹灰用于一般建筑或简易建筑，甩毛等特种抹灰用于声学要求较高的建筑。直接抹灰的构造做法是：先在顶棚的基层（楼板底）上，刷一遍纯水泥浆，使抹灰层能与基层很好地粘合；然后用混合砂浆打底，再做面层。要求较高的房间，可在板底增设一层钢板网，在钢板网上再做抹灰，这种做法强度高、结合牢，不易开裂脱落。抹灰类顶棚的做法和构造与抹灰类墙面装饰相同。

3.3.2　裱糊类顶棚的构造与施工

有些要求较高、面积较小的房间顶棚面，也可采用直接贴壁纸、贴壁布及其他织物的饰面方法。这类顶棚主要用于装饰要求较高的建筑，如宾馆的客房、住宅的卧室等空间。裱糊类顶棚的具体做法与墙饰面的构造相同。

3.3.3　涂刷类顶棚的构造与施工

涂刷类装饰顶棚是在屋面或楼板的底面上直接用浆料喷刷而成的。常用的材料有石灰浆、大白浆、色粉浆、彩色水泥浆、可赛银等。对于楼板底较平整又没有特殊要求的房间，可在楼板底嵌缝后，直接喷刷浆料，其具体做法可参照涂刷类墙体饰面的构造。涂刷类装饰顶棚主要用于一般办公室、宿舍等建筑。

3.3.4　结构式顶棚的构造与施工

将屋盖或楼盖结构暴露在外，利用结构本身的韵律作为装饰，不需再另做悬吊顶棚，称为结构式顶棚。例如：在网架结构中，构成网架的杆件本身很有规律，充分利用结构本身的艺术表现力，能获得优美的韵律感；在拱结构屋盖中，利用拱结构的优美曲面，可形成富有韵律的拱面顶棚。

结构式顶棚充分利用屋顶结构构件，并巧妙地组合照明、通风、防火、吸声等设备，形成和谐统一的空间景观。一般应用于大型超市、体育馆、展览厅等大型公共建筑中。

3.3.5　直接式顶棚的细部

1. 线脚

线脚又称装饰线条，是直接式顶棚和墙面之间具有装饰和界面交接处理功能的构件，具体同悬吊式顶棚装饰构造。

2. 灯具

灯具是满足空间照明的人工照明工具，一般安装在顶棚上，顶棚和灯具的结合一般分为两种：直接式、间接式。这里和悬吊式顶棚装饰构造不同的是灯具的连接点是和楼板或屋面板直接连接的，一般通过预埋件或者膨胀螺栓连接。

思　考　题

3-1　简述吊顶的分类和基本功能。

3-2　悬吊式吊顶的材料有哪些？

3-3　木龙骨吊顶用什么样的构造方法？

3-4 简述木龙骨吊顶的质量验收要求。

3-5 简述轻钢龙骨吊顶的构造做法。

3-6 请对比铝合金龙骨吊顶的构造和轻钢龙骨吊顶的构造的不同。

3-7 悬吊式吊顶的灯具和上人孔的设置要注意什么？

3-8 简述轻钢龙骨和铝合金龙骨吊顶的质量验收要求。

3-9 直接式吊顶的构造与施工和墙面的共同之处在哪里？

实 训 课 题

顶棚构造设计与施工实训项目任务书

1. 实训目的

通过构造设计、施工操作系列实训项目，充分理解顶棚工程的构造、施工工艺和验收方法，使学生在今后的设计和施工实践中能够更好地把握顶棚工程的构造、施工、验收的主要技术关键。

2. 实训内容

根据本校的实际条件，选择本任务书两个选项的其中之一进行实训。

选项一　顶棚构造设计实训项目任务书

任务名称	顶棚构造设计实训
任务要求	为本校教师会议室设计一款顶棚
实训目的	理解顶棚的构造原理
行动描述	1. 了解所设计顶棚的使用要求及档次 2. 设计出结构牢固、工艺简洁、造型美观的顶棚 3. 设计图表现符合国家制图标准
工作岗位	本工作属于设计部，岗位为设计员
工作过程	1. 到现场实地考察，查找相关资料，理解所设计内容的使用要求及档次 2. 画出构思草图和结构分析图 3. 分别画出平面、立面、主要节点大样图 4. 标注材料与尺寸 5. 编写设计说明 6. 填写设计图图框并签字
工作工具	笔、纸、计算机
工作方法	1. 先查找资料、征询要求 2. 明确设计要求 3. 熟悉制图标准和线型要求 4. 构思草图可进行发散性思维，设计多款方案，然后选择最佳方案进行深入设计 5. 结构设计要求达到最简洁、最牢固的效果 6. 图面表达尽量做到美观清晰

选项二　铝合金明装顶棚的装配训练项目任务书

任务名称	铝合金明装顶棚的装配
任务要求	按铝合金明装顶棚的施工工艺装配 6~8m² 的铝合金明装顶棚

（续）

实训目的	通过实践操作进一步掌握铝合金明装顶棚施工工艺和验收方法，为今后走上工作岗位做好知识和能力方面的准备
行动描述	教师根据授课内容提出实训要求。学生实训团队根据设计方案和实训施工现场，按铝合金明装顶棚的施工工艺装配 6~8m² 的铝合金明装顶棚，并按铝合金明装顶棚的工程验收标准和验收方法对实训工程进行验收，各项资料按行业要求进行整理。实训完成以后，学生进行自评，教师进行点评
工作岗位	本工作涉及设计部设计员岗位和工程部材料员、施工员、资料员、质检员岗位
工作过程	详见教材相关内容
工作要求	按国家标准装配铝合金明装顶棚，并按行业规定准备各项验收资料
工作工具	记录本、合页纸、笔、相机、卷尺等
工作团队	1. 分组。4~6 人为一组，选 1 名项目组长，确定 1 名见习设计员、1 名见习材料员、1 名见习施工员、1 名见习资料员、1 名见习质检员 2. 各位成员分头进行各项准备，做好资料、材料、设计方案、施工工具等准备工作
工作方法	1. 项目组长制订计划及工作流程，为各位成员分配任务 2. 见习设计员准备图纸，向其他成员进行方案说明和技术交底 3. 见习材料员准备材料，并主导材料验收工作 4. 见习施工员带领其他成员进行放线，放线完成后进行核查 5. 按施工工艺进行龙骨装配、龙骨调平、面板安装、清理现场并准备验收 6. 由见习质检员主导进行质量检验 7. 见习资料员记录各项数据，整理各种资料 8. 项目组长主导进行实训评估和总结 9. 指导教师核查实训情况，并进行点评

3. 实训要求

1）选择选项一者，需按逻辑顺序将所绘图纸装订成册，并制作目录和封面。

2）选择选项二者，以团队为单位写出实训报告（实训报告示例参照第二章"内墙贴面砖实训报告"，但部分内容需按项目要求进行内容替换）。

3）在实训报告封面上要有实训考核内容、方法及成绩评定标准，并按要求进行自我评价。

4. 特别关照

实训过程中要注意安全。

5. 测评考核

顶棚工程构造设计实训考核内容、方法及成绩评定标准

考 核 内 容	评 价 项 目	指标	自我评分	教师评分
设计合理美观	材料选择符合使用要求	20		
	构造设计工艺简洁、构造合理、结构牢固	20		
	造型美观	20		
设计符合规范	线型正确、符合规范	10		
	构图美观、布局合理	10		
	表达清晰、标注全面	10		
图面效果	图面整洁	5		
设计时间	按时完成任务	5		
任务完成的整体水平		100		

铝合金明装顶棚的装配实训考核内容、方法及成绩评定标准

项　目	考核内容	考核方法	要求达到的水平	指标	小组评分	教师评分
对基本知识的理解	对铝合金明装龙骨顶棚理论的掌握	编写施工工艺	正确编制施工工艺	30		
		理解质量标准和验收方法	正确理解质量标准和验收方法	10		
实际工作能力	在校内实训室场所进行实际动手操作，完成装配任务	检测各项能力	技术交底的能力	8		
			材料验收的能力	8		
			放样弹线的能力	8		
			龙骨装配调平和面板安装的能力	8		
			质量检验的能力	8		
职业能力	团队精神、组织能力	个人和团队评分相结合	计划的周密性	5		
			人员调配的合理性	5		
验收能力	根据实训结果评估	实训结果和资料核对	验收资料完备	10		
任务完成的整体水平				100		

6. 总结汇报

1）实训情况概述（任务、要求、团队组成等）。

2）实训任务完成情况。

3）实训的主要收获。

4）存在的主要问题。

5）团队合作情况（个人在团队中的作用、团队的整体表现、团队的竞争力等）。

6）对实训安排的建议。

第4章 地面的构造与施工

学习目标：了解楼地面的分类及基本功能。掌握各类楼地面材料、构造与施工，其中重点掌握板块式砖石楼地面的材料、构造与施工，架空木地面的材料、构造与施工。

4.1 地面概述

地面是室内装饰的重要组成部分，包括建筑物首层地面和各楼层地面。它一般具备耐久性、安全性、舒适感和装饰性等基本特征。地面一般由面层、垫层和基层组成，其中面层是楼地面直接与人接触的表层，它的主要作用是对建筑物和建筑构件进行保护，并起到美观的作用。

4.1.1 地面的分类

1. 按地面装饰材料分类

可以用于地面装饰面层的材料很多，应根据建筑不同部位以及使用要求合理选用，特别是一些有毒物质和放射性物质的含量以及燃烧性能等，都应该控制在相关规定的范围内。常见地面装饰装修材料的分类及特点详见表4-1。

表4-1 常见地面装饰装修材料

材料名称	常见种类	特 点	适用范围
木材地面	实木地板、实木复合地板、强化木地板、锯末板	优点：古朴大方、有弹性、行走舒适、美观隔振 缺点：属于易燃材料、防火性能差、价格较高、资源较少	儿童活动用房、健身房、比赛用房、客房、卧室等室内地面，一般用于高级装修
地砖地面	陶瓷地砖、陶瓷锦砖、缸砖、钛金地面砖、劈离砖、木纹地砖、彩釉地砖	种类多，坚固耐用、色彩鲜艳、易清洗、防火、耐腐蚀、耐磨、维修方便	应用广泛，可用于工业或民用建筑中潮湿、受酸碱腐蚀的化验室等有特殊要求房间的地面
石材地面	天然石材（大理石、花岗岩等）、各种人造石材	质地坚硬、色泽丰富艳丽，造价高，花岗岩耐磨、耐腐蚀、耐风化性均优于大理石	高级装饰材料，大理石常用于室内装修，花岗岩多用于大厅地面、室外地面
塑料地面	地板革、PVC地板砖等多种块材或卷材	价格适中、使用性能好、适应性强、耐腐蚀、行走舒适、防滑不导电、花色品种多、装饰性好	适用于展览馆、疗养院、住宅、实验室、游泳馆、运动场地等地面
地毯地面	纯毛地毯、化纤地毯等	纯毛地毯质地优良，施工方便，但价格昂贵、易虫蛀霉变；化纤地毯耐老化、防污染	纯毛地毯适用于高级装修室内地面；化纤地毯室内室外皆可使用

（续）

材料名称	常见种类	特　点	适用范围
水泥地面	水泥砂浆地面、细石混凝土地面、现浇水磨石地面	一种较为传统的做法，整体性好；但水泥砂浆地面易结露、起灰、弹性差、热传导性能高；现浇水磨石地面装饰性强、平整光洁、坚固耐用、耐磨耐腐蚀	应用广泛，如工业厂房、库房等地面；现浇水磨石地面常用于医疗、美容美发、桑拿洗浴、住宅、商场等地面

2. 按地面装饰效果分类

随着人们对装饰要求的不断提高，地面装饰效果越来越丰富，譬如美术油漆地面和拼花地面。

（1）美术油漆地面　美术油漆地面是指在油漆地面面层时采用漏花板遮挡或刻花模子滚涂以及彩绘等特殊手段，产生各种图案的施涂方法，常见的工艺可分为：

1）套色花饰。即在地面涂饰完油漆或涂料后，用特制的漏花板，有规律地将各种颜色的油漆或涂料刷或者喷在地面上，产生美术图案。

2）纺木纹油漆涂饰。一般是指通过艺术手法用油漆涂在室内地面上，花纹如同木材。

3）仿石材油漆涂饰。这是一种高级的油漆涂饰工程，用丝棉经温水浸泡后，拧去水分，用手甩开使其松散，并将丝棉理成如大理石各种纹理状，然后将其固定在地面上，喷涂油漆涂饰，喷完后将丝棉揭去，地面上即显出大理石纹理。

实际工程中还有滚花油漆涂饰、鸡皮皱油漆涂饰等多种美术油漆地面做法。

（2）拼花地面　拼花地面是指按照设计要求，将木板或其他材料拼成各种美观的花纹，有斜方格形、斜人字形、人字形等，如4-1图所示。

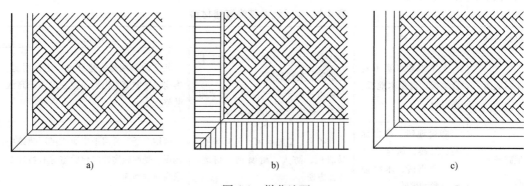

a)　　　　　　　　　　　　b)　　　　　　　　　　　　c)

图 4-1　拼花地面
a）斜方格形　b）斜人字形　c）人字形

3. 按地面施工工艺分类

根据地面装饰的施工工艺不同，地面可以分为整体式和预制式两大类。

（1）整体式地面　整体式地面是地面施工中应用较为广泛的一种，是在制作上采用现浇材料和一定的施工工艺，一次性整体做成的地面面层。地面整体性能好，不受地面形状限制，耐摩擦，耐污染，易清洗；但由于现场湿作业施工，质量不易保证，施工过程污染环境，局部维修困难且修补后容易影响整体效果。为防止地面面层整体变形，可采用人工设缝的处理方法。

（2）预制式地面　预制式地面是指使用由生产厂家定型生产的成品或半成品的块材或卷材等地面装饰材料，在施工现场铺设或粘贴做成的地面，与整体地面相比减少了面层材料的制作工序，加快了施工速度。常见的地面块材有地砖、石材等，由于材料的颜色、质感不同，花色品种繁多，装饰效果丰富，应用较为广泛。

4. 按地面使用要求分类

如果按照地面使用的要求分类，则地面又可以分为耐腐蚀地面、防静电地面、防水地面、防爆地面、活动地面等不同种类，以适应不同类型建筑对地面装饰的要求。

（1）耐腐蚀地面　耐腐蚀地面是指面层采用抗酸碱等化学腐蚀性的材料铺设的地面，一般用于有腐蚀性的工业厂房或医疗部门、卫生防疫部门实验室的地面装饰，以保证建筑地面的耐久性和正常使用。

（2）防静电地面　防静电地面是指面层采用防静电材料铺设的地面，一般有水磨石防静电地面、水泥砂浆防静电地面、高分子块状材料防静电地面等。为达到良好的防静电效果，每一层必须加入石墨粉、炭黑粉或金属粉等导电粉。

（3）防水地面　防水地面是指建筑中对防水有特殊要求的房间，在其地面的构造层中加入防水层（隔离层）。如果采用卷材防水材料施铺时，遇到墙、柱子等垂直构件时，卷材应向上延伸 150mm，门洞口等处应向外延伸 300mm 宽，以保证防水层的完整。

（4）防爆地面　防爆地面一般应用于有防爆要求的精苯车间、精馏车间、氢气车间等化学车间以及生产爆破器材的车间和火药仓库、汽油库等场所的地面面层，在其地面材料的配制中应采用水泥类的拌合料碎料，如大理石、白云石或其他石料，并以金属或石料碰撞时不发生火花为合格；砂应质地坚硬、表面粗糙；水泥应采用普通硅酸盐水泥，强度不小于32.5 级；面层的嵌条应采用不发生火花的材料配制。

（5）活动地面　活动地面是指按照建筑使用要求，在已经做好的地面上，由规定型号和材质的面板块、框架行条、可调支架等配件形成的架空地面。活动地面有表面坚固、耐磨、耐油、防火、洁净、不打滑、不起尘、不吸尘等特点，广泛地用于计算机机房、电话程控机房、实验室等。

4.1.2　地面的基本功能

1. 足够的坚固性

在建筑装饰工程中地面面层必须具有足够的强度和刚度，不易磨损和破坏，表面平整、不起尘，以保证其安全及正常使用。

2. 保护楼板或地坪

地面层起着保护建筑楼板或地坪结构层的重要作用。

3. 一定的弹性

建筑楼地面支撑人体的各种活动，地面的弹性质量直接影响人们活动的舒适程度。还有一些对地面弹性要求较高的场所，如体育馆赛场、舞蹈排练厅等则需要做成弹性木地面。

4. 满足特殊房间的要求

地面应满足人们正常使用的要求，并要便于清洗、方便使用。对于一些有特殊要求的房间，还应满足其防水性、防渗、防潮、耐酸碱性、防静电性、隔声、吸声、保温等特性。

5. 满足装饰性要求

装饰性楼地面面层的色彩、图案、质感效果必须考虑建筑室内空间的形态、家具陈设、交通流线以及建筑的使用性质等因素。室内地面设计的好坏，对于整体环境的艺术质量，具有举足轻重的作用。

4.1.3 地面的构造

建筑地面构造层次包括基层、垫层和面层。地面包括建筑的首层地面和建筑上部各个楼层的地面，二者的主要区别在于基层的不同，首层地面的基层是地基，上部楼面的基层是结构层或楼板构件。

1. 首层地面的构造

首层地面基层作为地面的承重层，需要满足承载力要求，一般要求承载力为 $10 \sim 15kN/m^2$，以保证面层不变形，并且由于其直接与土壤接触，多为素土夯实或加入石灰等，以满足防水防潮性能。

垫层是承受并传递上部荷载给基层的构造层，要有较好的刚性、韧性和蓄热系数，具有防潮、防水，以及找平和找坡的作用。

面层是楼地面的表层，即装饰层，直接承受各种物理和化学作用，应有一定的强度、耐久性、舒适性和安全性，并起着美化和改善环境及保护结构层的作用。地面装饰构造主要指面层装饰构造，其名称通常以面层所用材料来命名。

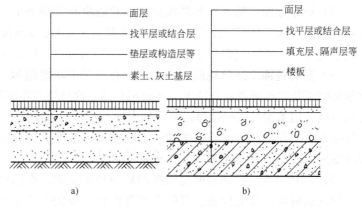

图 4-2 楼地面构造
a) 地面 b) 楼面

2. 上层楼面的构造

上层楼面的基层一般是现浇或预制钢筋混凝土楼板，是楼层的水平承重构件，主要功能是承受楼板层上的全部荷载，并将这些荷载通过梁传给柱，同时还对墙身起水平支撑作用，以加强建筑物的整体刚性。楼面垫层和面层构造做法与地面相似，详见图 4-2。

4.2 整体式地面的材料、构造与施工

4.2.1 整体式地面的材料

整体式地面的选材广泛，经常使用的材料有水泥砂浆、现浇水磨石、树脂、水泥钢（铁）屑、防油渗材料、菱苦土等。

4.2.2 水泥砂浆地面的构造与施工

水泥砂浆地面是将水泥砂浆涂抹于混凝土基层或垫层上，抹压制成。其优点是原材料供

应充足，造价低廉，整体性强，耐水性好，是应用广泛的一种简易地面；其缺点是易结露、易起灰、无弹性、热传导性能高。

1. 构造做法

水泥砂浆面层材料由水泥和砂子配制而成，其中水泥采用强度等级不低于 32.5 的硅酸盐水泥、普通硅酸盐水泥，严禁混用不同品种、不同强度等级的水泥。砂子采用中砂或粗砂，过 8mm 孔径筛。构造有单层和双层两种，单层构造的做法是：刷素水泥砂浆结合层一道，用 15～20mm 厚 1:2 水泥砂浆压实抹光。双层构造的做法是：用 15～20mm 厚 1:3 水泥砂浆打底、找平，再用 5～10mm 厚 1:2 水泥砂浆压实抹光。

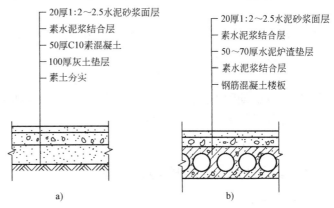

图 4-3　水泥砂浆楼地面构造
a）水泥砂浆地面　b）水泥砂浆楼面

图 4-3、图 4-4 所示为水泥砂浆和特殊水泥砂浆构造做法。

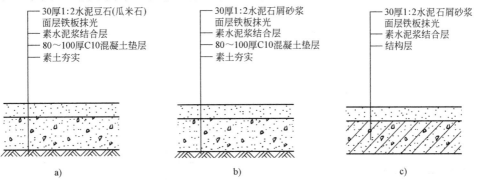

图 4-4　特殊水泥砂浆楼地面构造
a）水泥豆石地面　b）水泥石屑地面　c）水泥石屑楼面

2. 施工要点

1）基层清理。将基层表面的积灰、浮浆、油污及杂物清理干净。抹砂浆前浇水湿润，表面积水应予以排除。

2）冲筋贴灰饼。用 1:2 干硬性水泥砂浆在基层上做灰饼，大小约 50mm，纵横间距约 1.5m 左右。

3）配制砂浆面。水泥砂浆应采用机械搅拌，拌和均匀，颜色一致，搅拌时间不少于 2min。水泥砂浆的稠度，在灰渣垫层上铺设时，宜为 25～35mm；当在水泥混凝土垫层铺设时，应采用干硬性水泥砂浆，以手捏成团稍出浆为准。

4）铺抹砂浆。施工时，先刷水灰比为 0.4～0.5 的水泥浆，随刷随铺随拍实，并应在水泥初凝前用木抹子搓平压实。

5）找平、压光三遍。铺抹砂浆后，随即用刮尺或木杠按灰饼高度，将砂浆刮平，用木抹子搓揉压实，将砂眼、脚印等清除，随即用铁抹子进行第一遍抹平压实至起浆为止。第二、第三遍应逐渐加大力度压光，将抹子纹等全部压平、压实、压光。压光工作要在终凝前完成。

6）面层分格。有分格需求的地面，应在水泥初凝后进行弹线分格，压过后应用溜缝抹子沿分格缝溜压，做到缝边光直、清晰。

7）养护。水泥砂浆面层铺好后一天内应用砂或锯末覆盖，并在 7～10d 内每天浇水不少于一次，养护期间不允许压重物或碰撞。冬季施工养护时，应注意房间的保温工作，使基层温度、操作环境温度、养护温度均不低于5℃。配制砂浆应用热水搅拌，铺设时温度也不低于5℃，养护时间和方法同常温施工相同。

4.2.3　现浇水磨石地面的构造与施工

1. 构造做法

现浇水磨石地面是用水泥做胶结材料，大理石或白云石等石屑做骨料形成的拌合料铺设，经磨光打蜡而成。水磨石面层拌合料的体积比应符合设计要求，且为 1∶1.5～1∶2.5（水泥∶石粒），水泥采用硅酸盐水泥、普通硅酸盐水泥或矿渣硅酸盐水泥；白色或浅色面层要用白水泥，水泥强度等级均不应小于 32.5 号，构造做法详见图 4-5 和图 4-6。

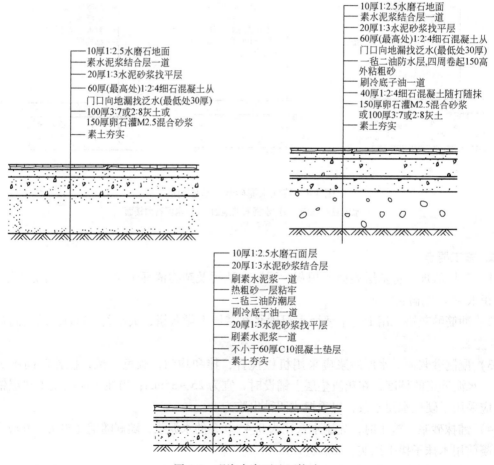

图4-5　现浇水磨石地面构造

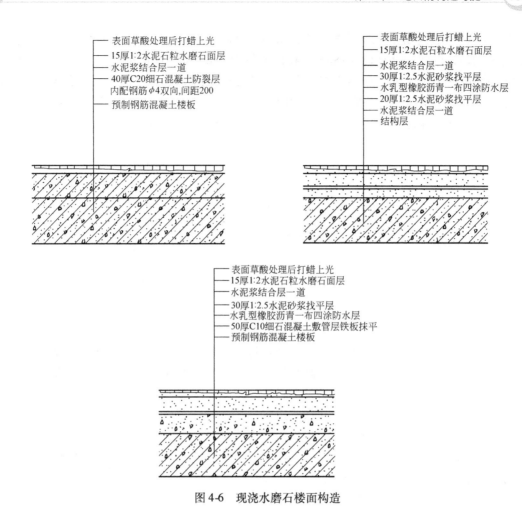

图 4-6 现浇水磨石楼面构造

2. 施工要点

1）基层处理。水泥砂浆基层的铺设方法同水泥砂浆面层，其抗压强度达到 1.2MPa 后方可铺设。

2）镶分格条。按照设计要求，用色线包在基层上弹出线条，间距为 1m 左右。玻璃条和铜条均为 10mm 高，镶条时先将平口板按分格线位置靠直，将玻璃条和铜条就位紧贴板尺；用铁抹子在分格条底口，抹素水泥浆八字角，八字角抹灰高度为 5mm，底角抹灰宽度为 10mm。采用铜条分割，应预先在两端下部 1/3 处打眼，穿入 22 号铁丝，锚固于下口八字角素水泥浆内。分格条应按 5m 通线检查，偏差不得超过 1m，镶条后 12h 开始浇水养护，最少 2d，严加保护、禁止通行，以免碰坏。分格条构造做法详见图 4-7 和图 4-8。

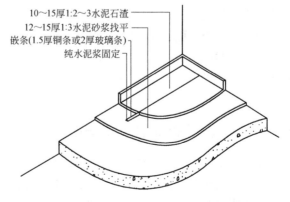

图 4-7 现浇水磨石地面嵌分格条示意

3）铺抹石粒浆。地面石粒浆配合比为水泥：石粒 = 1:2~1:2.5（体积比），要求计量准确，拌和均匀，厚度一般为12~18mm，稠度不得大于60mm。地面铺抹时，将拌好的石粒浆倒入分格框内，用铁抹子由中间向四周摊铺，用刮尺刮平后，抹平压实。分格条两边应特别注意拍平压实。铺抹厚度以拍平压平后高出分格条2mm为宜。在同一面层上采用几种颜色图案时，应先做深色，后做浅色，先打面，后做镶边，待前一种色浆凝固后，再做后一种色浆。

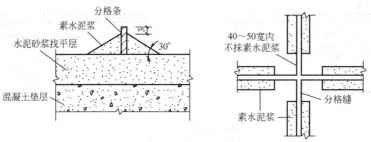

图4-8 现浇水磨石地面分格条构造

4）滚压。滚压应该从横竖两个方向轮换进行，用力均匀，防止压倒或压坏分格条。待表面出浆后，再用抹子抹平。滚压过程中，如发现表面石子偏少，可在水泥浆较多处补撒石子并拍平。滚压至表面平整、泛浆且石粒均匀排列为止。

5）养护。待石粒罩面完成后，于次日进行浇水养护，常温时养护5~7d。

6）试磨。面层开磨前要先试磨，以石粒不松动为准。一般开磨时间参考表4-2。

7）分次磨光。水磨石面层应至少打磨三遍。高级水磨石面层应适当增加磨光遍数，并提高油石的号数。头遍是粗磨，即使用60~90号金刚石磨，边磨边加水，要求磨匀磨平，使全部分格嵌条外露，再清理干净，以同色水泥浆涂抹，以填补面层表面所呈现的细小孔隙和凹痕，适当养护后再磨；第二遍使用90~120号金刚石磨，要求磨到表面光滑为止，其他同第一遍；第三遍使用180~240号金刚石磨，磨至表面石粒显露，平整光滑，无砂眼细孔，用水冲洗后，涂抹草酸溶液一遍。

表4-2 开磨时间参考表

平均气温/℃	开磨时间/d	
	机磨	人工磨
20~30	2~3	1~2
10~20	3~4	1.5~2.5
5~10	5~6	2~3

注：参考《建筑地面工程施工操作手册》。

8）打蜡抛光。洗后的水磨石面，应经晾干擦洗后打蜡抛光。地板蜡有成品和自制品，用布或干净麻丝沾蜡均匀涂在水磨石面上，待蜡干后，用包有麻布或细帆布的木块代替油石，装在磨石机上进行磨光，直到水磨石表面光洁为止。

4.2.4 整体树脂地面的构造与施工

整体树脂地面的涂料种类很多，颜色丰富，可以刷涂成单色、复色和各种印花图案。用于地面涂料的树脂有：酚醛树脂（代号F）、丙烯酸树脂（代号B）、聚酯树脂（代号Z）、聚氨酯树脂（代号S）、过氯乙烯树脂（代号G）、环氧树脂（代号H）等。有的涂料用其中一种树脂，有的用几种树脂的共聚物，以使得涂料效果更佳。环氧树脂胶泥和砂浆配合比如表4-3所示。

表 4-3　环氧树脂胶泥和砂浆配合比参考表

构造与用途	材料名称	配合比					
		环氧树脂	丙酮	T31	矿物颜料	耐蚀粉料	细骨料
胶泥	砌筑或勾缝料	100	10～20	10～15	—	150～200	—
砂浆	打底料		40～60			0～20	
	砂浆料		10～20		0～2	150～200	300～400
	面层胶料				0～2	0～20	—

1. 构造要点

整体树脂地面的常见构造做法如图 4-9～图 4-11 所示。

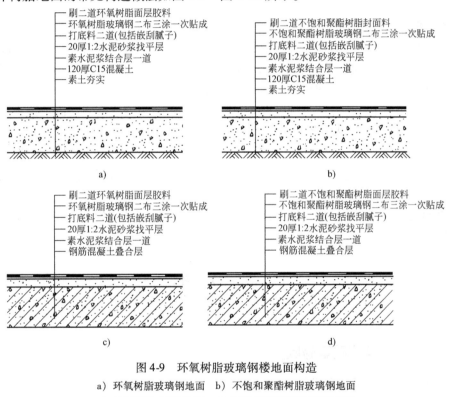

图 4-9　环氧树脂玻璃钢楼地面构造

a）环氧树脂玻璃钢地面　b）不饱和聚酯树脂玻璃钢地面

c）环氧树脂玻璃钢楼面　d）不饱和聚酯树脂玻璃钢楼面

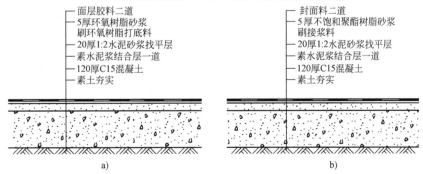

图 4-10　树脂砂浆楼地面构造

a）环氧砂浆地面　b）不饱和聚酯树脂砂浆地面

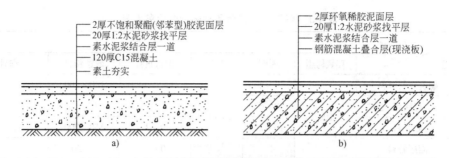

图4-11　树脂稀胶泥楼地面构造

a）不饱和聚酯树脂稀胶泥地面　b）环氧稀胶泥楼面

2. 施工要点

1）基层处理。施工前对地面基层、地墙相交的墙面、踢脚处进行初步清扫，除去表面污染、凸起、疏松的地块，敲除空鼓表皮，洗净油污、再用清水冲刷完后使基层干燥。对旧的地面基层应进行打磨处理，彻底清扫地坪，真空吸尘处理。

2）封闭底漆。把底漆按照比例混合，充分搅拌均匀。用硬质泡沫滚筒把混合后的底漆均匀涂敷在地坪上，横向纵向各一遍，避免漏涂和积水。根据现场气温和通风条件，等待1~4小时，待涂膜干燥后即可进行下步施工。

3）中涂施工。如果地面不平整，必须进行中涂施工，干燥后打磨除尘，做法同封闭底漆。

4）涂刷面层。将面漆按比例混合，机械搅拌约2min，搅拌均匀后倒在施工地面上，用刮刀连续批刮。用排气滚筒滚压面漆，以免气泡、麻面和接口离差，施工限定时间为30min。

5）养护。面层施涂好后24h禁止通行，以免碰坏，待确认硬化后，状态合格并满足质量要求后再涂一道养护蜡，保护涂膜表面。干燥后用抛光机打磨抛光，自然养护不少于7d方可交付使用。

4.2.5　整体式地面的质量验收要求

整体式地面的质量验收要求见表4-4。

表4-4　整体式地面的质量验收要求

检 验 项 目		标　　准	检 验 方 法
水泥砂浆面层	主控项目	水泥采用硅酸盐水泥、普通硅酸盐水泥，其强度等级不应小于32.5级，不同品种、不同强度等级的水泥严禁混用；砂应为中粗砂，当采用石屑时，其粒径应为1~5mm，且含泥量不应大于3%	观察检查和检查材质合格证明文件及检测报告
		水泥砂浆面层的体积比（强度等级）必须符合设计要求；且体积比应为1:2，强度等级不应小于M15	检查配合比通知单和检测报告
		面层与下一层应结合牢固，无空鼓、裂纹	用小锤轻敲检查

（续）

检　验　项　目		标　　准	检　验　方　法
水泥砂浆面层	一般项目	面层表面的坡度应符合设计要求，不得有倒泛水和积水现象	观察和采用泼水或坡度尺检查
		面层表面应洁净，无裂纹、脱皮、麻面、起砂等缺陷	观察检查
		踢脚线与墙面应紧密结合，高度一致，出墙厚度均匀	用小锤轻击，用钢尺观察检查
水磨石面层	主控项目	水磨石面层的石粒，应采用坚硬可磨白云石、大理石等岩石加工而成，石粒应洁净无杂质，其粒径除特殊要求外应为 6 ~ 15mm；32.5 级；颜料应采用耐光、耐碱的矿物原料，不得使用酸性颜料	观察检查和检查材质合格证明文件及检测报告
		水磨石面层拌和料的体积比应符合设计要求，且为 1:1.5 ~ 1:2.5（水泥:石粒）	检查配合比通知单和检测报告
		面层与下一层应结合牢固，无空鼓、裂纹	用小锤轻敲检查
	一般项目	面层表面应光滑；无明显裂纹、砂眼和磨纹；石粒密实，显露均匀；颜色图案一致，不混色；分格条牢固、顺直和清晰	观察检验
		踢脚线与墙面应紧密结合，高度一致，出墙厚度均匀	用小锤轻击，用钢尺观察检查

4.3　板块式地面的材料、构造与施工

4.3.1　砖地面的材料、构造与施工

1. 砖地面的材料

砖地面属于建筑地面工程板块类面层，其特点是结构致密、平整光洁、抗腐耐磨、色调均匀、种类繁多、施工方便，并且装饰效果好。但其质地较脆、抗冲击韧性差，热稳定性较低，骤冷骤热易开裂。其表面分为无釉和有釉两种，包括地面砖、劈离砖、陶瓷锦砖、缸砖、瓷质彩胎地砖、釉彩地砖、钛金地面砖等。

2. 砖地面的构造

不同材料的砖地面构造层次大同小异，下面列举矿渣砖、陶瓷地砖和陶瓷锦砖铺装的构造做法，详见图 4-12 ~ 图 4-15 和表 4-5、表 4-6 所示。

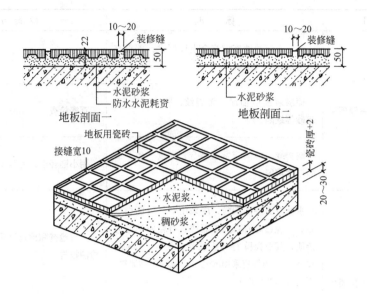

图 4-12 砖地面构造示意图

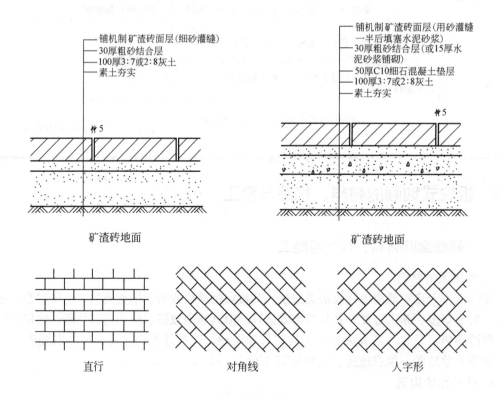

图 4-13 矿渣砖地面构造示意图

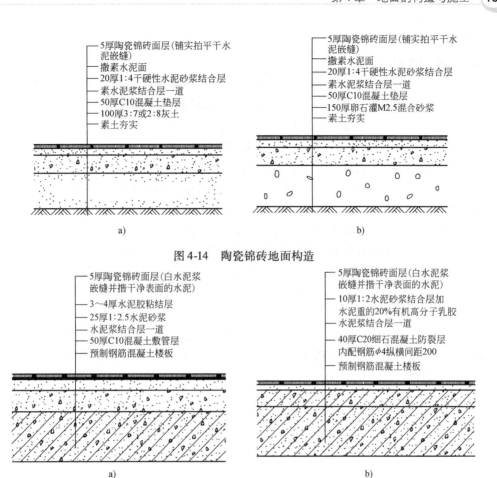

图 4-14　陶瓷锦砖地面构造

图 4-15　陶瓷锦砖楼面构造

表 4-5　陶瓷锦砖楼面构造做法

构造层次	做　法	说　明
面层	5mm 厚陶瓷锦砖铺实拍平、干水泥扫缝	1. 陶瓷锦砖的规格、品种、颜色及缝宽设计均按照工程设计 2. 聚氨酯防水层表面撒适量细砂 3. 水层可以选用其他新型材料
结合层	30mm1:3 干硬性水泥砂浆结合层	
防水层	聚氨酯防水层 1.5mm 厚	
找坡层	1:3 水泥砂浆或细石混凝土找坡层，最薄 20mm，抹平	
填充层	60mmCL7.5 轻集料混凝土或 1:6 水泥焦渣填充层	
楼板	现浇钢筋混凝土楼板	

表 4-6　钛金不锈钢覆面地砖楼面构造做法

构造层次	做　法	说　明
面层	2mm 厚钛金不锈钢覆面地砖，专用胶粘接	钛金不锈钢覆面地砖的规格、品种、颜色及缝宽设计均按照工程设计要求
找平层	40mmC30 细石混凝土，抹平表面	
填充层	60mmCL7.5 轻集料混凝土或 1:6 水泥焦渣填充层	
楼板	现浇钢筋混凝土楼板	

3. 砖地面的施工

（1）陶瓷地砖施工要点

1）基层处理。将基层凿毛，凿毛深度5～10mm，再将混凝土地面上杂物清理掉，如有油污，应用10%火碱水刷净，并用清水及时将其上面的碱液冲净。

2）抹找平层砂浆。抹底灰阶段确定标高、做灰饼、冲筋等。铺砂浆前，基层浇水润湿，刷一道水灰比0.4～0.5水泥素浆，随刷随铺1∶（2～3）的干硬性水泥砂浆。有防水要求时，找平层砂浆或水泥混凝土要掺防水剂，或按照设计要求加铺防水卷材。

3）弹铺砖控制线。在有一定强度的找平层上弹出铺砖的控制线。弹线从门口开始，以保证进门砖的完整性。

4）铺砖。铺砖前将板块浸水，放入半截水桶中浸水湿润，阴干后表面无明水方可使用。铺贴操作时，先用方尺找好规则，依据标准块和分块每行依次挂线，按线铺贴。铺贴时用水灰比0.4～0.5的水泥素浆或1∶2水泥砂浆摊抹在板块背面，再粘贴到地面上，用橡皮锤敲实，同时用水平尺检查校正，擦净表面水泥砂浆，使标高、板缝均符合要求。砖地面踢脚构造如图4-16所示。

5）拨缝、修整。每铺完一段落或铺8～10块砖后，用喷壶略洒水，15min后用橡皮锤按照铺砖顺序锤铺一遍。边压实边用水平尺找平，压实后拉通线，先竖缝后横缝调拨缝隙，使缝口平直、贯通。

6）嵌缝养护。铺贴完2～3h后，用白水泥或普通水泥浆擦缝，缝要填充密实、平整光滑，再用棉丝将表面擦净，擦净后铺撒锯末养护，3～4d后方可交付使用。

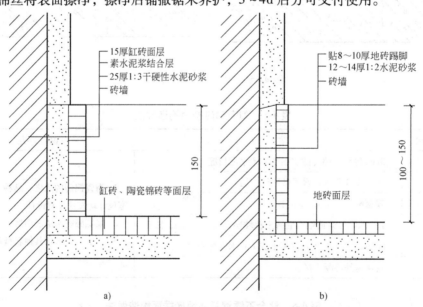

图4-16　砖地面踢脚构造
a）砖墙面缸、砖踢脚　b）地砖踢脚

（2）陶瓷锦砖（马赛克）施工要点　陶瓷锦砖又称马赛克，是用优质瓷土烧制而成的小尺寸瓷砖，其特点与面砖相似，主要用于防滑要求较高的卫生间、浴室等房间的地面。陶瓷锦砖在工厂预制时已按照各种图案贴在牛皮纸上，每张纸贴成一联。其施工顺序与陶瓷地砖类似，不同处有：

1）在铺砖前要将其背面洁净，并刷水润湿，先刮一遍素水泥浆，随即抹 3 ~ 4mm 厚 1:1.5 水泥砂浆，随刷、随抹、随贴铺锦砖。

2）锦砖铺完后约 30min，即用水喷湿透面纸，两手扯纸边与地面平行，轻轻揭去纸面。如果缝隙不均匀，用开刀将缝隙调匀，然后将表面不平部分揩平、拍实，再用 1:2 干水泥砂浆灌缝，最后用井刀再次调缝。

（3）缸砖地面施工要点　缸砖是用陶土焙烧而成的一种无釉砖块，具有质地坚硬、耐磨、耐水、耐酸碱、易清洁等特点，广泛用于潮湿的地下室、卫生间、实验室、有腐蚀性液体及荷载较大的工业车间。其施工特点也和陶瓷地砖类似，不同处有：

1）铺贴前先将缸砖浸水 2 ~ 3h，取出晾干备用。

2）用 1:3 干硬性水泥砂浆做找平层，砂以粗砂为好，刮平时砂浆要拍实，厚度约 20mm。

3）在找平层上撒一层干水泥，洒水后随即铺贴。

4）铺贴 24h 内，用 1:1 水泥砂浆勾缝或灌缝，缝深宜为砖缝的 1/3。接缝处擦嵌 24h 后，再需浇水养护 3 ~ 4d，每天浇水不得少于 3 次。

4. 砖地面的质量验收要求

砖地面的质量验收要求见表 4-7。

表 4-7　砖地面的质量验收要求

检验项目	检验要求	检验方法
主控项目	各种面层所用的板块品种、质量必须符合设计要求	观察检查、检查材质合格证明文件及检测报告
	面层与下一层应结合牢固，无空鼓、裂纹	用小锤轻敲检查
一般项目	砖面层的表面洁净，图案清晰，色泽一致，接缝平整，深浅一致，周边顺直。板缝无裂痕、掉角和缺棱现象	观察检查
	面层邻接处的镶边用料尺寸符合设计要求，边角整齐、光滑	观察和用钢尺检查
	面层表面坡度应符合设计要求，不倒泛水，无积水，与地漏（管道）结合处牢固，无渗漏	观察、泼水或用坡度尺及蓄水检查

砖面层的允许偏差和检验方法见表 4-8。

表 4-8　砖面层的允许偏差和检验方法

项　目	允许偏差/mm			检验手段
	陶瓷锦砖 陶瓷地砖	缸砖	水泥花砖	
面层平整度	2.0	4.0	3.0	2m 靠尺和楔形塞尺检查
缝格平直度	3.0	3.0	3.0	拉 5m 线和钢尺检查
接缝高低差	0.5	5	0.5	钢尺和楔形塞尺检查
板块间隙宽度	2.0	2.0	2.0	用钢尺检查

注：参考《建筑地面工程施工操作手册》相关表格。

4.3.2　石地面的材料、构造和施工

1. 石地面的材料

石材地面用于室内外地面的装修非常普遍，常用的天然石材指大理石和花岗岩石板，人造石材有各种假石。天然大理石质地坚硬、色泽艳丽，但其中含有碳酸钙，在大气中易腐

蚀、风化和融蚀，常用于高档室内地面装修，而汉白玉、艾叶青品种质地较纯，杂质少，稳定性较好，可以用于室外装修。花岗岩特点是坚硬密实，颗粒较粗、结构均匀、排列规整，耐磨耐腐蚀性均优于大理石，且不易风化变质，外观色泽持久不变，多用于大厅地面、墙裙和室外地面、墙面装饰。人造石材是人造大理石和花岗岩的统称，属于水泥混凝土和聚酯混凝土类，其花纹图案可以人为进行控制，效果甚至胜过天然石材，并且重量轻、强度高、耐腐蚀、耐污染、施工方便，是现代装修的理想材料。

2. 石地面的构造

石材地面的铺砌一般均采用半干硬性水泥砂浆粘贴，基层、垫层的做法和一般水泥砂浆地面做法相同，只是要做防潮处理。石板的铺砌要预先选料和搭配花纹图案，然后铺砌。具体构造做法详见图4-17 ~ 图4-23。

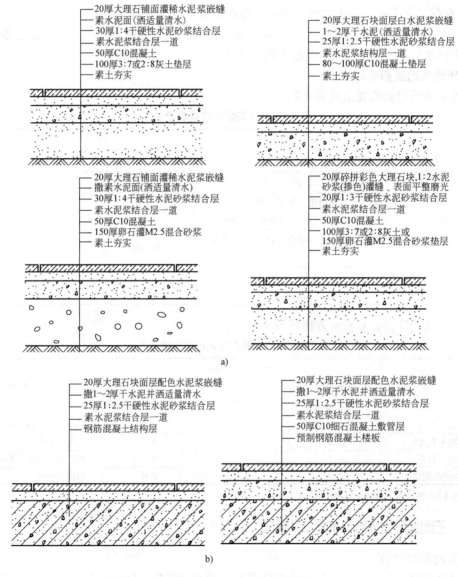

图4-17　大理石楼、地面构造

a）大理石地面　b）大理石楼面

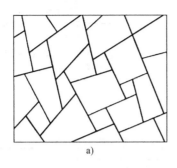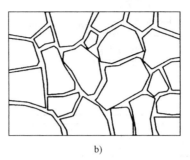

图 4-18　大理石平面接缝示意

a) 干接　b) 拉缝

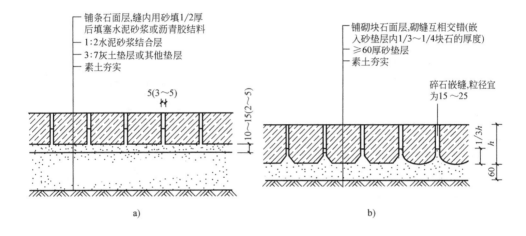

图 4-19　其他石材构造

a) 条石地面　b) 块石地面

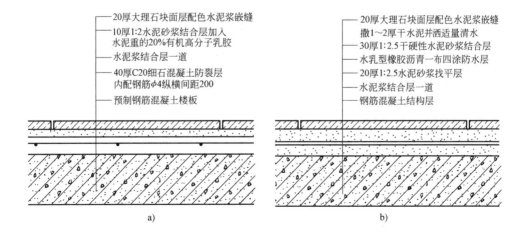

图 4-20　特殊大理石构造

a) 大理石防裂楼面　b) 大理石防水楼面

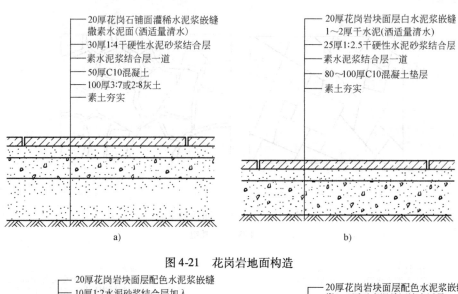

图 4-21 花岗岩地面构造

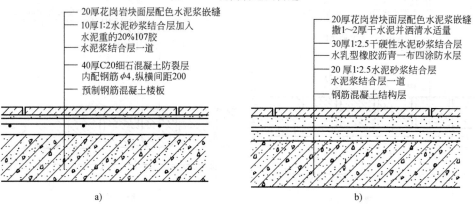

图 4-22 特殊花岗岩地面构造

a）花岗岩防裂楼面 b）花岗岩防水楼面

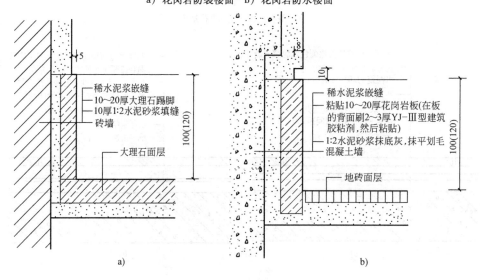

图 4-23 踢脚构造

a）大理石踢脚 b）花岗岩踢脚

3. 石地面的施工

石材地面的施工工艺流程如下：

1）基层处理。将地面垫层上杂物清理掉，用钢丝刷刷掉粘结在垫层上的砂浆，并清理干净。

2）弹线。在房间铺设位置弹相互垂直的十字控制线，以便检查和控制石板的位置。并且从墙底处向上量 500mm，弹出水平控制线高，应注意与楼道地面标高的关系。

3）试铺和刷结合层。正式铺设前，对每一房间石材板块试铺，应按照石板的图案、颜色、纹理一致的原则，然后在两个方向进行编号排列，最后按照编号放整齐。再次将垫层清理干净，喷水润湿，刷一层素水泥浆，随刷随铺砂浆。

4）铺砂浆和石板。根据水平地面弹线，定出地面找平层厚度，铺 1:3 干硬性水泥砂浆。砂浆从房间里面往门口处摊铺，铺好后用大杠刮平，再用抹子拍实找平。石材的铺设也是从里向外延控制线，按照试铺编号铺砌，逐步退至门口用橡皮锤敲击木垫板，振实砂浆到铺设高度。在水泥砂浆找平层上再满浇一层素水泥浆结合层，铺设石板，四角同时向下落下，用橡皮锤轻敲木垫层，水平尺找平。

5）擦缝。石板块材之间，接缝要严密，一般不留缝隙。在铺设后 1~2d 后进行灌浆擦缝。根据石材颜色，选择相同颜色料和水泥浆拌和均匀，调成 1:1 稀水泥浆，用浆壶徐徐灌入石材板块之间缝隙。灌浆 1~2h 后，用棉丝团沾原稀水泥浆擦缝，与板面擦平，然后面层加覆盖保护。

6）打蜡：各工序完工后，打蜡以达到地面光滑洁净。将石材地面晾干擦净，用干净的布或麻丝沾稀糊状的蜡，涂在石材上，用磨石机压磨，擦打第一遍蜡。随后，用同样方法涂第二遍蜡，要求光亮、颜色一致。

4. 石地面的质量验收要求

石材地面的质量验收要求见表 4-9。

表 4-9　石地面的质量验收要求

检 验 项 目	检 验 要 求	检 验 方 法
主控项目	大理石、花岗岩面层所用的板块品种、规格、花色等质量必须符合设计要求，大理石面层的抛光应具有镜面光泽、吸水率不大于 0.75%；花岗岩吸水率不大于 1.0%	观察检查和检查材质合格证明文件及检测报告
	面层与下一层应结合牢固，无空鼓、裂纹	用小锤轻敲检查
一般项目	大理石、花岗岩面层的表面应洁净平整，无磨痕，且图案清晰、色泽一致、接缝均匀、周边顺直。板缝无裂痕、掉角和缺棱现象	观察检查
	面层邻接处的镶边用料尺寸应符合设计要求，边角整齐、光滑	观察和用钢尺检查
	面层表面坡度应符合设计要求，不倒泛水，无积水，与地漏（管道）结合处牢固，无渗漏	观察、泼水或用坡度尺及蓄水检查

石地面面层的允许偏差和检验方法见表 4-10。

表4-10   石材面层的允许偏差和检验方法

项　　目	允许偏差/mm	检　验　手　段	项　　目	允许偏差/mm	检　验　手　段
面层平整度	1.0	2m靠尺和楔形塞尺检查	接缝高低差	0.5	钢尺和楔形塞尺检查
缝格平直度	2.0	拉5m线和钢尺检查	板块间隙宽度	1.0	用钢尺检查

注：参考《建筑地面工程施工操作手册》相关表格。

4.3.3　活动地面的材料、构造与施工

1. 活动地面的材料

活动地板也称为装配式地板，它由规定型号和材质的面板块、横梁、可调支架等配件，组合拼装而成。活动地板的面板规格有 600mm × 600mm × 20mm，600mm × 600mm × 32mm，500mm × 500mm × 32mm 等，其材质必须符合设计要求，且应具有耐磨、防潮、阻燃、耐污染、耐老化和导静电等特点，面层的承载力应不小于 7.5MPa，其系统电阻为 $1.0 \times 10^5 \sim 1.0 \times 10^8 \Omega$。按照功能分有不防静电板、普通防静电板、特殊防静电板、回风型面板等。按照面板材质又可分为两大类：复合贴面活动地面和金属活动地板，复合贴面活动地面其面板的上下面是塑料贴面板，中间层为压缩刨花板；金属活动地板又可以分为铝合金浇筑地板和冲压铝、钢质地板，一般也贴有抗静电贴面，金属活动地板的强度高，受温度和湿度的影响小，且耐久、制作精度高、板缝严密。可调支架由铸铝或镀锌钢的头和底，以及双头螺杆组成。

活动地板具有重量轻、强度大、表面平整、尺寸稳定、面层质感好以及装饰效果好等优点，并具有防火、防虫、耐腐蚀等性能。活动地板与基层地面或楼面之间所形成的架空空间，不仅可以满足铺设纵横交错的电缆和各种管线的需要，而且通过设计，在架空地板的适当位置设置通风口，可以满足静压送风等空调方面的要求。活动地板适用于民用、公共建筑中的电子机房、通信枢纽、变电所控制室、高级宾馆客房、自动化办公室等建筑的地面工程。

2. 活动地面的构造与施工

活动地板的构造如图 4-24 ~ 图 4-26 所示。

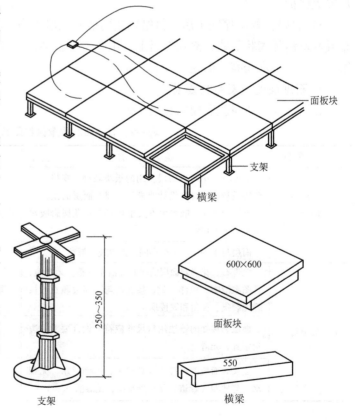

图4-24　活动地板构造组成

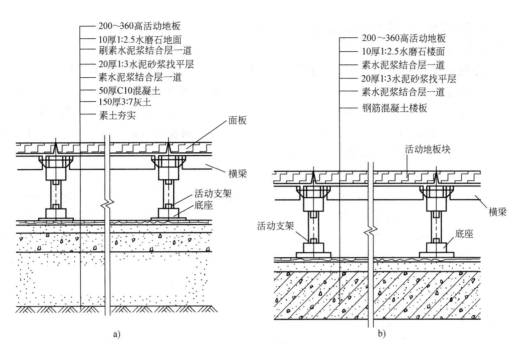

图 4-25 活动地板楼地面构造

a) 地面 b) 楼面

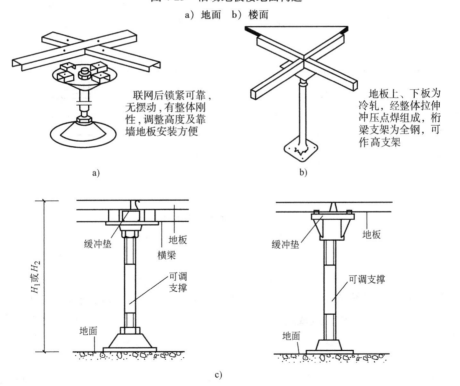

图 4-26 活动地板细部构造

a) 联网式支架 b) 全钢式支架 c) 活动式地板剖面组成示意图

施工做法如下:

1) 基层处理。安装活动地板前先将地面清理干净平整、不起灰, 含水率不大于 8%。

必要时在基层表面上涂刷 1～2 遍清漆或防尘漆，涂漆后不允许有脱皮现象。活动地板的金属支架支撑在其上。

2）弹网格线。测量房间的长、宽尺寸，找出纵横线的中心位置。根据房间平面尺寸和设备情况，应按照活动地板的模数选择板块的铺设方向。当平面尺寸符合活动地板块模数，而且室内无控制柜设备时，宜由里向外铺设；当平面尺寸不符合活动地板块模数，宜由外向里铺设；当室内有控制柜设备且需要预留洞口时，铺设方向和先后顺序应综合考虑选定。在基层表面上按板块尺寸弹出方格线，标出地板的安装位置和高度（在墙面上），并标出设备预留部位。

3）支座和横梁安装。先将活动地板各部件组装好，以基准线为准，顺序在方格网交点处安装支架和横梁，转动支座螺杆，再用小线和水平尺调整支座面高度至全等高，并用水平仪抄平，使每一个支架受力均匀。

4）固定支架。在所有的支座柱和横梁构成的框架成为一体后，将环氧树脂注入支架底座与水泥类基层的空隙中，使之连接牢固，也可以采用膨胀螺栓或射钉连接。

5）铺设面层。活动地板下面需要装的线槽和空调管道等，应在铺设地板块前先放在地面上。然后在横梁上铺设缓冲胶条，并用乳胶液与横梁粘合。按照弹好的网格线，铺设活动地板时，从一角或相邻的两个边依次向外或向另外两个边铺设。必须保证四角接触平整、严密，可以调换活动地板块，但不得采用加垫块的做法。当铺设的活动地板块不符合模数时，不足部分可根据实际尺寸将板面切割后镶补，详见图 4-27，并需配置相应的横梁和支座。

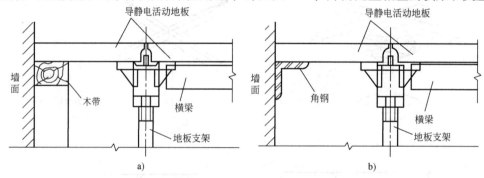

图 4-27　活动地板镶补构造

a）四周墙面钉木带　b）四周墙面钉角钢

6）缝隙处理。对活动地板切割或打孔后，边角应打磨平整，采用清漆或环氧树脂胶加滑石粉按照比例调成腻子封边，亦可采用铝型材镶边切割处理后方可安装，或用防水腻子封边，以防止板块吸水、吸潮，造成局部膨胀变形。与墙边接缝处，应根据接缝宽窄分别采用活动地板或木条刷高强胶镶嵌，窄缝应用泡沫塑料镶嵌。然后立即检查调整板块水平度及缝隙。

7）安装机柜。如采用四点支撑，应使活动地板支撑点尽量靠近活动地板的框架。如采用柜架支撑，可随意码放；如机柜重量超过活动地板块额定承载力时，宜在活动地板下部增设一个金属支撑架。

8）清擦、打蜡。当活动地板全部完成后，经检查平整度及缝隙均符合质量要求后，即可进行清洗。局部沾污时，可用清洁剂或肥皂水用布擦净晾干后，再用棉丝抹蜡满擦一遍。

3. 玻璃发光地面的构造与施工

玻璃发光地面是采用透光面层材料为面层，下设架空层，架空层中安装灯具，光线由架空层内部向室内空间投射的楼地面，其透光面层有双层中空钢化玻璃、双层中空彩绘玻璃、玻璃钢等，见构造图 4-28。

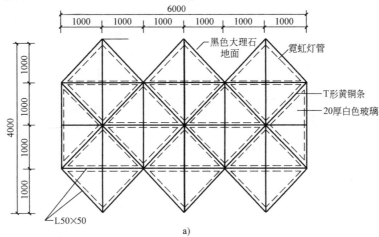

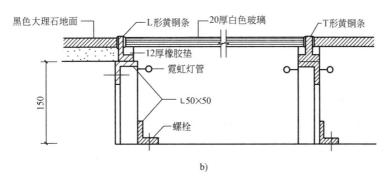

图 4-28　玻璃发光地面构造

a）平面图　b）立面图

其构造施工做法如下：

1）架空结构。一般使用的有砖墩、混凝土墩、钢结构支架三种，其高度要保证光片能均匀的投射到楼地面，并且预留通风散热孔，使架空层与外部之间有良好的通风条件。还要考虑维修灯具管线的空间，要预留进人孔或者设置活动面板。

2）铺设搁栅层。搁栅的作用是固定和承托透光面板的，可以采用木搁栅、T 型铝材等。其断面尺寸的选择应根据支撑结构的间距来确定。木搁栅使用前应进行防火处理。

3）安装灯具。灯具应选用冷光源灯具，以免散发大量的光热。灯具基座安装固定在楼板上。灯具应避免与木构件直接接触，并采取隔绝措施，以免引发火灾事故。

4）固定透光板。透光板与搁栅固定有搁置和粘贴两种方法。搁置法节省室内使用空间，便于更换维修灯具线路；粘贴法要设置专门的进人孔。

5）细部处理。指透光材料之间的接缝处理和透光材料与其他楼地面交接处的处理。透光材料与其他楼地面接触处，用不锈钢板压边收口。

4. 活动地面的质量验收要求

活动地面的质量验收要求见表 4-11、表 4-12。

表 4-11　活动地面的质量验收要求

检 验 项 目		标　准	检 验 方 法
活动地面	主控项目	面层材质必须符合设计要求，且应具有耐磨、防潮、阻燃、耐污染、耐老化和导静电等特点	观察检查和检查材质合格证明文件及检测报告
		活动地板面层应无裂纹、掉角和缺棱等现象，行走无声响，无摆动	观察和脚踩检查
	一般项目	活动地板面层应排列整齐，表面洁净、色泽一致，接缝均匀，周边顺直	观察检查

活动地板面层的允许偏差应符合表 4-12 的规定。

表 4-12　活动地面面层的允许偏差和检验方法

项　目	允许偏差/mm	检 验 手 段
面层平整度	2.0	2m 靠尺和楔形塞尺检查
缝格平直度	2.5	拉 5m 小线，不足 5m 拉通线和尺量检查
接缝高低差	0.4	用钢板短尺和楔形塞尺检查
板块间隙宽度	0.3	用楔形塞尺检查

注：参考《建筑地面工程施工操作手册》相关表格。

4.3.4　实铺木地面的材料、构造与施工

1. 实铺木地面的材料

实铺木地板是指直接在实体基层上铺设木搁栅的地面，可用于底层和楼层。木地面的基本材料有面材和基层材料。

用于面材的材料有松木、硬杂木、水曲柳、菲律宾木、红木等，要求材质均匀、无节疤，其形状有长条形木地板、拼花木地板。长条形木地板有宽度为 80～120mm，厚度为 10～18mm，单面刨光，不宜过宽，否则易翘曲变形，板背面应刻槽，以防受潮变形，该板材富有弹性、导热系数小、干燥并易清洁。拼花木地板尺寸有（40～100）mm×（250～350）mm×（8～10）mm，两侧作裁口或企口缝，背面刻燕尾槽，可在工厂拼装成 300mm×300mm 的方联，这种木地板坚硬、耐磨、洁净美观、造价较高、施工操作要求也较高，属于较高级的面层装饰，该地板一般均为在工厂做成成品到施工现场进行拼装。

基层材料主要有水泥基层和木基层。水泥砂浆基层或混凝土基层主要用于粘接法施工的木地板，即将木地板直接用粘接剂粘在水泥基层上，所以要求水泥基层要满足前述水泥砂浆地面的要求；木质基层是指在木质面层下面铺设木质龙骨或面板的做法。

2. 实铺木地面的构造

实铺木地板是将木地板直接钉在钢筋混凝土基层的木搁栅上，而木搁栅绑扎在预埋的钢筋混凝土楼板内的 10 号双股镀锌铁丝上，或用 Y 形铁件嵌固。木搁栅为 50mm×60mm 方木，中距为 400mm，40mm×50mm 横撑，中距为 1000mm，与木搁栅钉牢。为了防腐，可在基层上刷冷底子油和热沥青，搁栅及地板背面满涂防腐油或煤焦油，具体做法详见图 4-29～图 4-31。

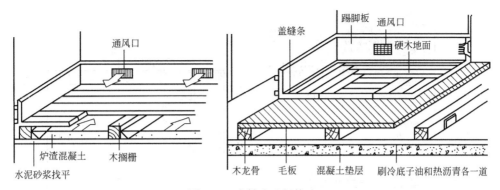

图 4-29　实铺木地板构造

3. 实铺木地面的施工

铺钉式实铺木地板的施工工艺是：

1）弹线、抄平、摆放龙骨。在清理干净的基层上，按照设计的龙骨间距和基层的预埋件，弹出龙骨位置线（约为400mm）和标高。将搁栅放平、放稳，并找好标高，将预埋在楼板内的铁丝拉出，捆绑好木搁栅，（如未预埋镀锌铁丝，可按照设计要求用膨胀螺栓等方法固定木搁栅），应边钉边拉水平线或用平直尺抄平。个别不平处，可将木龙骨表面刨平。然后按照800mm 的间距钉剪刀撑或横撑。最后应清理龙骨间杂物，铺设干炉渣或其他保温材料塞满两龙骨之间。

2）钉木地板。分为条板铺钉和拼花板铺钉

①条板铺钉。从墙一边开始

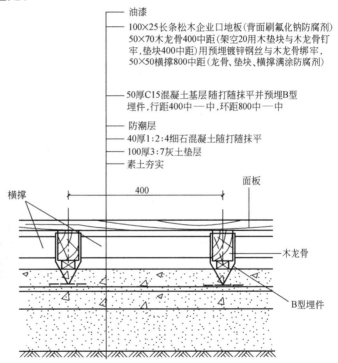

图 4-30　单层实铺木地板构造

铺钉企口板，靠墙的一块离墙面应有 10~20mm 缝隙，以后逐块排紧，用钉从板侧凹角处斜钉入，钉长为板厚的 2.5 倍，钉帽要砸扁，企口板要钉牢、排紧。企口板的接头要在龙骨中间，接头要相互错开，板与板之间要排紧。

②拼花板铺钉。一般都要钉毛地板，其宽度不易大于 120mm，毛地板与龙骨成 45°或 30°方向铺钉，并应斜向钉牢，板缝缝隙不应大于 3mm，毛地板与墙之间应留 10~20mm 缝隙，每块毛地板应在每根搁栅上钉两个钉子固定，钉长为板厚的 2.5 倍，铺钉拼花板之前，宜先铺设一层沥青纸，以隔声和防潮。然后应根据设计要求的地板图案，在房间中央弹出图案墨线，再按照墨线从中央向四边铺钉，有镶边的图案，应先钉镶边的部分，各块木板应相互排紧，企口板应从板侧斜向钉入毛地板中，钉头不要外露，钉长为板厚的 2.5 倍。

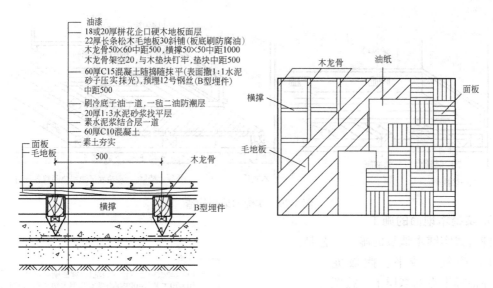

图 4-31　双层实铺木地板构造

3）踢脚线的安装。面层与墙之间的缝隙，应以木踢脚封盖。踢脚线板面要垂直，上口成水平线，在踢脚线与地板交角处，可钉三角木条，安装如图 4-32 所示。

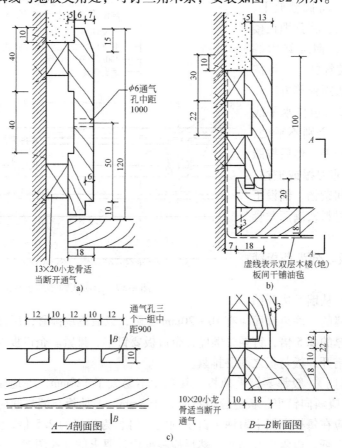

图 4-32　木踢脚板构造

a）用于松木地板　b）用于硬木地板　c）大样图

粘贴式实铺木地板的施工工艺是：

粘贴式实铺木地板是在钢筋混凝土楼板上做好找平层，然后刷冷底子油一道、热沥青一道，用2mm厚沥青胶环氧树脂乳胶等随后铺贴20mm厚硬木长条地板。当面层为消席纹拼花木地板时，可直接用粘接剂涂刷在水泥砂浆找平层上进行粘贴。

粘贴式实铺木地板省去了搁栅和毛地板，可以节省木材。具有结构高度小，经济性好等特点，但是地板的弹性差，木地板容易受潮起翘，干燥时又易裂缝，使用中维修困难，因此施工时一定要保证粘贴质量，构造做法详见图4-33所示。

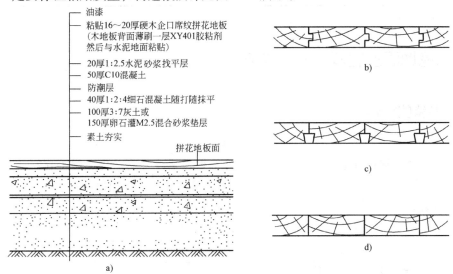

图 4-33　粘贴式实铺木地板构造

a）硬木席纹拼花地面　b）企口接缝　c）截口接缝　d）平口接缝

4. 实铺木地面的质量验收要求

实铺木地板的质量验收要求见表4-13所示。

表 4-13　实铺木地面的质量验收要求

检 验 项 目		标　　准	检 验 方 法
实铺木地板	主控项目	木材材质和铺设时的含水率必须符合工程施工和验收规范的有关规定。木搁栅、毛地板和垫木等必须作防腐处理，木搁栅的安装必须牢固、平直，在混凝土基层上铺设木搁栅，其间距和稳固方法必须符合设计要求	观察检查和检查材质合格证明文件及检测报告
		面层铺设应牢固；粘结无空鼓	观察和脚踩或用小锤轻击检查
	一般项目	条形木地板面层接缝缝隙严密，接头位置错开，表面洁净，拼缝平直方正。拼花木地板面层接缝严密，粘钉牢固，表面洁净，粘结无溢胶，板块排列合理、美观、镶边宽度周边一致	观察检查

注：参考《建筑装饰施工》相关表格。

面层的允许偏差应符合表4-14的规定。

表4-14 实铺木地板面层的允许偏差和检验方法

项　　目	允许偏差/mm			检验手段
	松木长条地板	硬木长条地板	拼花地板	
面层平整度	2.0	1.0	1.0	2m靠尺和楔形塞尺检查
板面拼缝平直	2.0	1.0	1.0	拉5m小线，不足5m拉通线和尺量检查
相邻板材高低差	0.5	0.5	0.5	楔形塞尺检查
板块间隙宽度	2.0	0.3	< 0.1	用塞尺与目测检查

注：参考《建筑地面工程施工操作手册》相关表格。

4.4 地毯地面的材料、构造与施工

4.4.1 地毯的材料

地毯是指面层由方块、卷材地毯铺设在水泥类面层或基层上的楼地面，分为纯毛地毯和化学纤维地毯（简称化纤地毯）（图4-34）。纯毛地毯是以毛麻、棉、丝等材料制成，质地优良，柔软弹性好，美观高雅，但价格昂贵，易虫蛀霉变。化纤地毯经改性处理，可得到与纯毛相近的耐老化、防污染等特性，且价格较低，资源丰富。因此，化纤地毯已成为较普及的地面铺装材料。化纤地毯颜色从鲜艳到淡雅，质地从柔软到强韧，质感从平绒到浮雕，使用从室内到室外，还可做成人工草皮，应用范围超过纯毛地毯。

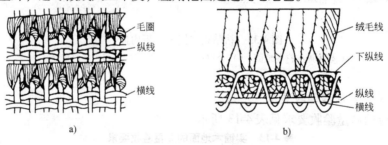

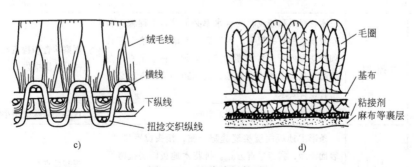

图4-34 地毯编织构造

a）缎通（波斯结） b）威尔顿 c）阿克斯明斯特 d）簇绒

铺贴地毯时还要用到的材料有衬垫、胶粘剂、倒刺钉板条、铝合金倒刺条、铝或铜压条等。衬垫的品种、规格、主要性能和技术指标必须符合设计要求；胶粘剂应环保无毒、快

干，半小时内使用张紧器时不脱缝，对地面有足够的粘结强度、可剥离、施工方便，胶粘剂可用于地毯和地面、地毯与地毯接缝处的粘结；倒刺钉板条在 1200mm×24mm×6mm 的三合板上钉有两排斜钉（间距 35～40mm），还有五个高强钢钉均匀分布在全长上；铝合金倒刺条用于地毯端头露明处，起固定和收头作用。多用于外门口或与其他材料的地面交接处；铝或铜压条应采用厚度为 2mm 左右的铝合金（铜）材料制成。用于门框下面的地面处，压住地毯的边缘，使其免于被踢起损坏。

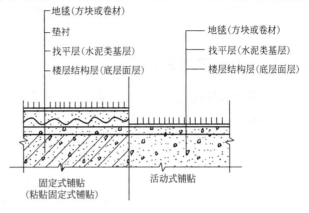

图 4-35 地毯面层构造

4.4.2 地毯地面的构造

按照地毯构造做法不同，可以分为活动式铺贴和固定式铺贴两种，详见图 4-35 所示。

活动式地毯铺贴构造是将地毯裁边粘接拼缝成一整片，直接摊铺于地上，不与地面粘贴，四周沿墙脚修齐即可，如图 4-36 所示。

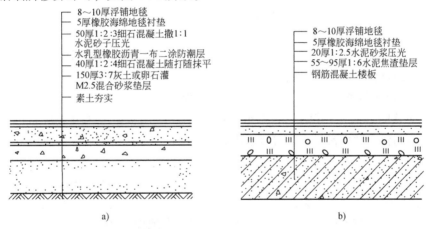

图 4-36 活动式地毯构造

a）活动式地毯地面构造 b）活动式地毯楼面构造

固定式地毯铺贴构造有三种：粘贴法、卡钩法和压条固定法，如图 4-37 所示。

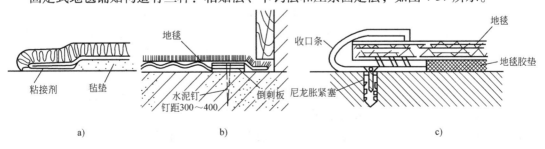

图 4-37 固定式地毯构造

a）粘贴法 b）卡钩法 c）压条固定法

（1）粘贴法　即直接用胶粘剂把本身带有泡沫橡胶背衬的地毯粘贴在地面上，或沿地毯四周宽度为 100 ~ 150mm 范围涂胶粘剂，用量为 0.05kg/m²。

（2）卡钩法　在房间四周地面上用钢钉安设带卡钩的木条，将地毯张紧挂在卡钩上。

（3）压条固定法　在地毯周围设 20mm×30mm、10mm×25mm 木压条，用特制的钢钉将压条和地毯边钉入混凝土楼板上。

4.4.3　地毯地面的施工

（1）活动式地毯的施工要注意的问题　地毯拼成整块后直接铺在洁净的地上，地毯四周边应塞入踢脚线下；与不同类型的建筑地面连接处，应按照设计要求收口；小方块地毯铺设，块与块之间接缝应挤紧。

（2）固定式地毯铺设施工工艺

1）基层处理。铺地毯的基层，一般是水泥地面，也可以是木地板或其它材质的地面。要求表面平整、光滑、洁净。如为水泥地面应具有一定的强度，含水率不大于 8%，表面有油污时可用丙酮或松节油擦净，还应清除钉头和其他凸出物。

2）弹线定位。要严格按照设计图纸对各个不同部位和房间的具体要求进行弹线、套方、分格，如图纸没有具体要求时，应对齐找中并弹线，便可定位铺设。

3）地毯裁剪。地毯裁剪应在比较宽阔的地方集中同时进行。一定要精确测量房间的尺寸，并按照房间和所用的地毯型号逐一登记编号，然后根据房间尺寸、形状用裁边机裁下地毯料，每段地毯的长度要比房间长出 20mm，宽度要以裁去地毯边缘后的尺寸计算。大面积房厅应在施工地点剪裁拼缝，并用裁边机裁割。

4）钉倒刺板挂毡条。沿房间或走道四周踢脚板边缘，用高强水泥钉将倒刺板条钉在基层上（钉朝向墙的方向），其间距约为 400mm 左右。倒刺板条应离开踢脚板面 8 ~ 10mm，以便于钉牢倒刺板。铺设衬垫，将衬垫采用点粘贴法刷 903 胶，粘在地面基层上，要离开倒刺板 10mm 左右。

5）缝合地毯。将裁好的地毯虚铺在垫层上，然后将地毯卷起，在拼接处缝合。一般采用线缝合或以胶带粘贴接缝予以缝合，接缝时应将地毯的缝平接，采用线接缝结实后，刷白胶贴上牛皮纸。采用胶带粘贴接缝时，可先将胶带按在地面上的弹线铺好，并将两头固定，再将两段地毯的边压在胶带上，然后用电熨斗在胶带的无胶面上熨烫，使胶面随着电熨斗的移动面溶解，如图 4-38a 所示。最后用扁铲在两段地毯的接缝外碾压平实。

6）拉伸与固定地毯。先将地毯的一条长边固定在倒刺板上，毛边掩到踢脚板下，用地毯撑子拉伸地毯。拉伸时，用手压住地毯撑，用膝抨击地毯撑，从一边一步一步推向另一边，如图 4-38b 所示。如一遍未平，应反复。然后将地毯固定在一条倒刺板上掩好边，长出的地毯用裁割刀割掉。一个方向拉伸完毕，再进行另一个方向的拉伸，直到四个边都固定在倒刺板上。

粘接剂粘贴固定地毯：此法一般不放衬垫，多用于化纤地毯。先将地毯拼缝处衬一条 100mm 宽的麻布带，用粘接剂粘贴，然后将粘接剂涂刷在基层上，适时粘结、固定地毯。可以采用满粘和局部粘结两种方法，根据使用情况和面积的大小确定。

铺粘法：先在房间一边涂刷胶粘剂后，铺放已经预先裁割好的地毯，然后用地毯撑子向两边撑拉，再沿墙边刷两条胶粘剂，地毯压平掩边。

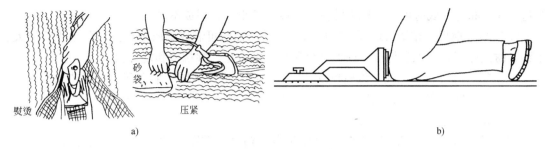

熨烫 压紧

a) b)

图 4-38 地毯的粘贴与拉伸示意

7）细部处理与清理：地毯铺贴时要注意门口压条的处理和门框、走道与门厅、地面与管根、暖气罩、槽盒等的特殊部位，必须粘结牢固，不应有显露。地毯铺设完毕，固定收口条后，应用吸尘器清扫干净，并将地毯面上脱落的绒毛彻底清理干净。

4.4.4 地毯地面的质量验收要求

地毯地面的质量验收要求见表 4-15。

表 4-15 地毯地面的质量验收要求

检 验 项 目		标　准	检 验 方 法
地毯地面	主控项目	地毯的品种、规格、颜色、花色、胶料和铺料以及材质必须符合设计要求和国家现行地毯产品标准的规定	观察检查和检查材质合格证明文件及检测报告
		地毯表面应平整，拼缝处粘贴牢固，严密平整，图案吻合	观察检查
	一般项目	地毯表面不应鼓泡、起皱、翘边、卷边、显拼缝、露线和无毛边，绒面毛顺光一致、毯面干净、无污染和损伤	观察检查
		地毯同其他面层连接处，收口处和墙边、柱子周围应顺直、压紧	观察检查

注：参考《建筑装饰施工》相关表格。

4.5 塑料橡胶地面的材料、构造与施工

4.5.1 塑料橡胶地面的材料

塑料橡胶地面主要是指塑料地板革、塑料地板砖等材料，它是用 PVC 塑料和其他塑料，再加入一些添加剂，通过热压挤压法生产的一种片状地面装饰材料。国内塑料地板、塑胶地板材料的品种已有上百种。塑料地板按掺入树脂的种类来分，有聚酯乙烯塑料地板、氯乙烯-醋酸乙烯塑料地板和聚乙烯或聚丙烯塑料地板。树脂中加入一定比例的橡胶可制成塑胶地板。品种有硬质、半硬质和弹性地板，外形有块状和卷材两种。

塑料橡胶地面适用于宾馆、住宅、医院等建筑的地面，体育场馆地坪、球场和跑道等地面装饰，以下是几种常用塑料地板的材料：

（1）PVC 地板　有印花或单色硬质地板砖、印花或单色软质卷材地板、凹凸华文发泡或不发泡卷材地板。也可以分为有底衬和无底衬地板，底衬材料有石棉纸、矿棉纸、玻璃纤

维毡、无纺布等，底衬可提高地板的拉折强度，变形小，但成本高。

（2）塑胶地板　在塑料地板系中加入一定量的橡胶可制成塑胶地板。塑胶地板弹性大、耐磨、耐候性好，呈现卷材状。种类有全塑型、混合型、颗粒型和复合型。

（3）塑料弹性卷材地板　该地板以玻璃纤维毡作增强基层，采用刮涂法工艺加工而成。通过化学发泡使之有弹性，图案一般套色印刷，表面布以耐磨层，用机械压花使其有浮雕感，同时起到消除眩光和防滑的作用。

（4）塑料地板粘接剂　铺贴塑料地板时多用粘接剂粘贴。粘接剂的性能要求是：粘接强度大、感温性好，有一定的耐碱性和防水性，施工容易，固结期要适当并有足够的储存期。常用的地板粘接剂有：沥青粘接剂、聚醋酸乙烯溶剂粘接剂，适用于水泥或木质基层；合成橡胶粘接剂、环氧树脂粘接剂，适用于水泥、木质或金属基层，特点是粘接强度高，施工时随配随用。粘接剂的选用，一定要根据地板品种、特性和环境条件合理取用。

4.5.2　塑料橡胶地面的构造

塑料橡胶地板的构造做法较为简单，一般分为两种：一种是将塑料地面直接铺贴在基层上，整片浮铺，适用于人流量小及潮湿的房间；一种是胶粘铺贴，用粘接剂与基层固定，粘接剂的选择应视面层材料而定。具体构造做法如图4-39所示。

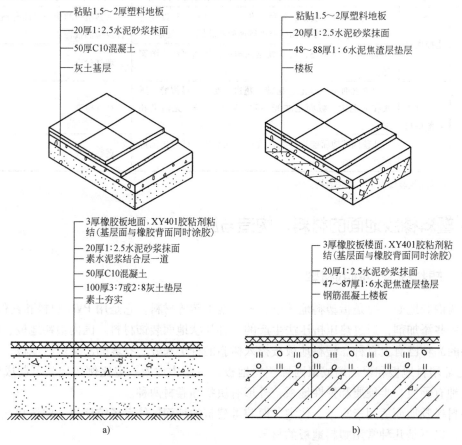

图4-39　塑料橡胶地板构造组成

a）塑料橡胶地板地面　b）塑料橡胶地板楼面

4.5.3　塑料橡胶地面的施工

塑料橡胶地板的施工工艺如下：

1）基层清理。基层表面无油污浮砂，应平整、坚硬、干燥、密实、洁净，不得有麻面、起砂、裂缝等缺陷，含水率应低于10%，阴阳角要方正，可用刮腻子填补局部缺陷。旧水泥地要用铁刷刷洗，去净油污，见到新挫面后再用106胶水溶液刷一道，刮106胶水泥浆腻子，用砂纸磨平。新水泥地面表面应洗净，再刮106胶水泥浆腻子。

2）弹线。弹线分格要从中心控制线开始向四周延伸，方格尺寸按照地砖尺寸，弹的墨线要细而清晰。如塑料板的规格与房间的长宽尺寸不成等模数时，应沿地面四周弹出加条边线，图纸如有镶边要求，也应提前弹出镶边位置线，再按照样板试铺，如图4-40所示。

3）配胶粘剂。配料前应由专人对材料进行检查，如发现胶粘剂有变色、杂质、过期等现象时不得使用。

4）塑料地板的清擦。为保证粘结牢固，刷胶前，对拆去包装的塑料橡胶地板背面应用干净的擦布进行清擦，将塑料橡胶地板后面的粉尘及滑石粉等清净，再将塑料橡胶地板粘贴面用细砂纸打磨或用棉纱占丙酮与汽油（1:8）的混合液擦拭，进行脱脂除蜡处理，以保证粘贴效果。

5）铺贴面层。可采用十字铺贴法和对角斜铺法。用胶粘剂贴塑料板时，施工温度不应低于10℃，采用乳液型胶粘剂时，塑料板和找平层同时都涂胶粘剂，溶剂型胶粘剂只在找平层上涂胶即可，但要在涂胶后5~15min，手触不粘手时再贴地板砖。铺贴塑料地面时，应从十字线处往外粘贴，将塑料板面朝上，用3#油刷子沿塑料板粘贴的地面及塑料板的背面涂刷一道胶。要刷得薄而均匀并且无漏刷，沿铺好后的塑料板用压滚压实，再进行第二块板的铺贴、压滚压实，依次进行。对缝铺贴的塑料板，缝隙必须做到横平竖直，十字缝必须通顺无斜歪，对缝严密，缝隙均匀，如图4-40、图4-41所示。

地面塑料卷材铺贴，提前按已计划好的卷材铺设方向及房间的尺寸材料，按照铺贴的顺序编号。刷胶铺贴时将卷材的一边对准所弹的尺寸线，用压滚压实，要求对线连接平顺，不卷不翘。粘贴后如果缝隙需要焊接，一般

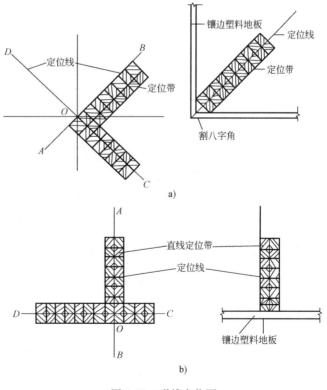

图4-40　弹线定位图

a）对角定位　b）直角定位

需经过48h后方可焊接。

6）铺贴塑料踢脚板：塑料地面铺贴后，往上反出踢脚板高度，在墙的两端各粘贴一块，以此为起点，拉线铺贴。应先铺阴阳角，后铺大面，用压滚反复压实。注意踢脚板上口以及踢脚板与地面交接的阴角的滚压，以涂刷的胶压出为准并及时将胶痕擦净。

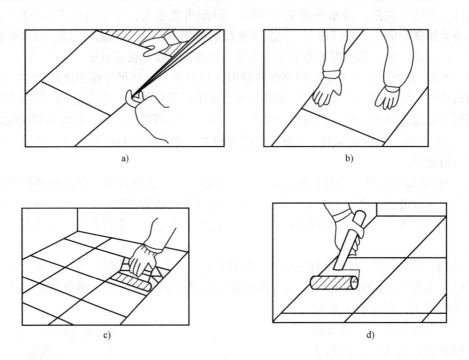

图4-41　塑料板铺贴方法示意图
a）对齐　b）掌压　c）贴平赶实　d）压平边角

7）擦光上蜡：铺贴好塑料地面以及踢脚板后，用墩布擦干净、晾干，然后用白布包裹已配好的上光软蜡，满涂1~2遍，另掺质量分数为1%~2%与地板同色颜料。稍干后，用净布擦拭，直至表面光滑、光亮。

8）使用保护：平时应避免表面温度在60℃以上的物品与地板砖、地板革接触，并应避免一些溶剂洒落在地面上，以防止地板砖、地板革起化学反应。

4.5.4　塑料橡胶地面的质量验收要求

塑料橡胶地面的质量验收要求见表4-16。

表4-16　塑料橡胶地面的质量验收要求

检 验 项 目		标 　　准	检 验 方 法
活动地面	主控项目	塑料面层所用的塑料板块和卷材的品种、规格、颜色、等级必须符合设计要求和国家现行产品标准的规定	观察检查和检查材质合格证明文件及检测报告
		面层与下一层的粘结应牢固，不翘边，不脱胶，无溢胶	观察检查和用锤击以及钢尺检查

（续）

检 验 项 目		标 准	检 验 方 法
活动地面	一般项目	塑料面层应表面洁净，图案清晰，色泽一致，接缝严密、美观。拼缝处的图案、花纹吻合，无胶痕；与墙边交接严密，阴阳角收边方正	观察检查
		板块的焊接，焊缝应平整、光洁，无焦化变色、斑点、焊瘤和起鳞等缺陷，其凹凸允许偏差为 ±0.6mm。焊缝的抗拉强度不得小于塑料板强度的75%	观察检查和检查检测报告
		镶边用料应尺寸准确，边角整齐，拼缝严密，接缝顺直	用钢尺和观察检查

注：参考《建筑装饰施工》相关表格。

塑料板面层允许偏差应符合 4-17 的规定。

表 4-17　塑料板面层的允许偏差和检验方法

项　　目	允许偏差/mm	检验手段
面层平整度	2.0	2m 靠尺和楔形塞尺检查
缝格平直度	3.0	拉 5m 线和用钢尺检查
接缝高低差	0.5	用钢尺和楔形塞尺检查
踢脚线上口平直	2.0	用 5m 线和用钢尺检查
板块间隙宽度	—	用钢尺检查

注：参考《建筑地面工程施工操作手册》相关表格。

思 考 题

4-1　简述地面按照施工工艺的分类及地面的功能。

4-2　地面装饰的构造分几种？异同点是什么？

4-3　整体式地面装饰分几大类？

4-4　简述砖地面装饰中陶瓷地面与钛金属地面构造的异同。

4-5　简述石材地面的施工流程。

4-6　活动式地面的构造做法是什么？

4-7　玻璃发光地面施工的细部处理是什么？

4-8　简述实铺木地面的安装允许偏差以及检验方法。

4-9　地毯地面的三种构造做法是什么？

4-10　塑料橡胶地面施工有哪几种做法？

实 训 课 题

地面构造设计与施工实训项目任务书

1. 实训目的

通过构造设计、施工操作系列实训项目，充分理解楼地面工程的构造、施工工艺和验收方法，使学生在今后的设计和施工实践中能够更好地把握楼地面工程的构造、施工、验收的主要技术关键。

2. 实训内容

根据本校的实际条件，选择本任务书两个选项的其中之一进行实训。

选项一 楼地面构造设计实训项目任务书

任务名称	楼地面构造设计
任务要求	为本校教师会议室设计一款实木地板地面
实训目的	理解楼地面的构造原理
行动描述	1. 了解所设计楼地面的使用要求及档次 2. 设计出构造合理、工艺简洁、造型美观的楼地面 3. 设计图表现符合国家制图标准
工作岗位	本工作属于设计部，岗位为设计员
工作过程	1. 到现场实地考察，或查找相关资料理解所设计楼地面构造的使用要求及档次 2. 画出构思草图和构造分析图 3. 分别画出平面、立面、主要节点大样图 4. 标注材料与尺寸 5. 编写设计说明 6. 填写设计图图框并签字
工作工具	笔、纸、计算机
工作方法	1. 先查找资料、征询要求 2. 明确设计要求 3. 熟悉制图标准和线型要求 4. 构思草图可进行发散性思维，设计多款方案，然后选择最佳方案进行深入设计 5. 结构设计要求达到最简洁、最牢固的效果 6. 图面表达尽量做到美观清晰

选项二 实木地板的装配训练项目任务书

任务名称	实木地板的装配
任务要求	按实木地板的施工工艺装配 $6 \sim 8m^2$ 的实木地板
实训目的	通过实践操作进一步掌握实木地板的施工工艺和验收方法，为今后走上工作岗位做好知识和能力方面的准备
行动描述	教师根据授课内容提出实训要求。学生实训团队根据设计方案和实训施工现场，按实木地板的施工工艺装配 $6 \sim 8m^2$ 的实木地板，并按实木地板的工程验收标准和验收方法对实训工程进行验收，各项资料按行业要求进行整理。实训完成以后，学生进行自评，教师进行点评
工作岗位	本工作涉及设计部设计员岗位和工程部材料员、施工员、资料员、质检员岗位
工作过程	详见教材相关内容
工作要求	按国家标准装配实木地板，并按行业规定准备各项验收资料
工作工具	记录本、合页纸、笔、相机、卷尺等
工作团队	1. 分组。6~10人为一组，选1名项目组长，确定1~3名见习设计员、1名见习材料员、1~3名见习施工员、1名见习资料员、1名见习质检员 2. 各位成员分头进行各项准备，做好资料、材料、设计方案、施工工具等准备工作

（续）

工作方法	1. 项目组长制订计划及工作流程，为各位成员分配任务 2. 见习设计员准备图纸，向其他成员进行方案说明和技术交底 3. 见习材料员准备材料，并主导材料验收工作 4. 见习施工员带领其他成员进行放线，放线完成后进行核查 5. 按施工工艺进行地龙骨装配、地板安装、清理现场并准备验收 6. 由见习质检员主导进行质量检验 7. 见习资料员记录各项数据，整理各种资料 8. 项目组长主导进行实训评估和总结 9. 指导教师核查实训情况，并进行点评

3. 实训要求

1）选择选项一者，需按逻辑顺序将所绘图纸装订成册，并制作目录和封面。

2）选择选项二者，以团队为单位写出实训报告（实训报告示例参照第二章"内墙贴面砖实训报告"，但部分内容需按项目要求进行内容替换）。

3）在实训报告封面上要有实训考核内容、方法及成绩评定标准，并按要求进行自我评价。

4. 特别关照

实训过程中要注意安全。

5. 测评考核

楼地面构造设计实训考核内容、方法及成绩评定标准

考核内容	评 价 项 目	指标	自我评分	教师评分
设计合理美观	材料标注正确	20		
	构造设计工艺简洁、构造合理、结构牢固	20		
	造型美观	20		
设计符合规范	线型正确、符合规范	10		
	构图美观、布局合理	10		
	表达清晰、标注全面	10		
图面效果	图面整洁	5		
设计时间	按时完成任务	5		
任务完成的整体水平		100		

实木地板装配实训考核内容、方法及成绩评定标准

项目	考核内容	考核方法	要求达到的水平	指标	小组评分	教师评分
对基本知识的理解	对实木地板理论的掌握	编写施工工艺	正确编制施工工艺	30		
		理解质量标准和验收方法	正确理解质量标准和验收方法	10		
实际工作能力	在校内实训室场所进行实际动手操作，完成装配任务	检测各项能力	技术交底的能力	8		
			材料验收的能力	8		
			放样弹线的能力	4		
			地板龙骨装配调平和地板安装的能力	12		
			质量检验的能力	8		

（续）

项目	考核内容	考核方法	要求达到的水平	指标	小组评分	教师评分
职业能力	团队精神、组织能力	个人和团队评分相结合	计划的周密性	5		
			人员调配的合理性	5		
验收能力	根据实训结果评估	实训结果和资料核对	验收资料完备	10		
任务完成的整体水平				100		

6. 总结汇报

1）实训情况概述（任务、要求、团队组成等）。

2）实训任务完成情况。

3）实训的主要收获。

4）存在的主要问题。

5）团队合作情况（个人在团队中的作用、团队的整体表现、团队的竞争力等）。

6）对实训安排的建议。

第5章 门窗的构造与施工

学习目标： 熟悉门窗的分类及基本功能，铝合金、塑钢门窗的材料、构造与施工。重点掌握木门窗的材料、构造与施工和防火门的施工。

门窗是建筑物中用于空间分隔的构件，主要作用是交通联系、通风和采光，在建筑装饰中，门窗的造型、色彩、材质等对装饰效果有重要的影响。

5.1 门窗概述

5.1.1 门的分类

门的种类、形式很多，其分类方法也多种多样，主要有按照门的开启方式、材质、技术用途、风格以及门扇数量来分类。

1. 按开启方式分类

门按开启方式分类，可分为平开门、推拉门、旋转门、卷帘门、折叠门等，如图5-1所示。

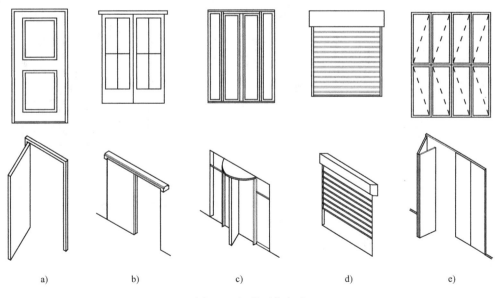

图5-1 门的开启方式

a）平开门 b）推拉门 c）转门 d）卷帘门 e）折叠门

（1）平开门 平开门是水平开启的门，与门框连接的铰链装于门扇的一侧，使门扇绕铰链轴转动。

（2）推拉门　门扇悬挂在门洞口上部的预埋轨道上，装有滑轮，可以沿轨道左右滑行。

（3）转门　有两个固定的弧形门套和三或四个门扇组成，门扇的一侧安装在中央的一根公用竖轴上，绕竖轴转动开启。

（4）卷帘门　门扇由连续的金属片条或网格状金属条组成，门洞上部安装卷动滚轴，门洞两侧有滑槽，门扇两端置于槽内，可以人工开启也可以电动开启。

（5）折叠门　有侧挂式和推拉式两种。

2. 按材料分类

门按不同材质分类，可分为木门、玻璃门、铝合金门、钢门、塑钢门等。

3. 按技术用途分类

门按技术用途分类，可分为隔音门、防辐射门、防火防烟门、防弹门、防盗门等。

（1）隔音门　采用特殊门扇及良好的结合槽密封安装，可降低噪声45dB。

（2）防辐射门　门扇中装有铅衬层，可以挡住 X 射线。

（3）防火和防烟门　门扇用防火材料制成，必须密封，装有门扇关闭器。

（4）防弹门　门扇中装有特殊的衬垫层，如铠甲木层，可以起到防弹作用。

（5）防盗门　使用特殊的建筑小五金和材料，安全性的设计和安装，可以提高防盗性能。

4. 按风格分类

门按不同装饰风格分类，可分为中国传统风格和欧式风格两种。

（1）中国传统风格　如图 5-2a 所示。

（2）欧式风格　如图 5-2b 所示。

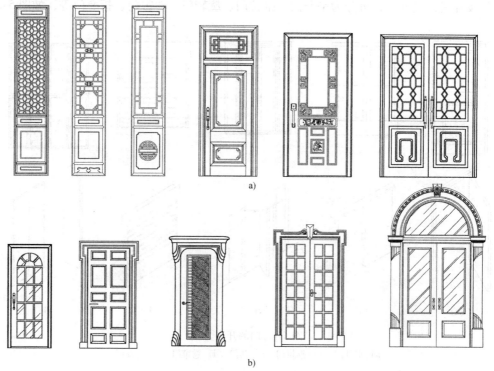

图 5-2　不同装饰风格的门

a）中国传统风格　b）欧式风格

5. 按门扇数量分

门按门扇数量分类有单扇门、双扇门、三扇门等（图 5-3）。

图 5-3　门扇组合方式

5.1.2　门的基本功能

1. 水平交通与疏散

建筑内部包含各种功能空间，各空间之间既相对独立又相互联系，门能在各空间之间起到水平交通联系的作用，同时，在紧急情况和火灾发生时，门还起到交通疏散的作用。满足门的交通联系和紧急疏散的要求，根据预期的人流量，对门设置的数量、位置、尺度及开启方式等方面的详细规定，是装饰设计中必须遵循的重要依据。

2. 围护与分隔

门是空间围护构件之一，为保证使用空间具有良好的物理环境，门的设置通常需要考虑防风、防雨、隔声、保温、隔热及密闭等功能要求，另外还有一些具有特殊功能要求的门，如防火门等。

3. 采光与通风

不同部位的门对采光通风有不同的要求，门的设计应采用不同的构造以满足采光与通风要求。如阳台门以玻璃为主时能起到采光的作用，卫生间的门采用百叶门时可以起到通风的作用。

4. 装饰要求

不同的建筑类型有不同的室内外氛围要求，在建筑风格总体统一的前提下也有差异和变化，门应根据预期的装饰装修效果及其附件的风格和式样，确定其材料和色彩，以取得完美的整体装饰效果。

5.1.3　窗的分类

窗的分类方法主要有按照窗的开启方式、材质、镶嵌材料、位置、窗扇的数量以及装饰风格来分类。

1. 按开启方式分类

按窗的开启方式分有固定窗、平开窗、推拉窗、悬窗（有上悬、中悬、下悬之分）、弹簧窗、转窗、折叠窗等，如图5-4所示。

（1）固定窗　窗扇固定在窗框上不能开启，只供采光不能通风。

（2）平开窗　平开窗使用最为广泛，可以内开也可外开。

1）内开窗。内开窗玻璃窗扇开向室内。这种做法的优点是便于安装、修理、擦洗窗扇，在风雨侵蚀时窗扇不易损坏，缺点是纱窗在外，容易损坏，不便于挂窗帘，且占据室内部分空间。内开窗适用于墙体较厚或某些要求窗内开的建筑。

2）外开窗。外开窗窗扇开向室外。这种做法的优点是窗扇不占室内空间，但窗扇安装、修理、擦洗都很不便，而且易受风雨侵蚀，高层建筑中不宜采用。

3）推拉窗。推拉窗的优点是不占空间，可以左右推拉或上下推拉（左右推拉窗比较常见），构造简单。上下推拉窗用重锤通过钢丝绳平衡窗扇，构造较为复杂。

4）悬窗。悬窗的特点是窗扇沿一条轴线旋转开启。由于旋转轴安装的位置不同，分为上悬窗、中悬窗、下悬窗。当窗扇沿垂直轴线旋转时，称为立转窗。

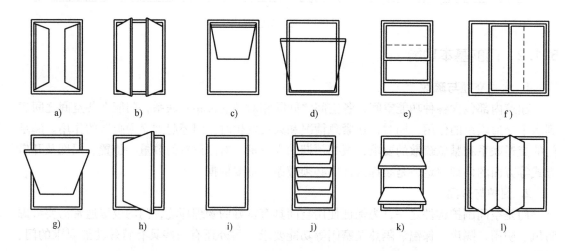

图5-4　窗的开启方式

a）外平开窗　b）内平开窗　c）上悬窗　d）下悬窗　e）垂直推拉窗　f）水平推拉窗
g）中悬窗　h）立转窗　i）固定窗　j）百叶窗　k）滑轴窗　l）折叠窗

2. 按材料分类

按窗所用的材料不同分为木窗、钢窗、彩钢板窗、塑钢窗、铝合金窗以及复合材料窗（如铝镶木窗）等。

3. 按镶嵌材料分类

按窗扇的镶嵌材料分有玻璃窗、纱窗、百叶窗、保温窗等。

4. 按窗在建筑物上的位置分类

按窗在建筑物上的位置分有侧窗、天窗、室内窗等。

5. 按数量分类（单开窗、双开窗）

按窗扇的开启数量分有单开窗、双开窗等。

6. 按风格分类

按窗的装饰风格分有中国传统风格的窗和欧式风格的窗，如图5-5 所示。

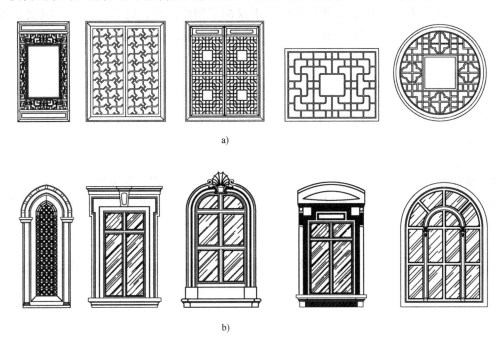

a)

b)

图 5-5　不同装饰风格的窗
a）中国传统风格的窗　b）欧式风格的窗

5.1.4　窗的基本功能

窗是建筑的重要组成部分，在建筑设计规范中规定了窗的大小、窗的类型选用及开启方式等，装饰装修设计应以其为依据。

1. 采光、通风

开窗是主要的天然采光方式，窗的面积和布置方式直接影响采光效果。对于同样面积的窗，天窗提供的顶光将使亮度增加6~8 倍；而长方形的窗横放和竖放也会有不同的效果。在设计中应选择合适的窗户形式和面积。通风换气主要靠外窗，在设计中应尽量使内外窗的相对位置处于对空气对流有利的位置。

2. 装饰、围护方面的要求

作为重要的围护构件之一，窗应具有防雨、防风、隔声及保温等功能，以提供舒适的室内环境。在窗的装饰装修设计中有一些特殊的构造用来满足这些要求，如设置披水板、滴水槽以防水，采用双层玻璃以隔声和保温，设置纱窗以防蚊虫等。

5.2　木门（窗）的材料、构造与施工

5.2.1　木门（窗）的材料

木门窗制作应选用材质轻软、纹理直、结构中等、干燥性能良好、不易翘曲、开裂、耐

久性强、易加工的木材。适用的树种有针叶树、红松、鱼鳞云杉、臭冷杉、杉木；高级门窗框料多选用阔叶树：水曲柳、核桃楸、柏木、麻栎等材质致密的树种。门窗木材的含水率要严格控制，如果木材含有的水分超过规定，不仅加工制作困难，而且常引起门窗变形和开裂，轻则影响美观，重则不能使用。因此，门窗木材应经窑干法干燥处理，使其水率符合相关规定。

5.2.2 木门（窗）的构造

木门（窗）主要由门（窗）框、门（窗）扇、腰头窗（亮子）、门（窗）用五金等部分组成。

1. 门

（1）门框

1）断面形式与尺寸。门框的断面尺寸主要考虑接榫牢固和门的类型，还要考虑制作时的损耗。门框的毛料尺寸：双裁口的木门门框尺寸为 60 ~ 70mm × 130 ~ 150mm；单裁口的木门门框尺寸为 50 ~ 70mm × 100 ~ 120mm。

门框上留有裁口，根据门扇开启方式的不同，裁口形式有单裁口和双裁口两种。裁口宽度要比门扇厚度大 1 ~ 2mm，深度一般为 8 ~ 10mm。门框靠墙一面常开 1 ~ 2 道背槽，俗称灰口，以防止受潮变形，同时有利于门框的嵌固。灰口的形状可为矩形或者三角形，深度 8 ~ 10mm，宽度 100 ~ 120mm。

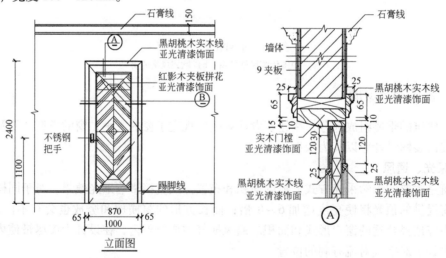

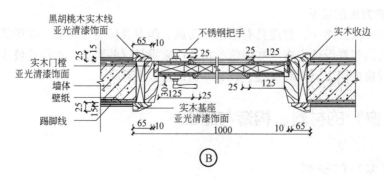

图 5-6 夹板门典型构造

2）门框的位置。门框在墙上的位置有三种：与墙内口齐平，即门框与墙内侧饰面层的材料齐平，称内开门，或将门框与墙的外口齐平，称外开门，也有将门框立在墙中间的，如弹簧门。

（2）门扇（夹板门、实木门、百叶门）　根据门扇的构造和立面造型的不同，门扇可分为夹板门、实木门、百叶门等。

1）夹板装饰门。夹板装饰门构造简单、表面平整、开关轻便，但不耐潮和日晒，一般用于内门。夹板门骨架由(32~35)mm×(34~60)mm 方木构成纵横肋条，两面贴面板和饰面层，如贴各种装饰板、防火板、微薄木拼花拼色、镶嵌玻璃、装饰造型线条等。如需提高门的保温隔热性能，可在夹板中间填入矿物毡，另外，门上还可设通风口，收信口，警眼等。夹板门的骨架、构造及立面形式如图 5-6、图 5-7 所示。

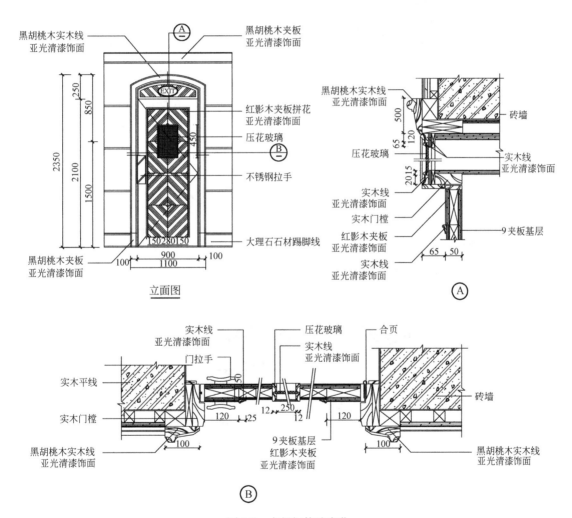

图 5-7　夹板门构造变化

2）实木门。

实木门的构造如图 5-8 所示。

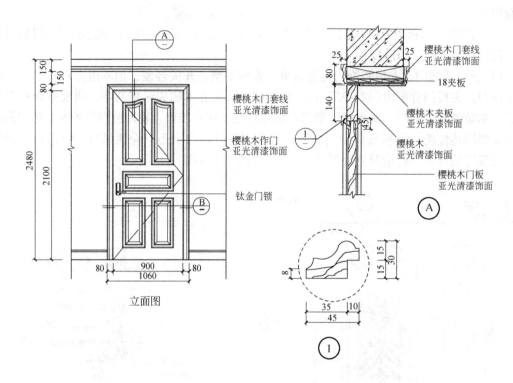

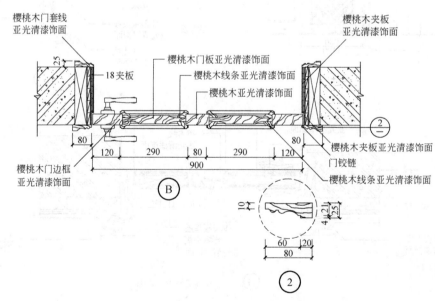

图 5-8 实木门构造

3）百叶门。

百叶门构造如图 5-9 所示。

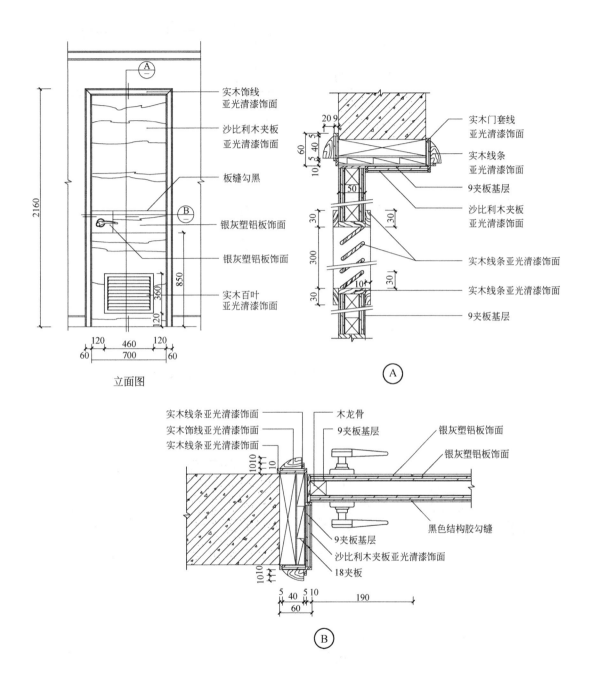

图 5-9　百叶门构造

（3）配套五金　门的五金有合页、拉手、插销、门锁、闭门器和门挡等，如图 5-10 ~ 图 5-14 所示。

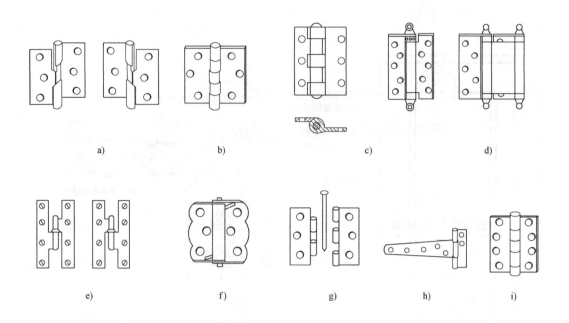

图 5-10　合页

a）自关合页　b）无声合页　c）钢门窗平页合页　d）双联钢门窗平页合页

e）H 型铰链　f）蝴蝶合页　g）抽芯铰链　h）T 型铰链　i）轴承合页

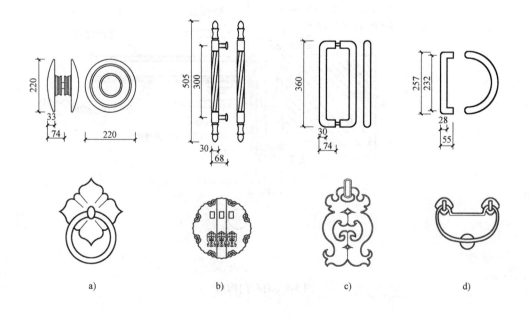

图 5-11　门拉手

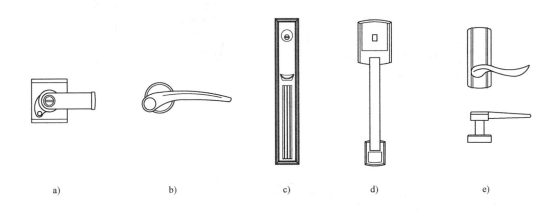

a)　　　b)　　　c)　　　d)　　　e)

图 5-12　门锁

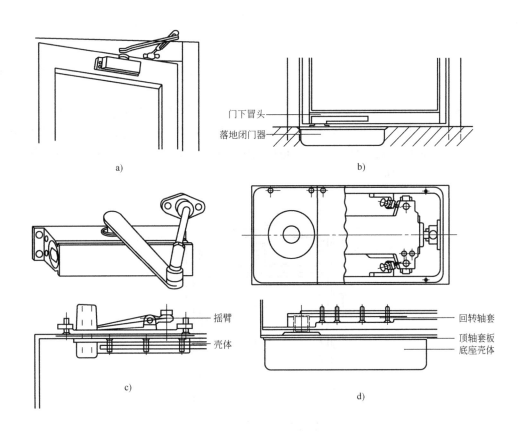

图 5-13　闭门器

a) 门顶闭门器示意　b) 落地闭门器安装位置

c) 门顶闭门器构造　d) 落地闭门器构造

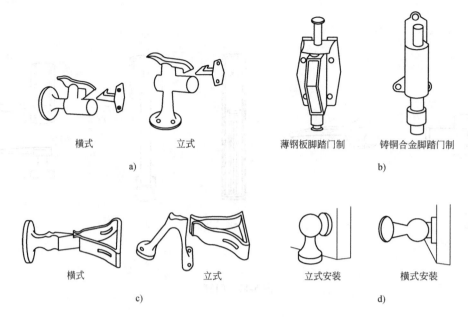

横式　立式
a)

薄钢板脚踏门制　铸铜合金脚踏门制
b)

横式　立式　立式安装　横式安装
c)　d)

图 5-14　门档
a）脚踏门钩　b）脚踏门制　c）门轧头　d）磁力吸门器

2. 窗

（1）窗框　窗框由框梃、窗框上冒头、窗框下冒头组成，当顶部有上窗时，还要设中贯横挡。

（2）窗扇　窗扇由扇梃、窗扇上冒头、窗扇下冒头、棂子、玻璃等组成，如图 5-15 所示。木窗的连接构造与门的连接构造基本相同，都采用榫式连接构造，一般是在扇梃上凿眼，冒头上开榫。窗框与窗棂的连接，也是在扇梃上凿眼，窗棂上开榫。中式窗和西式窗的构造如图 5-16、图 5-17 所示。

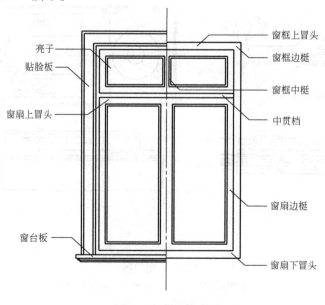

亮子
贴脸板
窗扇上冒头
窗台板

窗框上冒头
窗框边梃
窗框中梃
中贯档
窗扇边梃
窗扇下冒头

图 5-15　窗的组成

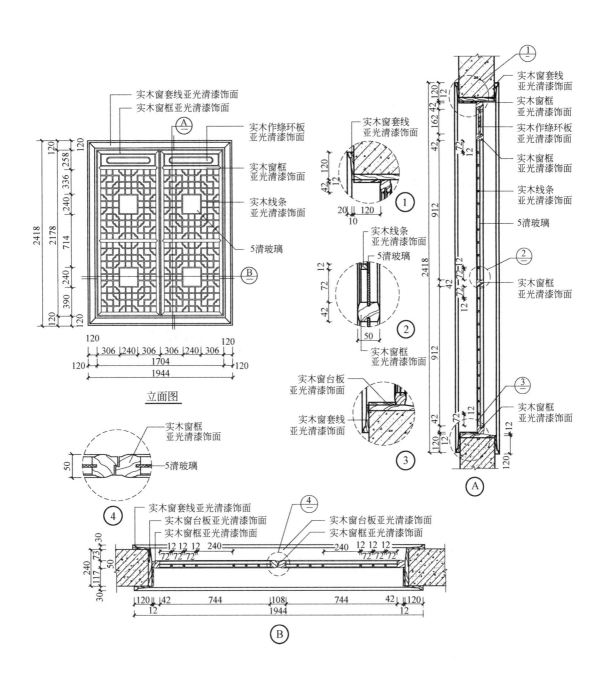

图 5-16　中式窗构造

（3）配套五金

窗的五金有合页、拉手、插销等，如图 5-18、图 5-19 所示。

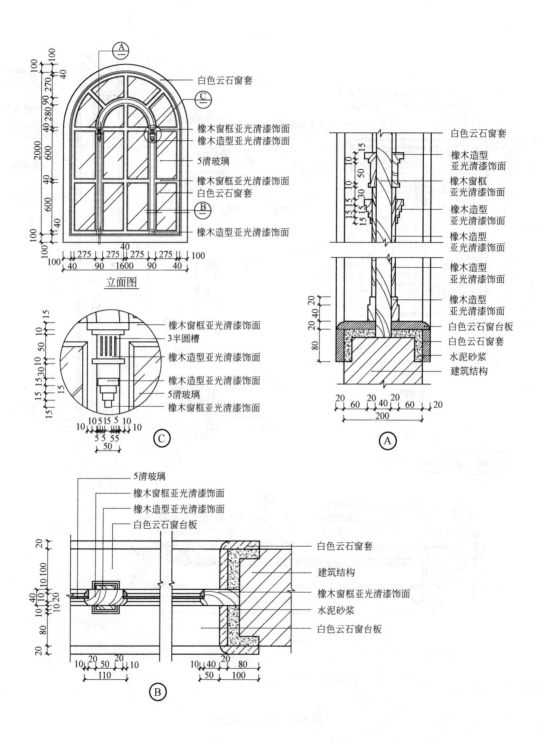

图 5-17　西式窗构造

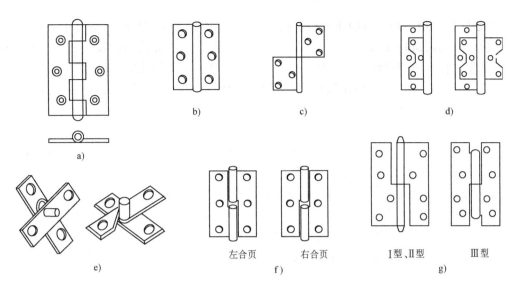

图 5-18　窗的合页

a）普通铰链　b）轻型铰链　c）单旗合页　d）扇型合页

e）翻窗合页　f）脱卸合页　g）双袖合页

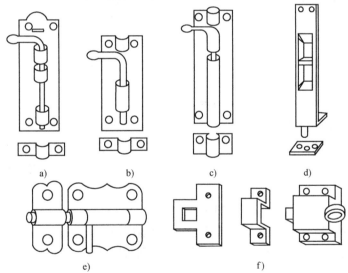

图 5-19　插销

a）普通型钢插销　b）封闭型钢插销　c）管型钢插销　d）暗插销

e）蝴蝶插销　f）翻窗插销

5.2.3　木门（窗）的施工

1. 施工流程

放样→配料、截料→刨料→划线→打眼→开榫、拉肩→裁口与倒棱→拼装→门窗框的后安装→门窗扇的安装→门窗小五金的安装

2. 施工工艺

（1）放样　放样是根据施工图纸上设计好的木制品，按照足尺 1:1 将木制品构造画出

来，做成样板（或样棒），样板采用松木制作，双面刨光，厚约 25cm，宽等于门窗樘子梃的断面宽，长比门窗高度大 200mm 左右，经过仔细校核后才能使用，放样是配料和截料、划线的依据，在使用的过程中，注意保持其划线的清晰，不要使其弯曲或折断。

（2）配料、截料　配料是在放样的基础上进行的，因此，要计算出各部件的尺寸和数量，列出配料单，按配料单进行配料。

（3）刨料　刨料时，宜将纹理清晰的里材作为正面，对于樘子料任选一个窄面为正面，对于门、窗框的梃及冒头可只刨面，不刨靠墙的一面；门、窗扇的上冒头和梃也可先刨三面，靠樘子的一面待安装时根据缝的大小再进行修刨。

（4）划线　划线是根据门窗的构造要求，在各根刨好的木料上划出榫头线，打眼线等。

（5）打眼　打眼之前，应选择等于眼宽的凿刀，凿出的眼，顺木纹两侧要直，不得出错槎。先打全眼，后打半眼。全眼要先打背面，凿到一半时，翻转过来再打正面直到贯穿。眼的正面要留半条里线，反面不留线，但比正面略宽。这样装榫头时，可减少冲击，以免挤裂眼口四周。

（6）开榫、拉肩　开榫又称倒卯，就是按榫头线纵向锯开。拉肩就是锯掉榫头两旁的肩头。通过开榫和拉肩操作，就制成了榫头。

（7）裁口与倒棱　裁口即用裁口刨子或用歪嘴子刨刨去框的一个方形角部分，供装玻璃用。裁口也可用电锯切割，需留 1mm，再用单线刨子刨到需求位置为止。快刨到要刨的部分时，用单线刨子刨，去掉木屑，刨到为止。裁好的口要求方正平直，不能有戗槎起毛，凹凸不平的现象。倒棱也称为倒八字，即沿框刨去一个三角形部分。倒棱要平直、板实，不能过线。

（8）拼装　拼装前对部件应进行检查，要求部件方正、平直，线脚整齐分明，表面光滑，尺寸规格、式样符合设计要求，并用细刨将遗留墨线刨光。

门窗框的组装，是在一根边梃的眼里，再装上另一边的梃；用锤轻轻敲打拼合，敲打时要垫木块防止打坏榫头或留下敲打的痕迹。待整个拼好归方以后，再将所有榫头敲实，锯断露出的榫头。

门窗扇的组装方法与门窗框基本相同。

组装好的门窗、扇用细刨刨平，先刨光面。双扇门窗要配好对，对缝的裁口刨好。安装前，门窗框靠墙的一面，均要刷一道防腐剂，以增强防腐能力。

（9）门窗框的后安装

1）主体结构完工后，复查洞口标高、尺寸及木砖位置。

2）将门窗框用木楔临时固定在门窗洞口内相应位置。

3）用吊线坠校正框的正、侧面垂直度，用水平尺校正框冒头的水平度。

4）用砸扁钉帽的钉子钉牢在木砖上。钉帽要冲入木框内 1~2mm，每块木砖要钉两处。

5）高档硬木门框应用钻打孔，木螺钉拧固，并拧进木框 5mm，用同等木补孔。

（10）门窗扇的安装

1）考虑留缝宽度，量出樘口净尺寸。确定门窗扇的尺寸，先画出中间缝处的中线，再画出边线，并保证梃宽一致。四边都需画线。

2）若门窗扇高、宽尺寸过大，则刨去多余部分。修刨时应先锯余头，再行修刨。门窗扇为双扇时，应先作打叠高低缝，并以开启方向的右扇压左扇。

3）若门窗扇高、宽尺寸过小，可在下边或装合页一边用胶和钉子绑钉刨光的木条。钉帽砸扁，钉入木条内 1～2mm，然后锯掉余头并刨平。

4）平开扇的底边，中悬扇的上下边，上悬扇的下边，下悬扇的上边等与框接触且容易发生摩擦的边，应刨成 1mm 斜面。

5）试装门窗扇时，应先用木楔塞在门窗扇的下边，然后再检查缝隙，并注意窗樘和玻璃芯子平直对齐。合格后画出合页的位置线，剔槽装上合页。

（11）门窗小五金的安装

1）所有小五金必须用木螺钉固定安装，严禁用钉子代替。使用木螺钉时，先用手锤钉入全长的 1/3，接着用螺钉旋具拧入。当木门窗为硬木时，先钻孔径为木螺丝直径 0.9 倍的孔，孔深为木螺丝全长的 2/3，然后再拧入木螺丝。

2）铰链距门窗扇上下两端的距离为扇高的 1/10，且避开上下冒头。安好后必须灵活。

3）门锁距地面高约 0.90～1.05m，应错开中冒头和边挺的榫头。

4）门窗拉手应位于门窗扇中线以下，窗拉手距地面 1.5～1.6m。

5）窗风钩应装在窗框下冒头与窗扇下冒头夹角处，使窗开启后成 90°角，并使上下各层窗扇开启后整齐统一。

6）门插销应位于门拉手下方。装窗插销时应先固定插销底板，再关窗打插销压痕、凿孔，打入插销。

7）门扇开启后易碰墙的门，为固定门扇应安装门档。

8）小五金配件应安装齐全，位置适宜，固定可靠。

5.2.4　木门（窗）的质量验收要求

1. 适用范围

以下质量验收要求适用于木门窗制作与安装工程的质量验收。

2. 主控项目

1）木门窗的木材品种、材质等级、规格、尺寸、框扇的线型及人造木板的甲醛含量应符合设计要求。

检验方法：观察；检查材料进场验收记录和复验报告。

2）木门窗应采用烘干的木材，含水率应符合相关规定。

检验方法：检查材料进场验收记录。

3）木门窗的防火、防腐、防虫处理应符合设计要求。

检验方法：观察；检查材料进场验收记录。

4）木门窗的结合处和安装配件处不得有木节或已填补的木节。木门窗如有允许限值以内的死节及直径较大的虫眼时，应用同一材质的木塞加胶填补。对于清漆制品，木塞的木纹和色泽应与制品一致。

检验方法：观察。

5）门窗框和厚度大于 50mm 的门窗扇应用双榫连接。榫槽应采用胶料严密嵌合，并应用胶楔加紧。

检验方法：观察；手扳检查。

6）胶合板门、纤维板门和模压门不得脱胶。胶合板不得刨透表层单板，不得有戗槎。

制作胶合板门、纤维板门时，边框和横楞应在同一平面上，面层、边框及横楞应加压胶结。横楞和上、下冒头应各钻两个以上的透气孔，透气孔应通畅。

检验方法：观察。

7）木门窗的品种、类型、规格、开启方向、安装位置及连接方式应符合设计要求。

检验方法：观察；尺量检查；检查成品门的产品合格证书。

8）木门窗框的安装必须牢固。预埋木砖的防腐处理、木门窗框固定点的数量、位置及固定方法应符合设计要求。

检验方法：观察；手扳检查；检查隐蔽工程验收记录和施工记录。

9）木门窗扇必须安装牢固，并应开关灵活，关闭严密，无倒翘。

检验方法：观察；开启和关闭检查；手扳检查。

10）木门窗配件的型号、规格、数量应符合设计要求，安装应牢固，位置应正确，功能应满足使用要求。

检验方法：观察；开启和关闭检查；手扳检查。

3. 一般项目

1）木门窗表面应洁净，不得有刨痕、锤印。

检验方法：观察。

2）木门窗的割角、拼缝应严密平整。门窗框、扇裁口应顺直，刨面应平整。

检验方法：观察。

3）木门窗上的槽、孔应边缘整齐，无毛刺。

检验方法：观察。

4）木门窗与墙体间缝隙的填嵌材料应符合设计要求，填嵌应饱满。寒冷地区外门窗（或门窗框）与砌体间的空隙应填充保温材料。

检验方法：轻敲门窗框检查；检查隐蔽工程验收记录和施工记录。

5）木门窗披水、盖口条、压缝条、密封条的安装应顺直，与门窗结合应牢固、严密。

检验方法：观察；手扳检查。

6）木门窗制作的允许偏差和检验方法应符合表 5-1 的规定。

表 5-1　木门窗制作的允许偏差和检验方法

项　目	构件名称	允许偏差/mm		检 验 方 法
		普通	高级	
翘曲	框	3	2	将框、扇平放在检查平台上，用塞尺检查
	扇	2	2	
对角线长度差	框、扇	3	2	用钢尺检查，框量裁口里角，扇量外角
表面平整度	扇	2	2	用 1m 靠尺和塞尺检查
高度、宽度	框	0；-2	0；-1	用钢尺检查，框量裁口里角，扇量外角
	扇	+2；0	+1；0	
裁口、线条结合处高低差	框、扇	1	0.5	用钢直尺和塞尺检查
相邻棂子两端间距	扇	2	1	用钢直尺检查

7）木门窗安装的留缝限值、允许偏差和检验方法应符合表 5-2 的规定。

表 5-2　木门窗安装的留缝限值、允许偏差和检验方法

项　目		留缝限值/mm		允许偏差/mm		检验方法
		普通	高级	普通	高级	
门窗槽口对角线长度差		—	—	3	2	用钢尺检查
门窗框的正、侧面垂直度		—	—	2	1	用1m垂直检测尺检查
框与扇、扇与扇接缝高低差		—	—	2	1	用钢直尺和塞尺检查
门窗扇对口缝		1～2.5	1.5～2	—	—	用塞尺检查
工业厂房双扇大门对口缝		2～5	—	—	—	
门窗扇与上框间留缝		1～2	1～1.5	—	—	
门窗扇与侧框间留缝		1～2.5	1～15	—	—	
窗扇与下框间留缝		2～3	2～2.5	—	—	
门扇与下框间留缝		3～5	3～4	—	—	
双层门窗内外框间距		—	—	4	3	用钢尺检查
无下框时门扇与地面间留缝	外门	4～7	5～6	—	—	用塞尺检查
	内门	5～8	6～7	—	—	
	卫生间门	8～12	8～10	—	—	
	厂房大门	10～20	—	—	—	

5.3　铝合金、塑钢门（窗）的材料、构造与施工

5.3.1　铝合金、塑钢门（窗）的材料

铝合金门窗质轻、强度高、耐腐蚀，无磁性、易加工、质感好，特别是密闭性能好。铝合金材料断面分为38系列、50系列、70系列、90系列、100系列等。

型材按不同规格，有不同系列，其截面形式和尺寸，是按其开启方式和门窗面积确定的。附件材料有滑轮、玻璃、密封条、角码、锁具、自攻螺钉、胶垫。

塑钢门窗主要的材料是硬质 PVC 塑料门窗型材和型材截面空腔中衬入的加强型材。硬质 PVC 塑料型材主要有聚氯乙烯和聚氯乙烯钙塑两类。其中聚氯乙烯型材窗，由于不含碳酸钙，其强度和老化性能较聚氯乙烯钙塑要好得多，具有良好的隔热、隔声、节能、气密、水密、绝缘、耐久和耐腐蚀等性能，适用于各种类型的建筑。

5.3.2　铝合金、塑钢门（窗）的构造

1. 铝合金门窗的构造

铝合金门窗多采用塞口做法。安装时，为防止碱对门、窗框的腐蚀，不得将门、窗框直接埋入墙体。当墙体为砖墙结构时，多采用燕尾形铁脚灌浆连接或射钉连接；当墙体为钢筋混凝土结构时，多采用预埋件焊接或膨胀螺栓铆接。

门窗框与墙体等的连接固定点，每边不少于两点，且间距不得大于700mm。在基本风压大于等于0.7kPa的地区，间距不得大于500mm。边框端部的第一固定点距上下边缘不得大于200mm。

窗框与窗洞四周的缝隙一般采用软质保温材料，如泡沫塑料条、泡沫聚氨酯条、矿棉粘

条或玻璃丝粘条等分层填实，外表留 5～8mm 深的槽口用密封膏密封。这种做法主要是为了防止门窗框四周形成冷热交换区，产生结露，也有利于隔声、保温，同时还可以避免门窗框与混凝土、水泥砂浆直接接触，消除碱对门窗框的腐蚀（图5-20）。

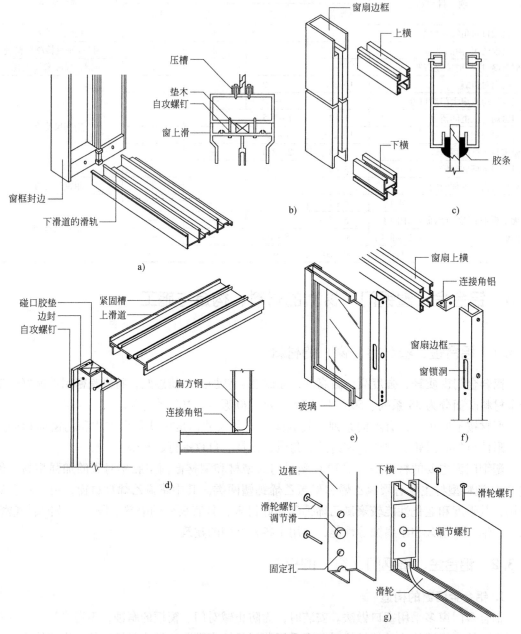

图 5-20　铝合金门窗基本构造图
a）窗框边封与下滑的连接　b）窗扇边框与上下横连接　c）玻璃的固定与密封　d）窗框上滑的连接
e）窗扇及玻璃的组装　f）窗扇上横的固定　g）滑轮的安装

2. 塑钢门窗的构造

塑钢门窗是硬质 PVC 塑料型材的竖框、中横框或拼樘料等主要受力杆件中的截面空腔中衬入加强型钢，形成塑钢结合的门窗框，以提高门窗骨架的刚度。塑钢窗多采用塞口做法，与墙体固定应采用金属固定片，固定片的位置应距窗角、中竖框、中横框 150 ~ 200mm，固定片之间的间距应小于或等于 600mm（图 5-21）。

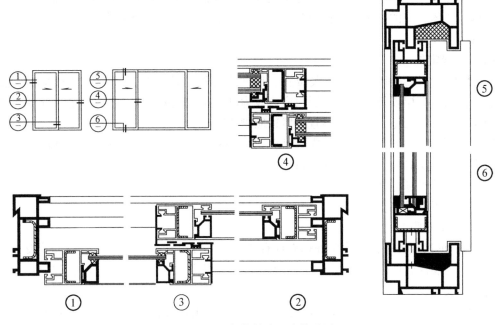

图 5-21　塑钢推拉窗基本构造图

3. 配套五金

铝合金门窗的配套五金如图 5-22 所示。

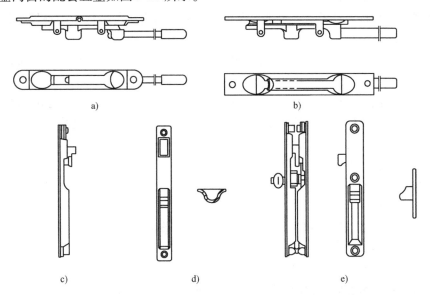

图 5-22　铝合金门窗五金配件

a）台阶式插销　b）平板式插销　c）无锁头单面锁　d）无锁头双面锁　e）有锁头锁

5.3.3 铝合金、塑钢门（窗）的施工

1. 施工流程

划线定位→铝合金窗披水安装→防腐处理→铝合金门窗的安装就位→铝合金门窗的固定→门窗框与墙体间隙的处理→门窗扇及门窗玻璃的安装→安装五金配件。

2. 安装工艺

（1）划线定位

1）根据设计图纸中门窗的安装位置、尺寸和标高，依据门窗中线向两边量出门窗边线。若为多层或高层建筑时，以顶层门窗边线为准，用线坠或经纬仪将门窗边线下引，并在各层门窗口处划线标记，对个别不直的口边应剔凿处理。

2）门窗的水平位置应以室内楼面以上 50cm 的水平线为准，向上反量出窗下皮标高，弹线找直。每一层必须保证窗下皮标高一致。

（2）铝合金窗披水安装

按施工图纸要求将披水固定在铝合金窗上，且要保证位置正确、安装牢固。

（3）防腐处理

1）门窗框四周外表面的防腐处理设计有要求时，按设计要求处理。如果设计没有要求时，可涂刷防腐涂料或粘贴塑料薄膜进行保护，以免水泥砂浆直接与铝合金门窗表面接触，产生电化学反应，腐蚀铝合金门窗。

2）安装铝合金门窗时，如果采用连接铁件固定，则连接铁件、固定件等安装用金属零件最好用不锈钢件。否则必须进行防腐处理，以免产生电化学反应，腐蚀铝合金门窗。

（4）铝合金门窗的安装就位 根据划好的门窗定位线，安装铝合金门窗框，并及时调整好门窗框的水平、垂直及对角线长度等，使其符合质量标准，然后用木楔临时固定。

（5）铝合金门窗的固定

1）当墙体上预埋有铁件时，可把铝合金门窗的铁脚直接与墙体上的预埋铁件焊牢，焊接处需做防锈处理。

2）当墙体上没有预埋铁件时，可用金属膨胀螺栓或塑料膨胀螺栓将铝合金门窗的铁脚固定到墙上。

3）当墙体上没有预埋铁件时，也可用电钻在墙上打 80mm 深、直径为 6mm 的孔。使用 L 型 $\phi 6$ 的钢筋，在长的一端粘涂有机高分子乳胶水泥浆，然后打入孔中。待有机高分子乳胶水泥浆终凝后，再将铝合金门窗的铁脚与埋置的钢筋焊牢。

（6）门窗框与墙体间隙的处理

1）铝合金门窗安装固定后，应先进行隐蔽工程验收，合格后及时按设计要求处理门窗框与墙体之间的缝隙。

2）如果设计未要求时，可采用弹性保温材料或玻璃棉毡条分层填塞缝隙，外表面留 5～8mm 深槽口填嵌嵌缝油膏或密封胶。

（7）门窗扇及门窗玻璃的安装

1）门窗扇和门窗玻璃应在洞口墙体表面装饰完工验收后安装。

2）推拉门窗在门窗框安装固定后，将配好玻璃的门窗扇整体安入框内滑槽，调整好与扇的缝隙即可。

3）平开门窗应在框与扇格架组装上墙、安装固定好后再安玻璃，即先调整好框与扇的缝隙，再将玻璃安入扇并调整好位置，最后镶嵌密封条及密封胶。

4）地弹簧门应在门框及地弹簧主机入地安装固定后再安门扇。先将玻璃嵌入门扇格架并一起入框就位，调整好框扇缝隙，最后填嵌门扇玻璃的密封条及密封胶。

（8）安装五金配件

五金配件与门窗连接可使用镀锌螺钉。五金配件的安装应结实牢固，使用灵活。

5.3.4 铝合金、塑钢门（窗）的质量验收要求

1. 适用范围

以下质量验收要求适用于钢门窗、铝合金门窗、涂色镀锌钢板门窗等金属门窗安装工程的质量验收。

2. 主控项目

1）金属门窗的品种、类型、规格、尺寸、性能、开启方向、安装位置、连接方式及铝合金门窗的型材壁厚应符合设计要求。金属门窗的防腐处理及填嵌、密封处理应符合设计要求。

检验方法：观察；尺量检查；检查产品合格证书、性能检测报告、进场验收记录和复验报告；检查隐蔽工程验收记录。

2）金属门窗框和副框的安装必须牢固。预埋件的数量、位置、埋设方式、与框的连接方式必须符合设计要求。

检验方法：手扳检查；检查隐蔽工程验收记录。

3）金属门窗扇必须安装牢固，并应开关灵活、关闭严密，无倒翘。推拉门窗扇必须有防脱落措施。

检验方法：观察；开启和关闭检查；手扳检查。

4）金属门窗配件的型号、规格、数量应符合设计要求，安装应牢固，位置应正确，功能应满足使用要求。

检验方法：观察；开启和关闭检查；手扳检查。

3. 一般项目

1）金属门窗表面应洁净、平整、光滑、色泽一致，无锈蚀。大面应无划痕、碰伤。漆膜或保护层应连续。

检验方法：观察。

2）铝合金门窗推拉门窗扇开关力应不大于 100N。

检验方法：用弹簧秤检查。

3）金属门窗框与墙体之间的缝隙应填嵌饱满，并采用密封胶密封。密封胶表面应光滑、顺直，无裂纹。

检验方法：观察；轻敲门窗框检查；检查隐蔽工程验收记录。

4）金属门窗扇的橡胶密封条或毛毡密封条应安装完好，不得脱槽。

检验方法：观察；开启和关闭检查。

5）有排水孔的金属门窗，排水孔应畅通，位置和数量应符合设计要求。

检验方法：观察。

6）钢门窗安装的留缝限值、允许偏差和检验方法应符合表 5-3 的规定。

表 5-3 钢门窗安装的留缝限值、允许偏差和检验方法

项 目		留缝限值/mm	允许偏差/mm	检 验 方 法
门窗槽口宽度、高度	≤1500mm		2.5	用钢尺检查
	>1500mm		3.5	
门窗槽口对角线长度差	≤2000mm		5	用钢尺检查
	>2000mm		6	
门窗框的正、侧面垂直度			3	用1m垂直检测尺检查
门窗横框的水平度			3	用1m水平尺和塞尺检查
门窗横框标高			5	用钢尺检查
门窗竖向偏离中心			4	用钢尺检查
双层门窗内外框间距			5	用钢尺检查
门窗框、扇配合间隙		≤2		用塞尺检查
无下框时门扇与地面间留缝		4~8		用塞尺检查

7）铝合金门窗安装的允许偏差和检验方法应符合表 5-4 的规定。

表 5-4 铝合金门窗安装的允许偏差和检验方法

项 目		允许偏差/mm	检 验 方 法
门窗槽口宽度、高度	≤1500mm	1.5	用钢尺检查
	>1500mm	2	
门窗槽口对角线长度差	≤2000mm	3	用钢尺检查
	>2000mm	4	
门窗框的正、侧面垂直度		2.5	用垂直检测尺检查
门窗横框的水平度		2	用1m水平尺和塞尺检查
门窗横框标高		5	用钢尺检查
门窗竖向偏离中心		5	用钢尺检查
双层门窗内外框间距		4	用钢尺检查
推拉门窗扇与框搭接量		1.5	用钢直尺检查

8）涂色镀锌钢板门窗安装的允许偏差和检验方法应符合表 5-5 的规定。

表 5-5 涂色镀锌钢板门窗安装的允许偏差和检验方法

项 目		允许偏差/mm	检 验 方 法
门窗槽口宽度、高度	≤1500mm	2	用钢尺检查
	>1500mm	3	
门窗槽口对角线长度差	≤2000mm	4	用钢尺检查
	>2000mm	5	

（续）

项 目	允许偏差/mm	检 验 方 法
门窗框的正、侧面垂直度	3	用垂直检测尺检查
门窗横框的水平度	3	用 1m 水平尺和塞尺检查
门窗横框标高	5	用钢尺检查
门窗竖向偏离中心	5	用钢尺检查
双层门窗内外框间距	4	用钢尺检查
推拉门窗扇与框搭接量	2	用钢直尺检查

5.4 转门的材料、构造与施工

转门是当代建筑入口较流行的一种门的形式，它改变了门的传统开启方式，而是利用门的旋转给人们带来一种动的美感。转门能达到节省能源、防尘、防风、隔声的效果，对控制人流量也有一定的作用。由于构造合理、开启方便、密闭性能好、富于现代感而广泛用于宾馆、商厦、办公大楼、银行等高级公共建筑入口。

转门不适宜用于人流较大且集中的场所，更不可作为疏散门使用。

设置转门需要有一定的空间，通常在转门的两侧加设玻璃门，以增加人流疏通量，并作为疏散门。

5.4.1 转门的材料

转门按材质分为铝合金转门、钢转门、钢木转门三种类型。

铝合金转门采用转门专用挤压型材，氧化色常用仿金、银白、古铜等色。钢结构和钢木结构中的金属型材为 20 号碳素结构钢无缝异型管，经加工冷拉成不同类型转门和转型框架。

金属转门有铝质、钢质两种金属型材结构。铝质结构是采用铝镁硅合金挤压型材，经阳极氧化成银白、古铜等色，其外形美观，耐蚀性强，质量较轻，使用方便。钢质结构是采用 20 号碳素结构钢无缝异型管，冷拉成各种类型转门、转壁框架，然后喷涂各种涂料而成，它具有密闭性好、抗震性能优良、耐老化能力强、转动平稳、使用方便、坚固耐用等特点。

转门的玻璃一般采用合成橡胶密封固定玻璃。活扇与转壁之间一般采用聚丙烯毛刷条，具有良好的密闭抗震和耐老化性能。

5.4.2 转门的构造

转门有普通转门和旋转自动门之分。普通转门为手动旋转结构；旋转自动门属高级豪华门，又称弧形自动门，采用声波、微波、外传感装置和电脑控制系统。

转门由外框、圆顶、固定扇和活动扇四部分组成的旋转构造，活动扇由三或四扇门连成风车型，在两个固定弧形门套内旋转，旋转方向通常为逆时针，门扇的惯性转速可通过阻尼调节装置按需要进行调整。

转门的构造如图 5-23 所示。

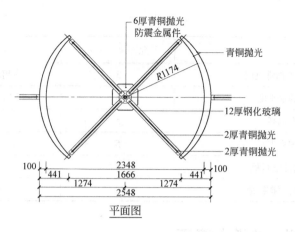

平面图

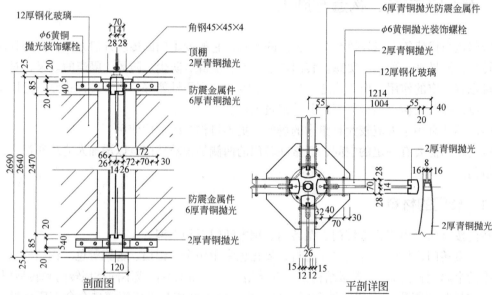

剖面图　　平剖详图

图 5-23　转门构造

5.4.3　转门的施工

1. 施工流程

检查各类零部件→固定木桁架→装转轴，固定底座→装转门顶与转门壁→装门扇→调整转门壁的位置→固定门壁→安装门扇上的玻璃→喷涂涂料。

2. 安装工艺

（1）检查各类零部件　在金属转门开箱后，检查各类零部件是否齐全、正常，门槛外形尺寸是否符合门洞口尺寸，以及转门壁位置要求，预埋件位置和数量。

（2）固定木桁架　木桁架按洞口左右、前后位置尺寸与预埋件固定，并保持水平，一般转门与弹簧门、铰链门或其他固定扇组合，就可先安装其他组合部分。

（3）装转轴，固定底座　底座下要垫实，不允许出现下沉，临时点焊上轴承座，使转轴垂直于地平面。

（4）装转门顶与转门壁　转门壁不允许预先固定，以便于调整与活扇的间隙。

（5）装门扇　保持 90°（四扇式）或 120°（三扇式）夹角，转动门扇，保证上下间隙。

（6）调整转门壁的位置　以保证门扇与门壁的间隙。

（7）固定门壁　先焊上轴承座，用混凝土固定底座，埋插销下壳，固定门壁。

（8）安装门扇上的玻璃　一定要安装牢固，不准有松动现象。

（9）喷涂涂料　若用钢质结构的转门，在安装完毕后，对其还应喷涂涂料。

5.4.4　转门的质量验收要求

1. 适用范围

以下质量验收要求适用于防火门、防盗门、自动门、全玻门、旋转门、金属卷帘门等特种门安装工程的质量验收。

2. 主控项目

1）旋转门的质量和各项性能应符合设计要求。

检验方法：检查生产许可证、产品合格证书和性能检测报告。

2）旋转门的品种、类型、规格、尺寸、开启方向、安装位置及防腐处理应符合设计要求。

检验方法：观察；尺量检查；检查进场验收记录和隐蔽工程验收记录。

3）带有机械装置、自动装置或智能化装置的旋转门，其机械装置、自动装置或智能化装置的功能应符合设计要求和有关标准的规定。

检验方法：启动机械装置、自动装置或智能化装置，观察。

4）旋转门的安装必须牢固。预埋件的数量、位置、埋设方式、与框的连接方式必须符合设计要求。

检验方法：观察；手扳检查；检查隐蔽工程验收记录。

5）旋转门的配件应齐全，位置应正确，安装应牢固，功能应满足使用要求和旋转门的各项性能要求。

检验方法：观察；手扳检查；检查产品合格证书、性能检测报告和进场验收记录。

3. 一般项目

1）旋转门的表面装饰应符合设计要求。

检验方法：观察。

2）旋转门的表面应洁净，无划痕、碰伤。

检验方法：观察。

3）旋转门安装的允许偏差和检验方法应符合表 5-6 的规定。

表 5-6　旋转门安装的允许偏差和检验方法

项　目	允许偏差/mm		检验方法
	金属框架玻璃旋转门	木质旋转门	
门扇正、侧面垂直度	1.5	1.5	用 1m 垂直检测尺检查
门扇对角线长度差	1.5	1.5	用钢尺检查
相邻扇高度差	1	1	用钢尺检查
扇与圆弧边留缝	1.5	2	用塞尺检查
扇与上顶间留缝	2	2.5	用塞尺检查
扇与地面间留缝	2	2.5	用塞尺检查

5.5 防火门的构造与施工

防火门是为适应建筑防火要求而发展起来的一种新型门。防火门与烟感、光感、温感报警器和自动喷淋灭火系统等装置配套设置后，可自动报警、自动关闭，防止火势蔓延。防火门结构合理且外形美观，同时具有防火、防盗、保温、隔声的功能特点，并能产生较好的装饰效果。防火门主要用于高层建筑的防火分区、楼梯间和电梯间，也可安装于油库、机房、电影放映间、剧院及单元式民用高层住宅楼等，其开启方向应与疏散方向一致。

5.5.1 防火门的构造

防火门按耐火极限分，有甲、乙、丙三级。甲级防火门耐火极限为 1.2h，乙级防火门耐火极限为 0.9h，丙级防火门耐火极限为 0.6h。按结构分，防火门有单扇门、双扇门、带亮窗门、镶玻璃防火门和卷帘防火门等。按材质分，防火门有钢质防火门、木质防火门、复合玻璃防火门和钢木质防火门。防火门的构造组成一般有框架、夹层、面层三部分。

1. 钢质防火门

钢质防火门采用优质冷轧钢板作为门扇、门框的结构材料，经冷加工成型。一般采用框架组合式结构，门扇料钢板厚度为 1mm，门框料厚度为 1.5mm，门扇总厚度为 45mm，表面涂有防锈剂，内部填充的耐火材料通常为硅酸铝耐火纤维毡、毯(陶瓷棉)。乙、丙级防火门也可填充岩棉、矿棉耐火纤维。乙、丙级防火门可加设面积不大于 $0.1m^2$ 的视窗，视窗玻璃采用夹丝玻璃或透明复合防火玻璃。钢质防火门根据需要配置耐火轴承合页、不锈钢防火门锁、闭门器、电磁释放开关等。这种防火门整体性好，高温状态下支撑强度高。钢质防火门的构造如图 5-24 所示。

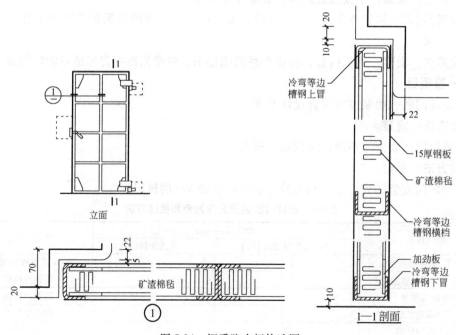

图 5-24 钢质防火门构造图

2. 木质防火门

木质防火门的材料多用优质的云杉，也有采用胶合板等人造板材，经化学阻燃处理后制成门扇骨架，面板采用涂有防火漆的阻燃胶合板或镀锌铁皮，内填阻燃材料而成。木质防火门的加工工艺与普通木门相似，制作与安装要求不高，故造价低廉，具有较广泛的实用性。木质防火门的构造如图 5-25 所示。

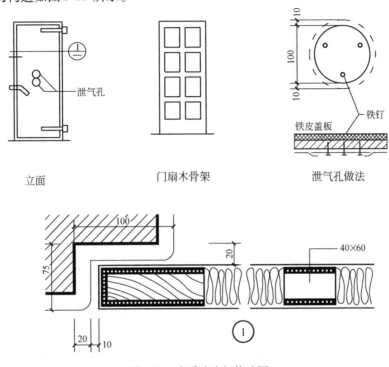

立面　　　　　　　门扇木骨架　　　　　　泄气孔做法

图 5-25　木质防火门构造图

5.5.2　防火门的施工

1. 施工流程

划线→立门框→安装门扇及附件。

2. 安装工艺

（1）划线　按设计要求尺寸、标高和方向，划出门框位置线。

（2）立门框　先拆掉门框下部的固定板，凡框内高度比门扇的高度大 30mm 以上的，洞口两侧地面需设留凹槽。门框一般埋入 ±0.00 标高以下 20mm，并保证框口上下尺寸相同，允许误差不大于 1.5mm，对角线允许误差不大于 2mm。将门框用木楔临时固定在洞口，经校正合格后，固定木楔，门框铁脚与预埋铁板焊牢。然后在框两上角墙上开洞，向框内灌注 M10 水泥素浆，待其凝固后方可装配门扇，冬季施工应注意防寒，水泥素浆浇注后的养护期为 21d。安装图如图 5-26 所示。

（3）安装门扇及附件　门框周边缝隙，用 1:2 的水泥砂浆或强度不低于 10MPa 的细石混凝土嵌缝牢固，应保证与墙体结成整体；经养护凝固后，再粉刷洞口及墙体。粉刷完毕后，安装门扇、五金配件及有关防火、防盗装置。门扇关闭后，门缝应均匀平整，开启自由轻便，不能有过紧、过松和反弹现象。

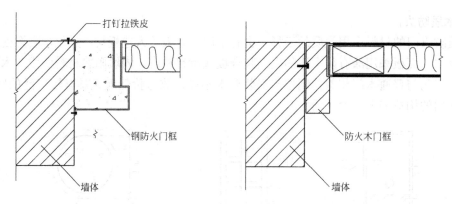

图 5-26　木质防火门结构安装图

3. 安装钢质防火门的主要工序

（1）施工流程

划线定位→门框就位→检查调整→固定门框→塞缝→安装门扇→安装五金配件→清理。

（2）安装工艺

1）划线定位。按设计图纸规定的门在洞口内的位置、标高，在门洞上弹出门框的位置线和标高线。

2）门框就位。将门框放入洞口内已弹好的位置、标高线所定的安装位置上，并用木楔临时固定。

3）检查调整。检查门框的标高、位置、垂直度、开启方向等是否符合设计和规范要求，对不符合要求的进行调整。

4）固定门框。用焊接的方法将连接铁角与门洞口上的预埋铁件焊接，或用射钉将连接铁角与门洞口的混凝土壁连接，使门框在门洞内固定牢固。

5）嵌缝。嵌缝的嵌填材料应符合设计要求，嵌填要密实、平整。

6）安装门扇：可先把合页临时固定在钢质防火门门扇的合页槽内，然后将门扇塞入门框内，将合页的另一页嵌入门框的合页槽内，经调整无误后，拧紧固定合页的全部螺钉。

7）清理：交工前应撕去门框、门扇表面的保护膜或保护胶纸，擦去污物。

5.5.3　防火门的质量验收要求

1. 防火门施工的质量验收要求

防火门施工的质量验收要求同转门的质量验收要求。

2. 钢质防火门的安装质量要求

1）钢质防火门的性能应符合设计要求。

2）钢质防火门的品种、类型、规格、尺寸、开启方向、安装位置、标高、防腐处理应符合设计要求。

3）带有机械、自动、智能化装置的钢质防火门，其机械、自动或智能化装置的功能应符合设计和有关规定的要求。

4）钢质防火门的五金配件应齐全，位置应正确，安装应牢固。

5）门扇应开关灵活，无阻滞回弹和倒翘现象。

思　考　题

5-1　门窗的主要类型有哪些?

5-2　简述木门窗的基本构造组成。

5-3　简述木门窗制作与安装工程的质量验收要求。

5-4　简述铝合金门窗框与墙体的连接固定点要求。

5-5　简述转门的施工质量验收要求。

5-6　防火门有哪些类型?

5-7　简述防火门的施工流程和安装工艺。

实　训　课　题

门窗构造设计与施工实训项目任务书

1. 实训目的

通过构造设计、施工操作系列实训项目,充分理解门窗工程的构造、施工工艺和验收方法,使学生在今后的设计和施工实践中能够更好地把握门窗工程的构造、施工、验收的主要技术关键。

2. 实训内容

根据本校的实际条件,选择本任务书两个选项的其中之一进行实训。

选项一　木门窗设计实训项目任务书

任务名称	木门窗设计实训
任务要求	为本校教师会议室设计一款木门窗
实训目的	理解木门窗的构造原理
行动描述	1. 了解所设计木门窗的使用要求及档次 2. 设计出结构牢固、工艺简洁、造型美观的木门窗 3. 设计图表现符合国家制图标准
工作岗位	本工作属于设计部,岗位为设计员
工作过程	1. 到现场实地考察,或查找相关资料理解所设计木门窗的使用要求及档次 2. 画出构思草图和结构分析图 3. 分别画出平面、立面、主要节点大样图 4. 标注材料与尺寸 5. 编写设计说明 6. 填写设计图图框并签字
工作工具	笔、纸、计算机
工作方法	1. 先查找资料、征询要求 2. 明确设计要求 3. 熟悉制图标准和线型要求 4. 构思草图可进行发散性思维,设计多款方案,然后选择最佳方案进行深入设计 5. 结构设计要求达到最简洁、最牢固的效果 6. 图面表达尽量做到美观清晰

选项二　铝合金窗的装配训练项目任务书

任务名称	铝合金窗的装配训练
任务要求	按铝合金窗的施工工艺装配一组铝合金窗
实训目的	通过实践操作，掌握铝合金窗施工工艺和验收方法，为今后走上工作岗位做好知识和能力方面的准备
行动描述	教师根据授课内容提出实训要求。学生实训团队根据设计方案和实训施工现场，按铝合金窗的施工工艺装配一组铝合金窗，并按铝合金窗的工程验收标准和验收方法对实训工程进行验收，各项资料按行业要求进行整理。实训完成以后，学生进行自评，教师进行点评
工作岗位	本工作涉及设计部设计员岗位和工程部材料员、施工员、资料员、质检员岗位
工作过程	详见教材相关内容
工作要求	按国家标准装配铝合金窗，并按行业规定准备各项验收资料
工作工具	铝合金窗工程施工工具及记录本、合页纸、笔等
工作团队	1. 分组。4～6人为一组，选1名项目组长，确定1名见习设计员、1名见习材料员、1名见习施工员、1名见习资料员、1名见习质检员 2. 各位成员分头进行各项准备，做好资料、材料、设计方案、施工工具等准备工作
工作方法	1. 项目组长制订计划及工作流程，为各位成员分配任务 2. 见习设计员准备图纸，向其他成员进行方案说明和技术交底 3. 见习材料员准备材料，并主导材料验收工作 4. 见习施工员带领其他成员进行划线定位，完成后进行核查 5. 按铝合金门窗的施工工艺进行安装、清理现场并准备验收 6. 由见习质检员主导进行质量检验 7. 见习资料员记录各项数据，整理各种资料 8. 项目组长主导进行实训评估和总结 9. 指导教师核查实训情况，并进行点评

3. 实训要求

1）选择选项一者，需按逻辑顺序将所绘图纸装订成册，并制作目录和封面。

2）选择选项二者，以团队为单位写出实训报告（实训报告示例参照第二章"内墙贴面砖实训报告"，但部分内容需按项目要求进行内容替换）。

3）在实训报告封面上要有实训考核内容、方法及成绩评定标准，并按要求进行自我评价。

4. 特别关照

实训过程中要注意安全。

5. 测评考核

木门窗工程构造设计实训考核内容、方法及成绩评定标准

考核内容	评价项目	指标	自我评分	教师评分
设计合理美观	材料标注正确	20		
	构造设计工艺简洁、构造合理、结构牢固	20		
	造型美观	20		
设计符合规范	线型正确、符合规范	10		
	构图美观、布局合理	10		
	表达清晰、标注全面	10		
图面效果	图面整洁	5		
设计时间	按时完成任务	5		
任务完成的整体水平		100		

铝合金窗安装实训考核内容、方法及成绩评定标准

项　　目	考核内容	考核方法	要求达到的水平	指标	小组评分	教师评分
对基本知识的理解	对铝合金窗理论的掌握	编写施工工艺	正确编制施工工艺	30		
		理解质量标准和验收方法	正确理解质量标准和验收方法	10		
实际工作能力	在校内实训室场所进行实际动手操作，完成装配任务	检测各项能力	技术交底的能力	8		
			材料验收的能力	8		
			放线定位的能力	8		
			铝合金窗框架安装的能力	8		
			质量检验的能力	8		
职业能力	团队精神、组织能力	个人和团队评分相结合	计划的周密性	5		
			人员调配的合理性	5		
验收能力	根据实训结果评估	实训结果和资料核对	验收资料完备	10		
任务完成的整体水平				100		

6. 总结汇报

1）实训情况概述（任务、要求、团队组成等）。

2）实训任务完成情况。

3）实训的主要收获。

4）存在的主要问题。

5）团队合作情况（个人在团队中的作用、团队的整体表现、团队的竞争力等）。

6）对实训安排的建议。

第6章 楼梯的构造与施工

 学习目标：掌握楼梯的材料和构造，熟悉楼梯的施工及质量验收要求。

6.1 楼梯概述

楼梯是建筑中垂直交通疏散的重要交通设施，也可以看做是楼地面的延伸形式，是建筑中不同标高楼地面之间的重要连接形式，同时也是室内重点装饰部位，建筑装饰装修设计中楼梯的设计包括在建筑空间中增建或改建楼梯，楼梯的梯段、踏步、栏杆、栏板、扶手等构件的各种形态、材料和施工方式，以及由此表达出来的不同的外观特征。

6.1.1 楼梯的分类

1. 按材料分类

出于对结构、功能和审美等方面的考虑，多数楼梯会将若干种材料结合使用。楼梯使用材料包括结构材料和饰面材料。事实上，楼梯的"表"和"里"是一种难以区分的模糊概念，多数材料兼具结构和装饰功能。楼梯按主体结构所用材料来区分，可分为木楼梯、钢筋混凝土楼梯、钢及其他金属楼梯、玻璃楼梯等。

（1）木楼梯　全木制或主体结构为木制的楼梯。楼梯造型自然、典雅、古朴，常用于住宅室内，但防火性能差，施工中需作防火处理。

（2）钢筋混凝土楼梯　混凝土结合钢筋在构架中现浇或由钢筋混凝土预制配件装配而成的楼梯。其强度高、耐久性和防火性能好、可塑性强，可满足各种建筑的使用要求，应用广泛。

（3）钢及其他金属楼梯　全钢制或主体结构为钢制或其他金属的楼梯，具有强度大、防火性能好及轻便等特点，能表现出轻巧纤细的外观特征。另外，还有钢木结合的楼梯，兼具木制和钢制楼梯的特征。

（4）玻璃楼梯　以钢化玻璃或丙烯酸树脂为主体材料，并结合钢或其他金属材料的楼梯，具有玲珑剔透的外观特征和通透流畅的空间效果。

2. 按造型分类

楼梯按造型分类可分为直线形楼梯、折线形楼梯和曲线形楼梯（图6-1）。

（1）直线形楼梯　包括单跑、双跑以及多跑直线楼梯。楼梯的方向单一，线条直接、明朗；直线楼梯占用空间面积相对较小，疏散人流直接、快速。

（2）折线形楼梯　梯段的方向通过平台或扇步的转折而中途发生变化，转折部分可为任意角度，楼梯平面形式千变万化，有对折、三折、四折等多种形式。

（3）曲线形楼梯　梯段呈曲线状的楼梯，包括弧段式、S式、圆旋式、椭圆旋式等；另外，还有曲线楼梯和直线楼梯相结合的形式。

3. 按结构分类

楼梯按结构分类可分为梁式楼梯、板式楼梯、悬臂楼梯和墙承楼梯（图6-2）。

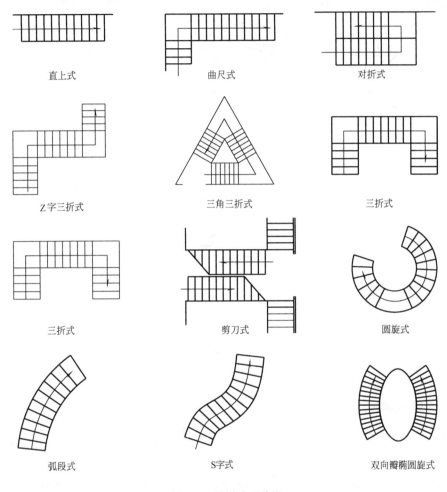

| 直上式 | 曲尺式 | 对折式 |

| Z字三折式 | 三角三折式 | 三折式 |

| 三折式 | 剪刀式 | 圆旋式 |

| 弧段式 | S字式 | 双向瓣椭圆旋式 |

图 6-1　楼梯造型分类

（1）梁式楼梯　以梯段梁作为支撑的楼梯，适用于跨度大、荷载大的情况。根据楼梯造型有双梁式、单梁式、折梁式、扭梁式等。梁可设置在梯段两边或中间、踏步上方或下方，也可以设在侧面用来对踏步端部进行收头处理。梁式楼梯应用广泛。

（2）板式楼梯　以板作为支撑的楼梯，梯段底部呈平滑或折板形，外观简洁、结构简单。根据楼梯造型有平板、折板、扭板等形式。板式楼梯用材多、自重大，适用于跨度较小或荷载较小的情况。

（3）悬臂楼梯　以踏步悬臂作为支撑体的楼梯，有墙身悬臂和中柱悬臂两种形式，造型轻巧，楼梯占用空间小，适用于住宅建筑或公共建筑的辅助楼梯。墙身悬臂由单侧墙壁支撑，踏步一端固定另一端悬挑，悬挑长度一般不超过 1.5m。中柱悬臂大多用于螺旋楼梯。

（4）墙承楼梯　将踏步搁置于两面墙体上，由墙体承重。多适用于单向楼梯，其构造简单，安装要求低。

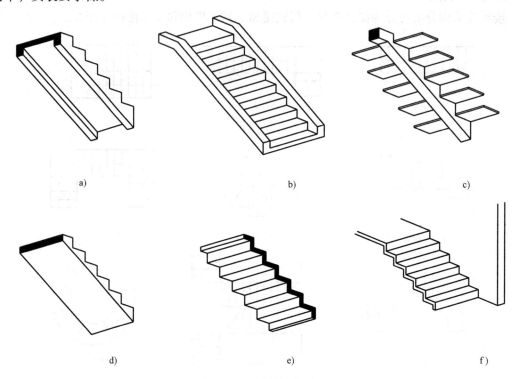

a)　　　　　　　　　b)　　　　　　　　　c)

d)　　　　　　　　　e)　　　　　　　　　f)

图 6-2　楼梯结构分类

a）梁式明步　b）梁式暗步　c）单梁式　d）平板板式　e）折板板式　f）墙身悬挑板

6.1.2　楼梯的基本功能

楼梯既是建筑中最为主要的垂直交通设施，同时也是紧急情况下安全疏散的主要通道，因此楼梯既要满足使用功能的要求，又要确保使用安全的需要。另外，在建筑装修装饰设计中，楼梯本身的多变造型也是空间设计的元素之一。楼梯具有的斜线或曲线造型以及由透视而产生的节奏、韵律变化会为空间增加动态因素，丰富空间的表情。

6.1.3　楼梯的技术要求

1. 楼梯的坡度

楼梯坡度的确定，应考虑到行走舒适、攀登效率和空间状态诸因素。

梯段各级踏步前缘各点的连线称为坡度线。坡度线与水平面的夹角即为楼梯的坡度。各种楼梯的坡度如图6-3所示。

2. 踏步尺寸

踏步尺寸一般应与人脚尺寸及步

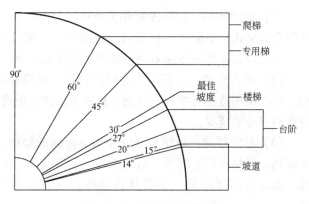

图 6-3　各种楼梯的梯段坡度

幅相适应，同时还与不同类型建筑的使用功能有关。踏步的尺寸包括高度和宽度，常用的适宜踏步尺寸如表 6-1 所示。同一楼梯的各个梯段，其踏步的高度、宽度尺寸应该是相同的，尺寸不应有无规律的变化，以保证坡度与步幅关系恒定。

表 6-1　常用的适宜踏步尺寸

建筑类型	住宅	一般公共建筑或大中型公共建筑的次要楼梯	大型公共建筑的主要楼梯
踏步高/mm	150 ~ 175	140 ~ 160	130 ~ 150
踏步宽/mm	250 ~ 300	280 ~ 300	300 ~ 350

3. 中间平台尺寸

直跑楼梯中间平台深度不应小于 $2b + h$（b 和 h 分别为踏步宽度和高度）；双跑楼梯中间平台深度不应小于梯段宽度。

4. 梯段的净空和净高

梯段净高是指踏步前缘到顶棚之间地面垂直线的长度，其尺寸不应小于 2200mm。梯段净空是指楼梯空间的最小高度，即由踏步前缘到顶棚的距离，其尺寸不应小于 2000mm。平台部位的净高不应小于 2000mm。具体如图 6-4 所示。

5. 栏杆扶手尺寸

栏杆扶手的高度是指从踏步表面中心点到扶手表面的垂直距离。一般楼梯扶手的高度为 900mm，顶层楼梯平台的水平栏杆扶手高度为 1100 ~ 1200mm，儿童扶手高度为 500 ~ 600mm。

此外，栏杆扶手的高度，还应结合楼梯坡度来考虑，坡度大的楼梯扶手应低些，坡度小的则应高些，具体见表 6-2。

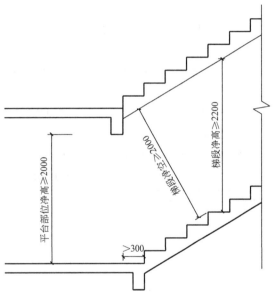

图 6-4　楼梯的净高与净空

表 6-2　栏杆扶手高度

楼梯坡度	0°	≤30°	≤45°	>45°
栏杆扶手高度/mm	1100 ~ 1200	900	850	750 ~ 800

6.2　楼梯的材料

6.2.1　梯段材料

梯段材料主要有混凝土、木材及金属材料。混凝土楼梯梯段一般选用强度等级 C15 ~ C30 的普通混凝土，根据结构计算配以一定钢筋，作为钢筋混凝土梯段材料。木楼梯梯段一般选用软木，如红松、白松、马尾松、杉木等原木或锯木。金属楼梯梯段一般选用热轧型钢，如工字钢、槽钢、角钢；或者也可选用钢板或压型钢板焊接成的箱型构件。

6.2.2　踏步材料

1. 踏步基层材料

踏步基层材料主要有木材、混凝土、金属板材和玻璃。木质踏步基层可选用胶合板、细木工板及各类实木板材。现浇混凝土楼梯踏步基层材料与梯段材料相同，预制混凝土楼梯踏步材料多选用具有多种截面形式的预制踏步块。金属板材踏步一般选用钢板或钢隔栅。玻璃踏步是近年来流行的踏步形式，可选用全透明或半透明的安全玻璃，要求具有足够的强度，表面需作防滑处理。

2. 踏步面层材料

楼梯可以看做是楼地面的延伸形式，因而踏步面装饰的组成分类及构造与楼地面装饰相似。一般可分为以下几种类型：

（1）抹灰面层　直接施工在混凝土踏步基层上的一种整体地面做法，包括水泥砂浆地面、混凝土地面和水磨石地面。

（2）贴面面层　贴面材料主要有陶瓷类材料和石材类材料，通过各种粘合剂铺贴在踏步基层上。

（3）铺钉面层　用实木地板和人工地板铺钉踏步。

（4）铺设面层　选用各类地毯作为踏步覆盖材料。

各类面层材料的特性和施工工艺参见表6-3。

表6-3　踏步面层材料特性

类型	材料		特性	要求
抹灰面层	水泥砂浆		造价低，施工简便，耐久；施工操作不当易起灰、起砂、脱皮	水泥强度等级不低于32.5，砂选用中砂或粗砂
	混凝土		施工简便，耐久	选用30～40mm厚的C20细石混凝土
	水磨石		表面平整光滑，易清洁，不起灰，造价低；地面易泛湿	石粒材料选用白云石、大理石、花岗岩等，粒径4～12mm
贴面面层	陶瓷	陶瓷锦砖	色泽鲜艳，稳定，耐污染	用干硬性水泥砂浆作粘合剂，厚度比一般楼地面稍大
		陶瓷地砖	强度高，耐磨性好，防水	
	石材	大理石	造价高，施工严格，高贵豪华	
		花岗岩	耐磨，不易风化，高贵豪华	
铺钉面层	木地板板材		弹性好，耐磨，吸声	
铺设面层	纯毛地毯、化纤地毯、塑料地毯等		隔热保温、吸声、舒适	需用地毯卡棍、卡条固定或者粘结固定

3. 踏步防滑构造材料

踏步面层上应做防滑和耐磨处理，可做防滑条、防滑包口或防滑凹槽。防滑条可选用的材料有水泥铁屑、金刚砂、金属条、陶瓷锦砖（马赛克）、橡皮条等；防滑包口有带槽口的陶土块、金属板等。

6.2.3　栏杆、栏板和扶手材料

1. 木栏杆和木扶手

高级木装修常用水曲柳、柞木、黄菠萝、榉木、柚木；普通木装修常用白松、红松、杉木。制作木扶手的毛料含水率不得大于 12%，木料要求粗细一致，通体顺直、不弯曲，无裂痕、节疤、扭曲和腐朽现象。木栏杆和木扶手通常采用传统形式，由木工机械铣镟加工出多种形式的木栏杆、立柱、扶手和扶手弯头配件。圆截面的扶手直径应为 40～60mm，最佳为 45mm；其他形状截面的顶端宽度不宜超过 95mm。各类木栏杆和扶手形式参见图 6-5、图 6-6。

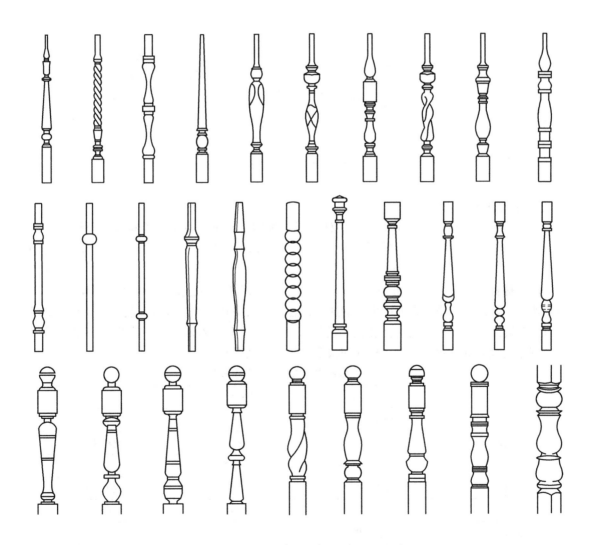

图 6-5　各类木栏杆及扶手形式

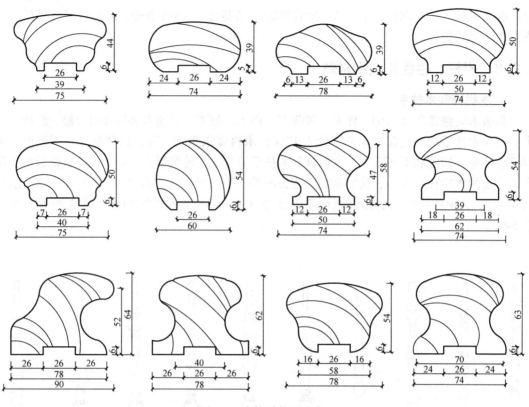

图6-6 木扶手截面形式

2. 金属栏杆和扶手

（1）金属立柱栏杆和扶手 金属栏杆一般由扁钢、圆钢、方钢、管料及钢丝绳等材料组成。常用的金属立柱管材、线材主要有直径 12～18mm 的圆钢，直径 15～25mm 的圆钢管、16mm×16mm～35mm×35mm 的方钢管，以及不同直径的铝合金管、铜管等。金属管扶手常用管材有直径 16～100mm 不等的普通焊管、无缝钢管、铝合金管、铜管、不锈钢管等。转角弯头、装饰件、法兰为工厂生产的成品，金属管扶手则需现场焊接安装。管径和管壁尺寸应符合设计要求，一般大立柱和扶手的管壁厚度应大于 1.2mm。材料表面一般采用镜面抛光制品或镜面电镀制品。金属栏杆和扶手材料选用见表6-4。

表6-4 金属栏杆立柱、扶手选用表

材料名称	表面处理	直径/mm	用　　途
圆钢	油漆、喷漆	12～22	栏杆立柱
普通钢管	镀锌、镀铬、喷漆	15～125	立柱、扶手
无缝钢管	镀锌、镀铬、烤漆	14～125	立柱、扶手
方钢管	喷漆、烤漆	16～35	栏杆立柱
铜管	抛光、清油	16～105	立柱、扶手
铝合金管	氧化膜、烤漆	14～105	立柱、扶手
不锈钢管	镜面抛光、亚光	16～100	立柱、扶手

金属扶手常用截面如图 6-7 所示。

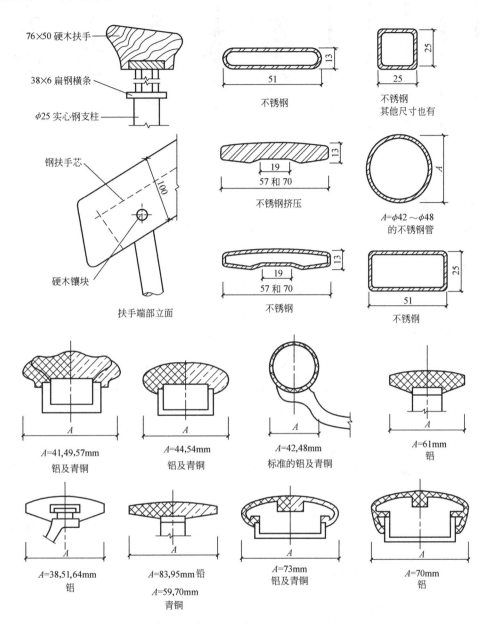

图 6-7　常用金属扶手截面形式

（2）铁艺栏杆　铁艺栏杆由铸铁件做成各种花饰立柱，经油漆、喷漆或烤漆工艺制成。图 6-8 所示为各种花饰的铁艺栏杆立柱。

3. 石材栏板和扶手

石材栏板一般是在混凝土基层上选用天然或人工石材贴面，其选材与室内墙面的石材贴面类似。石材扶手采用天然或人工石材由机器加工而成，由于加工机械能力的限制，目前只能加工直线型和圆弧曲线型的扶手，还不能加工螺旋曲线形的扶手。

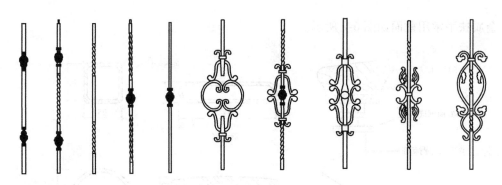

图 6-8　各种花饰铁艺栏杆立柱形式

4. 金属栏板

金属栏板可选用各类钢板和压型钢板，并在其上做各种花饰或作镂空处理，另外还可选用钢丝网片。

5. 玻璃栏板

全玻璃无立柱栏板应采用 12mm 以上厚度的平板玻璃、钢化玻璃和夹丝玻璃。半玻璃金属立柱栏板可以使用 8～12mm 厚的普通平板玻璃。玻璃栏板选用玻璃尺寸常用规格为梯段处栏板 0.9m×1.5m、平台处栏板（1.1～1.2）m×2m。玻璃栏板的连接固定主要取决于各种材料与玻璃的相互结合。玻璃栏板的材料选用参见表 6-5。

表 6-5　玻璃栏板材料选用表

材料名称	工艺过程	特　点	用　途
普通平板玻璃	未经研磨加工	透明度好、板面平整	半玻璃金属立柱栏板
安全玻璃——钢化玻璃	加热到一定温度后，迅速冷却或用化学方法进行钢化处理	抗冲击性及抗弯性好，耐酸碱侵蚀，强度比普通玻璃大 3～5 倍	全玻璃无金属立柱栏板
安全玻璃——夹丝玻璃	将预先编好的钢丝网压入软化的玻璃中	破碎时，玻璃碎片附在金属网上，具有一定的防火性能	全玻璃无金属立柱栏板
安全玻璃——夹层玻璃	两片或多片平板玻璃中嵌夹透明塑料薄片，经加热压粘而成的复合玻璃	透明度好，抗冲击机械强度高，碎后安全	全玻璃无金属立柱栏板

6.3　楼梯的构造

6.3.1　梯段构造

1. 钢筋混凝土楼梯梯段构造

钢筋混凝土楼梯梯段分为现浇和预制钢筋混凝土楼梯两类。现浇钢筋混凝土楼梯可分为板式楼梯和梁式楼梯（图 6-9）。板式楼梯是将楼梯段作为整板搁在楼梯平台梁上，为了楼梯下部空间的完整和美观，也可取消平台梁。板式楼梯底面平整、外形简洁，支模简便，但受到跨度限制，一般梯段长度的水平投影大于 3.6m 时不采用板式楼梯。

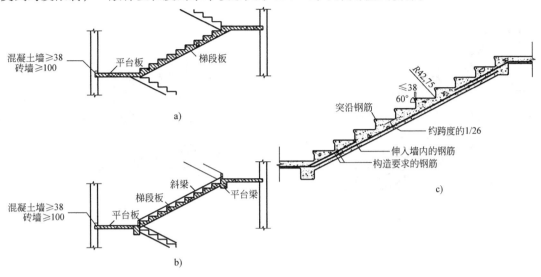

图 6-9　钢筋混凝土楼梯梯段构造
a）板式楼梯剖面　b）梁式楼梯剖面　c）板式楼梯构造

现浇梁式楼梯用梯段梁来承受板的荷载，并将荷载传递至平台梁。梁式楼梯一般采用双梁式，即将梯段斜梁布置在梯段踏步的两端。梯梁在板下部的称明步楼梯，梯梁在板上部的称暗步楼梯。梁式楼梯还可采用单梁式。

混凝土楼梯的装饰装修是在混凝土基层上作木材或金属面层，同时考虑栏杆、栏板的安装。图 6-10 是选用枫木夹板饰面的混凝土楼梯构造，图 6-11 是选用金属饰面的混凝土楼梯构造。

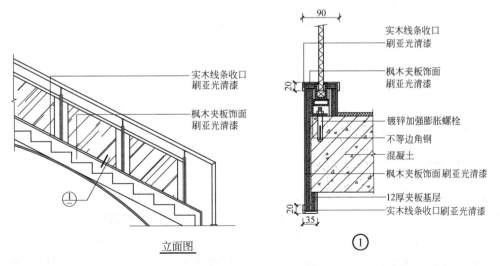

图 6-10　混凝土楼梯梯段装修典型构造（一）

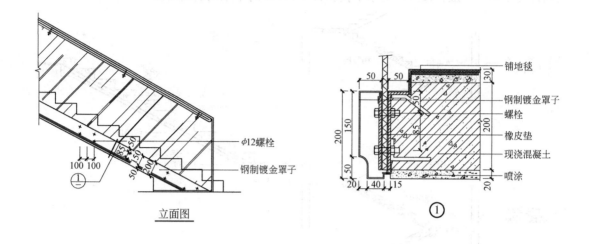

图 6-11　混凝土楼梯梯段装修典型构造（二）

2. 木楼梯梯段构造

木楼梯梯段一般由木斜梁、斜梁板、木踏步和踢脚组成。木斜梁是一段楼梯中支承踏步的主要倾斜梁，斜梁的数量和间距取决于踏步材料所能跨越的能力。斜梁板是沿楼梯间倾斜的装饰部分，踢脚和踏步终止于此。木楼梯的梯段构造参见图 6-12。

木斜梁与平台或地面的连接，通常用木螺钉与固定在平台或地面的金属构件连接起来。图 6-13 所示为连接典型构造。

在现代设计中，木楼梯通常与其他材料结合，如不锈钢、玻璃等，使传统厚重的木楼梯显得轻巧、通透。图 6-14 所示的楼梯由木梁、不锈钢踏步和栏杆组成的混合结构楼梯构造。

3. 钢楼梯梯段构造

钢楼梯在构造形式上与木楼梯的梁式结构相似。一般用各种型钢作为梯段的斜梁和平台梁，另外，还可以用钢板焊接成箱式梁，踏步可用钢筋网踏步、混凝土浇筑的钢模板踏步，或者木制踏步，其构造如图 6-15、图 6-16 所示。

6.3.2　踏步构造

踏步由踏板和踢板组成，踏步的设计形式主要取决于踏板与踢板的关系。在特殊的楼梯设计中，有时只有踏板而无踢板，或者踏板与踢板合二为一。楼梯的踏步构造要求安全舒适，可将踏面适当放宽 20mm 做成踏口或将踢面做成倾斜。踏步表面要求具有良好的装饰效果，耐磨、防滑，在踏步口处需作防滑处理，采用防滑条、防滑凹槽或防滑包口等构造措施。

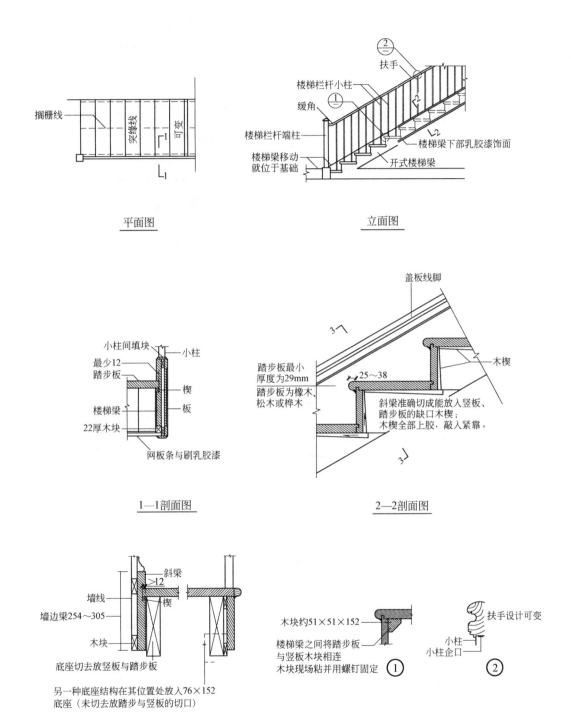

图 6-12 木楼梯梯段构造

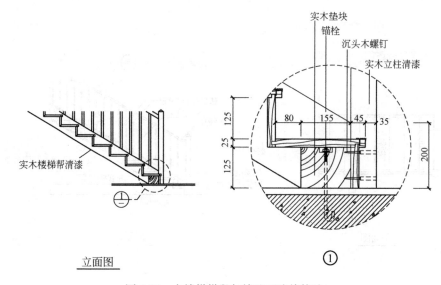

图 6-13　木楼梯梯段与楼地面连接构造

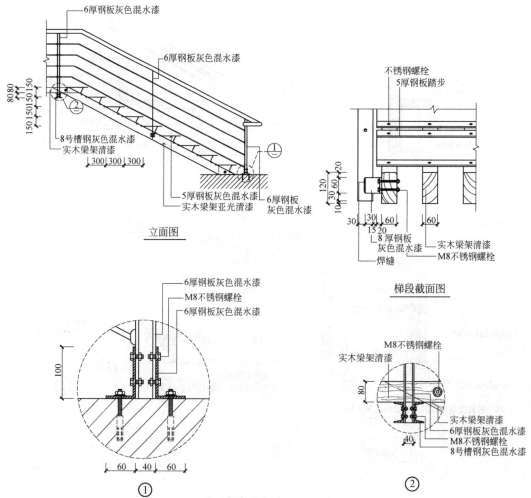

图 6-14　钢木楼梯梯段构造

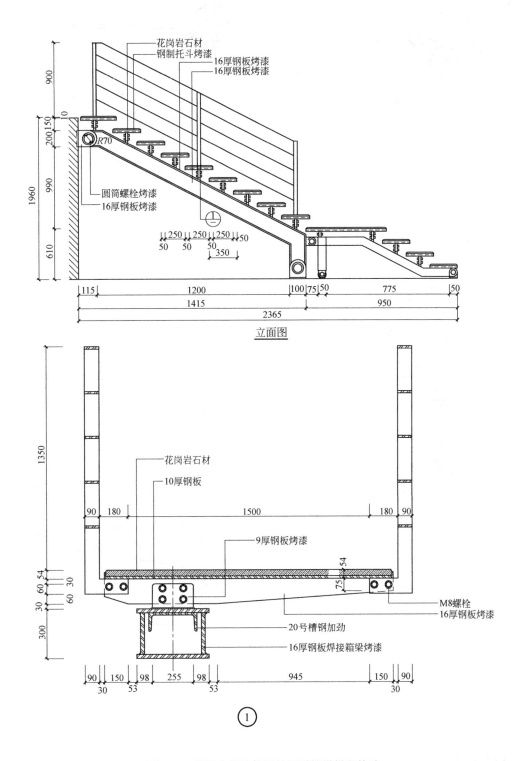

立面图

①

图 6-15　梯梁为焊接箱梁的钢质楼梯梯段构造

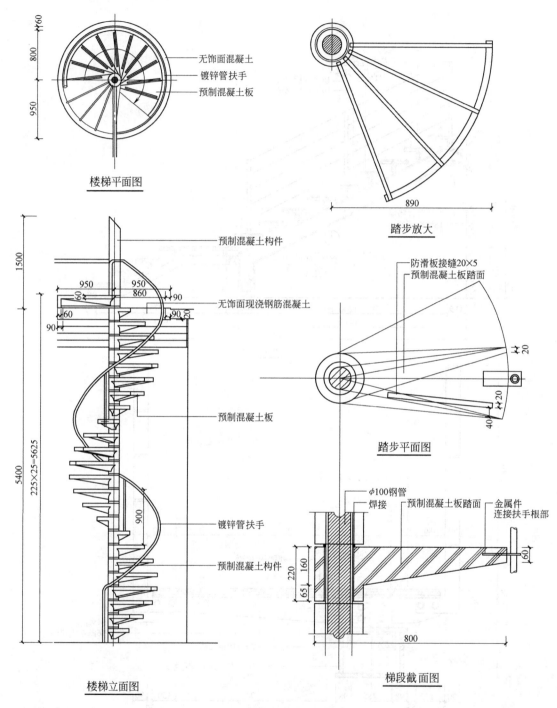

图 6-16 钢制螺旋楼梯构造

1. 踏步构造

（1）木制踏步构造 参见图 6-17。

（2）钢制踏步构造 参见图 6-18。

（3）混凝土踏步构造 预制混凝土踏步用于钢制楼梯，构造做法如图 6-19 所示，预制混凝土踏步的截面具有多种形式，如图 6-20 所示。现浇钢筋混凝土楼梯的踏步与梯段是整体现浇而成的。

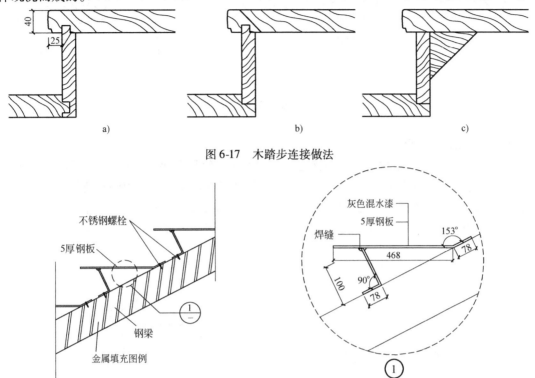

图 6-17 木踏步连接做法

图 6-18 钢制踏步构造

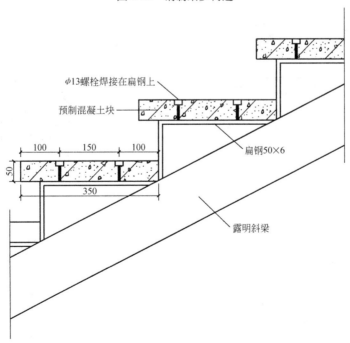

图 6-19 扁钢与预制混凝土块结合的踏步构造

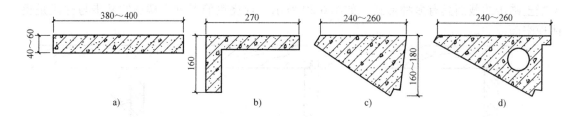

图 6-20 预制混凝土踏步截面

2. 踏步面层与防滑构造

（1）抹灰面层与防滑构造　抹灰面层踏步的做法一般是在踢板、踏板表面做 20～30mm 厚水泥砂浆、混凝土面层或水磨石面层。防滑条做法是在离踏口 30～40mm 处作防滑条，高出踏面 5～8mm，防滑条离梯段两侧面各空 150～200mm，以便清洗楼梯。防滑条常见的做法是金刚砂 20mm 宽，也可用金属条棍作防滑条，或者用钢板包角，参见图 6-21。

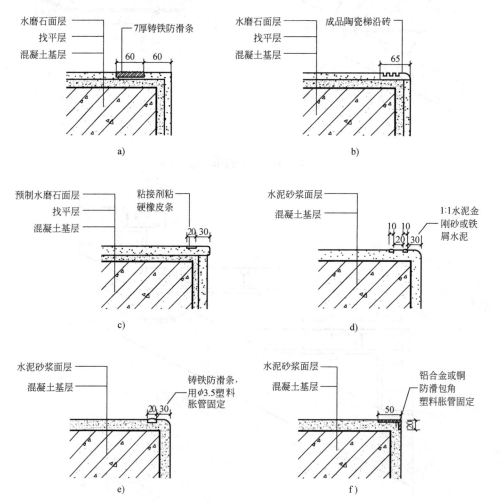

图 6-21 踏步抹灰面层及防滑构造

（2）贴面面层与防滑构造　楼梯踏步贴面面层的构造与楼地面贴面构造类似，只是水泥砂浆粘合层稍厚。防滑构造一般用胶粘铜或铝的防滑条，高出踏面 5mm；或者将踏面板在边缘处凿毛或磨出浅槽，参见图 6-22。

（3）铺钉面层与防滑构造　铺钉面层做法是将各种板材以架空或实铺的方式铺钉在楼梯踏步上，这种做法与地板的铺设相似，参见图 6-23。

（4）铺设面层与防滑构造　铺设面层构造分粘贴式和浮云式。粘贴式是将地毯等铺设材料粘在踏步基层上，踏口处用铜、铝等包角镶钉；浮云式是将地毯等铺设材料直接铺在踏步基层上，用地毯棍或地毯卡条将其卡在踏步上，参见图 6-24。

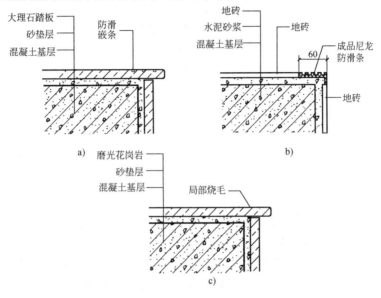

图 6-22　踏步贴面面层及防滑构造

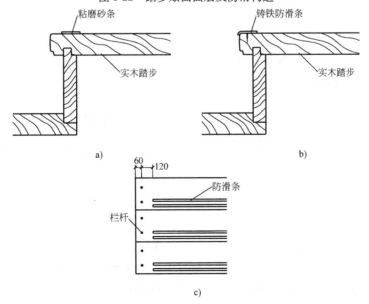

图 6-23　踏步铺钉面层及防滑构造

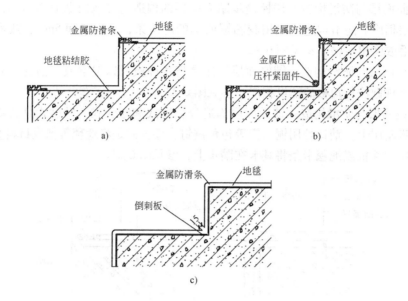

图 6-24　踏步铺设面层及防滑构造

a）粘结固定构造　b）地毯卡棍固定构造　c）地毯卡条固定构造

1）粘结固定：主要是用于胶背地毯（自带海绵衬底）。可将胶粘剂涂抹在踢板和踏板上，适当晾置后再将地毯进行粘贴并擀平压实。

2）地毯卡棍固定：铺设地毯时，先用胶粘结地毯胶垫，固定好后，将地毯从梯段的最高一阶铺起，将始端翻起，并在顶阶的踢板处钉住。将地毯拉紧包住楼梯，循踢板而下，向底部铺设，在每一踏步上用直径 20mm 不锈钢地毯卡棍在梯阶根部将地毯压紧并穿入紧固件圆孔，拧紧调节螺钉。

3）地毯卡条固定：将倒刺板条钉在楼梯踏面之间的阴角两边。倒刺板距阴角之间留 15mm 的缝隙，倒刺板的抓钉倾向阴角。

6.3.3　栏杆、栏板和扶手构造

楼梯的栏杆、栏板和扶手是设在梯段和平台边缘提供保护作用的构件，是重要的安全构件，栏杆、栏板的选材应坚固耐久，本身要求有足够的强度来承受水平推力。扶手位于栏杆、栏板上沿，不能过于尖锐或粗糙，为了便于使用者握紧扶手，应考虑其形状和尺寸。另外，栏杆、栏板和扶手也是最能体现装饰性的构件，其尺度、比例、虚实、材质的不同会给空间带来多样性变化。

1. 栏杆构造

（1）木栏杆构造　木栏杆由扶手、立柱、梯帮三部分组成，形成木楼梯的整体护栏，起安全维护和装饰作用。立柱上端与扶手、立柱下端与梯帮均采用木方中榫连接。木扶手转角木（弯头）依据转向栏杆间的距离大小，来确定转角木采用整只连接还是分段连接。通常情况下，栏杆为直角转向时，多采用整只转角木连接。

（2）金属栏杆构造　金属栏杆与梯段、平台、踏步的连接方式有锚接、焊接和栓接三

种。锚接是在梯段或平台上预留孔洞，孔宽 50mm×50mm，孔深至少为 80mm，将栏杆插入孔内，用水泥砂浆或细石混凝土嵌固。焊接是预先埋置铁件，然后与栏杆焊接。栓接是利用螺栓将栏杆固定。构造做法参见图 6-25 ～ 图 6-27。

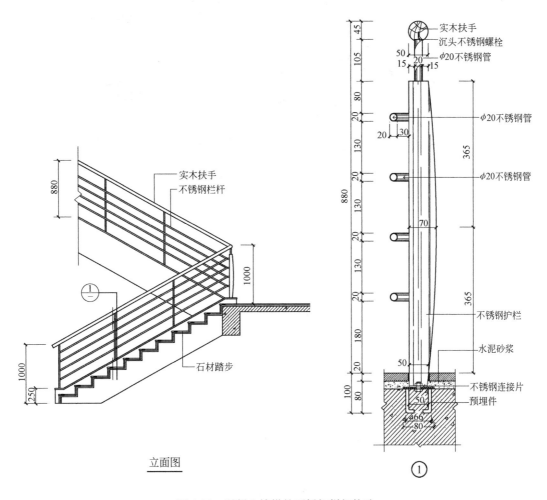

图 6-25　混凝土楼梯的不锈钢栏杆构造

2. 栏板构造

（1）玻璃栏板构造　有全玻式和半玻式两种构造类型，全玻式一般采用厚度 12mm 以上通长的钢化玻璃代替常用的金属立柱，除了具有一定的装饰效果和维护功能外，同时也是受力构件。半玻式中的玻璃仅起维护作用，受力构件主要由金属立柱组成，一般采用厚度 8 ～12mm 的普通平板玻璃，玻璃镶嵌在两金属立柱之间或与专用紧固件连接。

1）全玻式。全玻式栏板玻璃是在上下部用角钢或槽钢与预埋件固定，上部与不锈钢或铜管、木扶手连接（图 6-28）。

2）半玻式。半玻式栏板是将玻璃用卡槽安装于楼梯立柱扶手之间，或者在立柱上开出槽位，将玻璃直接安装在立柱内，并用玻璃胶固定（图 6-29）。

（2）石材栏板构造

石材栏板构造做法如图 6-30 所示。

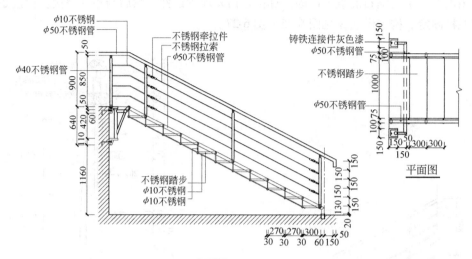

立面图

平面图

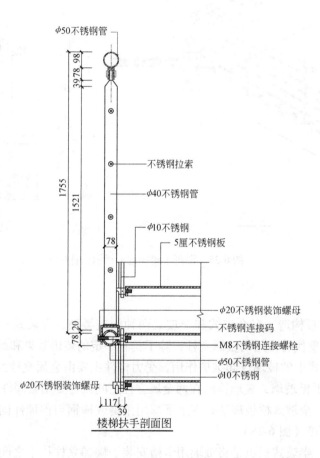

楼梯扶手剖面图

图 6-26　金属楼梯的金属栏杆构造

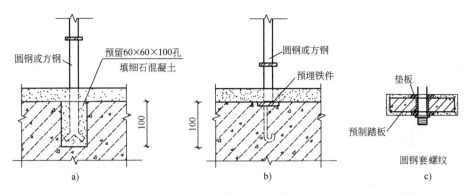

图 6-27 金属栏杆连接构造

a）梯段预留孔锚固 b）梯段预埋铁件焊接 c）L 形梯段预留孔螺栓连接

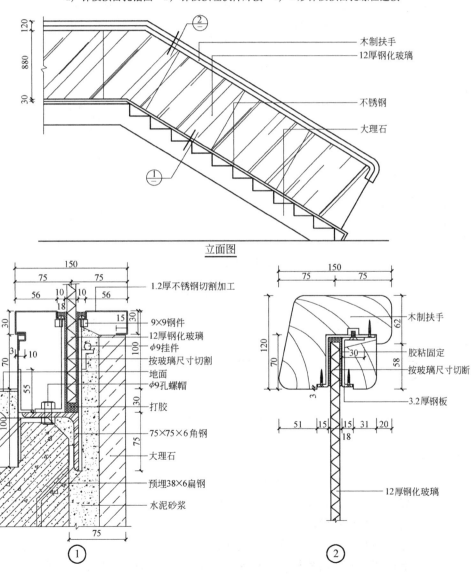

图 6-28 全玻式玻璃栏板构造

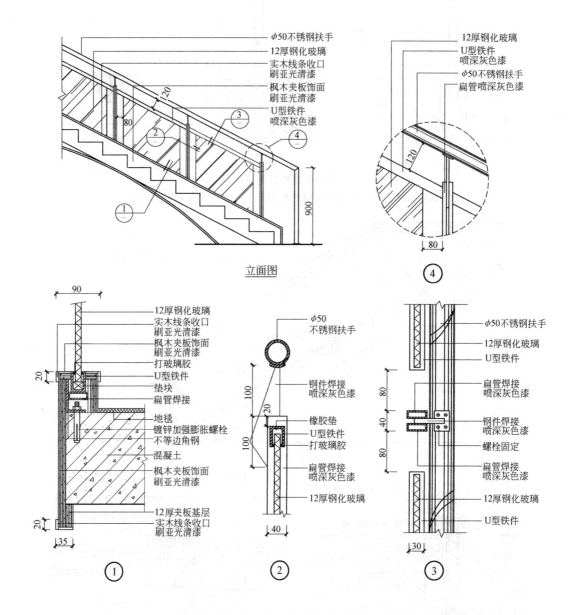

图 6-29 半玻式玻璃栏板构造

3. 扶手构造

（1）扶手与栏杆的连接构造 木扶手与金属栏杆连接一般靠木螺钉通过一通长扁铁与空花栏杆连接，扁铁与栏杆顶端焊接，并每隔 300mm 左右开一小孔，穿木螺钉固定；金属扶手与金属栏杆通常用焊接；塑料扶手是利用其弹性卡在扁钢带上（图 6-31）。

（2）扶手与墙、柱的连接构造 靠墙扶手以及楼梯顶层的水平栏杆扶手应与墙、柱连接。可以在砖墙上预留孔洞，将栏杆扶手铁件插入洞内并嵌固；也可以在混凝土柱相应的位置上预埋铁件，再与扶手的铁件焊接（图 6-32）。

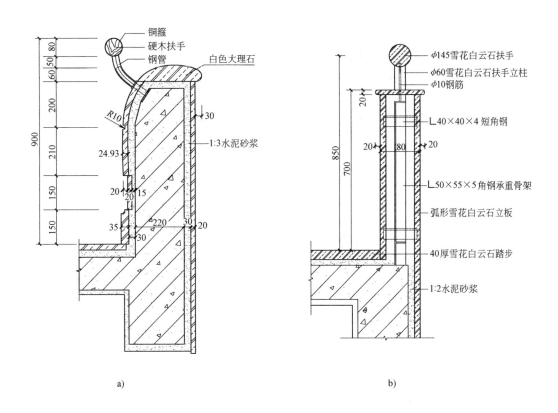

图 6-30　石材栏板构造

a）石材楼梯栏板扶手湿贴构造　b）石材楼梯栏板扶手粘结构造

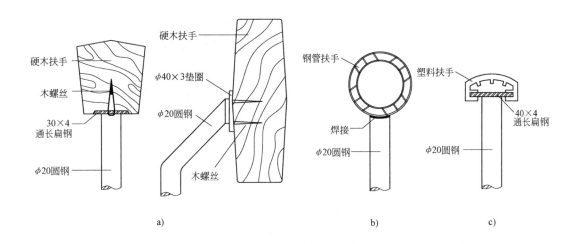

图 6-31　扶手与栏杆的连接构造

a）硬木扶手　b）钢管扶手　c）塑料扶手

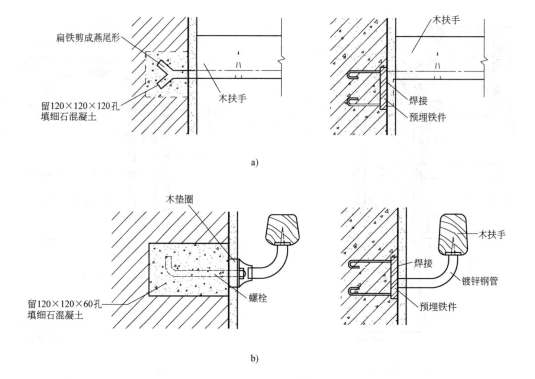

图 6-32　扶手与墙柱的连接构造

a）顶层扶手与墙柱的连接　b）中间各层扶手与墙柱的连接

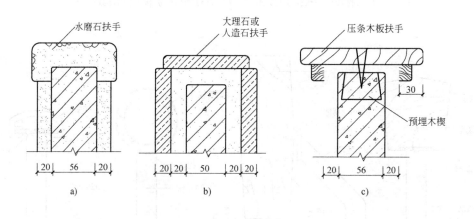

图 6-33　石材栏板扶手构造

（3）扶手与栏板的连接　石材栏板上的扶手多采用水磨石或用水泥砂浆粘结的石材扶手，也可采用木板扶手（图 6-33）。

全玻式玻璃栏板上的扶手做法如图 6-34、图 6-35 所示。

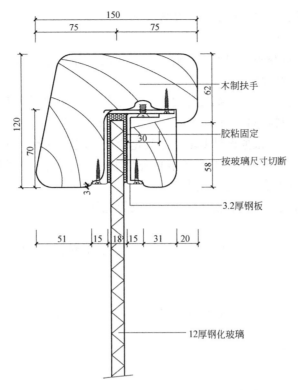

图 6-34　全玻式玻璃栏板扶手构造

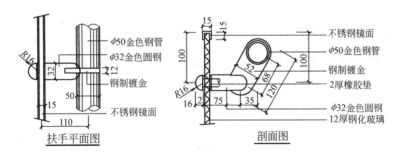

图 6-35　全玻式玻璃栏板扶手构造变化

6.4　楼梯的施工

6.4.1　楼梯梯段和踏步的施工

请参考楼地面的施工流程。

6.4.2　楼梯护栏和扶手的施工

1. 施工准备和前期要求

（1）作业条件

1）楼梯间墙面、地面、楼梯踏步等抹灰及铺装已完成，并已进行隐蔽工程验收。

2）预埋件已安装，要求安装数目、位置准确。

（2）材料准备和要求

1）金属扶手和栏杆材料。根据设计要求，选用尺寸和壁厚符合要求的成品工业管材，或由工人现场焊接、打磨而成。

2）木质扶手和栏杆材料。根据设计要求选用木栏杆、木扶手以及木扶手的弯头材料。弯头木材一般与扶手材料相同，断面特殊的木扶手要求备弯头料。

3）玻璃栏板和扶手。根据设计要求，尤其是全玻式玻璃栏板，应选用安全玻璃，以及与之相配套的扶手。钢化处理后的玻璃不能再进行切割钻孔等加工，所以应根据设计尺寸到厂家订制，注意玻璃应排块合理、尺寸精确。

4）辅助材料。白乳胶、玻璃胶、硅酮密封胶等化学胶黏剂，木螺钉、木砂纸等。产品要有质量合格证书。

（3）主要机具　手提电钻、木锯、羊角锤、钢锉、木锉、点焊机、金属圆盘切割机等。

2. 施工流程和操作要点

（1）金属栏杆和扶手

1）施工工艺流程。放线→检查预埋件→检查成品构件→试安装→现场焊接安装→打磨和抛光

2）施工要点和要求。

①放线。土建施工会有一定的偏差，所以应根据现场放线实测的数据，根据设计的要求绘制施工放样详图。尤其要对栏杆扶手的拐点位置和弧形栏杆的立柱定位尺寸格外注意，只有经过现场放线核实后的放样详图，才能作为栏杆和扶手构配件的加工图。

②检查预埋件。检查预埋件是否齐全、牢固。如果原土建结构未设置合适的预埋件，则应根据设计需要补做，钢板的尺寸和厚度以及选用的锚栓都应经过计算。如采用尼龙膨管锚钉固定立柱地板时，装饰面层下的水泥砂浆结合层应饱满并有足够的强度。

③检查成品构件。一般大立柱和扶手的管壁厚度不宜小于1.2mm，扶手的弯头配件应选用正规工厂的产品，成品要逐件对照检查，才能确保成品构件的尺寸统一。

④试安装。对有镀钛要求的栏杆和扶手，一定要根据镀钛加工所用的真空镀膜炉的加工尺寸能力，将栏杆和扶手合理地分成若干单元，加工好后在现场试装，检查调整合适后再拆下送去镀钛。现场氩弧焊接会破坏镀钛膜层，安装点焊位置应设置在不明显处，或采用其他连接方法。

⑤现场焊接安装。一般应先竖立直线段两端的立柱，检查就位正确和校正垂直度，然后用拉通线的方法逐个安装中间立柱，顺序焊接其他杆件。施工时要注意，管材间的焊接要用满焊，不能仅点焊几点，以免磨平后会露出管材间缝隙。

⑥打磨和抛光。打磨和抛光的质量主要取决于焊接质量及打磨抛光的工艺。操作时应按操作工艺由粗砂轮片到超细砂轮片逐步打磨，最后用抛光轮抛光。

（2）玻璃栏板和扶手

1）施工工艺流程。放线定位→检查预埋件→安装扶手、立柱→安装玻璃→加注玻璃胶。

2）施工要点和要求。

①放线定位。施工放线应准确无误，在装饰施工工程中，不仅要按装饰施工图放线，还

需将土建施工的误差消除，并将实际放线的精确尺寸作为构件加工的尺寸。

②检查预埋件。因钢化玻璃加工好后就不能裁切和钻孔，所以预埋件的安装位置需十分准确。

③安装扶手、立柱。采用焊接和螺栓连接安装，要求扶手、立柱及固定件的安装位置必须十分精确，开孔、槽口位置精确，特别是使用螺栓固定的玻璃栏板。

④安装玻璃。安装前应清除槽口内的灰浆、杂物等。在安装玻璃的下部槽口安放氯丁橡胶垫条后再安装玻璃，玻璃与边框之间要有空隙，玻璃应居中放置，玻璃与玻璃之间、用螺栓固定的玻璃留孔与固定螺栓之间都应留有空隙，以适应玻璃热胀冷缩的变化。玻璃的上部和左右空隙的大小应便于玻璃的安装和更换。

⑤加注玻璃胶。使用玻璃胶前，接缝及接缝处表面应清洁、干燥；密封材料的宽度、深度应符合设计要求；充填应密实，表面应平整光洁。

3）施工注意事项。必须严格按照国家有关建筑与结构设计规范对玻璃栏板的每一个部件和连接点进行计算和设计。管材在撖弯时易发生变形和凹瘪，使弯头的圆度不圆，管材焊接连接时有时会发生凹陷，应仔细操作施工，焊接的焊疤应磨平抛光。玻璃栏板上预先钻孔的位置须十分准确，固定螺栓与玻璃留孔之间的间隙应用胶垫圈或毡垫圈隔开，若发现玻璃留孔位置与螺栓配合之间、玻璃与槽口之间没有间隙时，或是玻璃尺寸不符合时，应重新加工玻璃，不能强行安装。玻璃栏板的周边加工一定要磨平，外露部分还应磨光倒角，这不仅是为了施工操作的安全，也可减少玻璃自爆的危险。木扶手与立柱之间、木弯头与立柱之间连接应牢固可靠，木弯头的安装位置应准确，木弯头与木扶手之间应开榫连接密实。多楼层的扶手斜度应一致，扶手应居中安装在立柱或扁钢上。

（3）木栏板和扶手

1）施工工艺流程。放线定位→下料→扁钢加工→弯头配置→连接固定→修整及上漆。

2）施工要点和要求。

①放线定位。对安装扶手的固定件的位置、标高、坡度定位校正后，放出扶手纵向中心线，放出扶手折弯或转角线，放线确定扶手直线段与弯头、折弯断面的起点和位置，确定扶手斜度、高度和栏杆间距。扶手高度应大于1050mm，栏杆间距应小于150mm。

②下料。木扶手应按各楼梯及护栏实际需要的长度略加余量下料。立柱应根据实测高度下料，当扶手长度较长需要拼接时，应采用手指榫连接，且每一楼梯的接头不应超过一个。

③扁钢加工。扁钢要求平顺。扁钢上要预先钻好固定木螺钉的小孔，并刷上防锈漆。

④弯头配置。弯头加工成型后应刨光，弯曲弧度要自然，表面应磨光。

⑤连接固定。预制木扶手须经预装。安装时由下往上进行，先装起步弯头及连接第一段扶手的折弯弯头（弯头为割配弯头时，采用割角对缝粘接，在断块割配区段应最少有 3 个螺钉与支承件固定），再配上下折弯之间的直线扶手段，进行分段粘接。分段预装检查无误后，进行扶手和栏杆的连接固定，木螺钉应拧入旋紧，立柱与地面的安装应牢固可靠，立柱安装应垂直，扶手端部与墙或柱的连接应牢固。

⑥修整及上漆。木扶手安装完成后，应仔细检查，对不平整处应修整；弯头连接不平顺时，应用扁锉锉平，找顺磨光，然后刮腻子补色，最后按设计要求刷漆。

（4）石材栏板和扶手

1）施工工艺流程。放线定位 → 绘制石材放样详图 → 踏步板的铺砌 → 石材栏板的安

装 → 石材扶手的安装。

2）施工要点和要求。

①放线定位。在施工前必须先按设计图纸对土建结构的实际尺寸进行核对，如土建结构局部尺寸偏差较大影响装饰施工时，应根据现场实际情况进行必要的调整和处理。

②绘制石材放样详图。核实设计尺寸并按实际尺寸标注出踏步和休息平台板各部位的石材尺寸和数量。

③踏步板的铺砌。踏步板的铺砌方法与墙地面做法相同，都是用半硬性水泥砂浆铺贴。应注意的是，白色和某些浅色石材容易受水泥砂浆作用而发生变色或泛色，因此在施工前应在石材背面涂刷有机硅防水涂料，以免影响装饰效果。

④石材栏板的安装。根据装饰设计图纸和实际测量尺寸绘制各个内外侧面展开图纸，并将栏板石材进行合理的分格，一般分格宽度不宜大于1000mm，并应考虑所选用石材品种大板的规格。外侧护栏先不切割斜线，以方便施工时可支撑在支撑木上，最后才统一弹线，现场切割。石材栏板安装一般采用传统的水泥砂浆粘贴法（湿法），也可使用干挂工程胶。

⑤石材扶手的安装。扶手立柱支点的排列要均匀美观，其间距大小和石材扶手的直径有关。实际订货时，对起始和转角处需现场加工拼接的扶手长度要留出足够的余量。

6.5　楼梯的质量验收要求

6.5.1　楼梯梯段和踏步的质量验收要求

请参见楼地面的质量验收要求。

6.5.2　楼梯护栏和扶手的质量验收要求

1. 主控项目

（1）材料质量　护栏和扶手制作与安装所使用材料的材质、规格、数量，以及木材塑料的燃烧性能等级应符合设计要求。

检验方法：观察；检查产品合格证书、进场验收记录和性能检测报告。

（2）造型和尺寸　护栏和扶手的造型、尺寸及安装位置应符合设计要求。

检验方法：观察；尺量检查；检查进场验收记录。

（3）预埋件及连接　护栏和扶手安装预埋件的数量、规格、位置以及护栏与预埋件的连接节点应符合设计要求。

检验方法：检查隐蔽工程验收记录和施工记录。

（4）护栏高度、位置与安装　护栏高度、栏杆间距、安装位置必须符合设计要求；护栏安装必须牢固。

检验方法：观察；尺量检查；手扳检查。

（5）护栏玻璃　护栏玻璃应使用工程厚度小于12mm的钢化玻璃或钢化夹层玻璃。当护栏一侧距楼地面高度为5m及以上时，应使用钢化夹层玻璃。

检验方法：观察；尺量检查；检查产品合格证书和进场验收记录。

2. 一般项目

（1）转角、接缝及表面质量　护栏和扶手的转角弧度应符合设计要求，接缝应严密，表面应光滑，色泽应一致，不得有裂缝、翘曲及损坏。

检验方法：观察；手摸检查。

（2）护栏和扶手安装的允许偏差和检验方法见表6-6。

表6-6　护栏和扶手安装的允许偏差和检验方法

项　　目	允许偏差/mm	检验方法
护栏垂直度	3	用1m垂直检测尺检查
栏杆间距	3	用钢尺检查
扶手直线度	4	拉通线，用钢直尺检查
扶手高度	3	用钢尺检查

思　考　题

6-1　简述楼梯的分类及功能。

6-2　楼梯梯段材料有哪些？它们有什么特点？

6-3　楼梯护栏扶手有哪些？它们有什么特点？

6-4　混凝土楼梯梯段构造做法有哪些？

6-5　木楼梯梯段构造做法是什么？

6-6　简述踏步防滑构造做法。

6-7　简述栏杆、栏板在不同梯段上的构造做法。

6-8　简述扶手在不同位置的连接构造。

6-9　简述楼梯护栏扶手的施工工艺流程。

6-10　简述楼梯护栏的允许偏差和检验方法。

实 训 课 题

楼梯构造设计与施工实训项目任务书

1. 实训目的

通过构造设计、施工操作系列实训项目，充分理解楼梯工程的构造、施工工艺和验收方法，使学生在今后的设计和施工实践中能够更好地把握楼梯工程的构造、施工、验收的主要技术关键。

2. 实训内容

根据本校的实际条件，选择本任务书两个选项的其中之一进行实训。

选项一　楼梯构造设计实训项目任务书

任务名称	楼梯构造设计实训
任务要求	为某复式家居设计一款楼梯（楼板层高2.3m）
实训目的	理解楼梯的构造原理
行动描述	1. 了解所设计楼梯的使用要求及档次 2. 设计出结构牢固、工艺简洁、造型美观的楼梯 3. 设计图表现符合国家制图标准

（续）

工作岗位	本工作属于设计部，岗位为设计员
工作过程	1. 到现场实地考察，查找相关资料，理解所设计楼梯的使用要求及档次 2. 画出构思草图和结构分析图 3. 分别画出平面、立面、主要节点大样图 4. 标注材料与尺寸 5. 编写设计说明 6. 填写设计图图框并签字
工作工具	笔、纸、计算机
工作方法	1. 先查找资料、征询要求 2. 明确设计要求 3. 熟悉制图标准和线型要求 4. 构思草图可进行发散性思维，设计多款方案，然后选择最佳方案进行深入设计 5. 结构设计要求达到最简洁、最牢固的效果 6. 图面表达尽量做到美观清晰

选项二　组合式楼梯装配训练项目任务书

任务名称	组合式楼梯的装配
任务要求	装配一款组合式楼梯
实训目的	通过实践操作掌握组合式楼梯的施工工艺和验收方法，为今后走上工作岗位做好知识和能力方面的准备
行动描述	教师根据授课内容提出实训要求。学生实训团队根据设计方案和实训施工现场，按组合式楼梯的施工工艺进行装配，并按组合式楼梯的工程验收标准和验收方法对实训工程进行验收，各项资料按行业要求进行整理。实训完成以后，学生进行自评，教师进行点评
工作岗位	本工作涉及设计部设计员岗位和工程部材料员、施工员、资料员、质检员岗位
工作过程	详见教材相关内容
工作要求	按国家标准装配组合式楼梯，并按行业规定准备各项验收资料
工作工具	记录本、合页纸、笔、相机、卷尺等
工作团队	1. 分组。4~6人为一组，选1名项目组长，确定1名见习设计员、1名见习材料员、1名见习施工员、1名见习资料员、1名见习质检员 2. 各位成员分头进行各项准备，做好资料、材料、设计方案、施工工具等准备工作
工作方法	1. 项目组长制订计划及工作流程，为各位成员分配任务 2. 见习设计员准备图纸，向其他成员进行方案说明和技术交底 3. 见习材料员准备材料，并主导材料验收工作 4. 见习施工员带领其他成员进行放线，放线完成后进行核查 5. 按施工工艺进行装配、安装、清理现场并准备验收 6. 由见习质检员主导进行质量检验 7. 见习资料员记录各项数据，整理各种资料 8. 项目组长主导进行实训评估和总结 9. 指导教师核查实训情况，并进行点评

3. 实训要求

1）选择选项一者，需按逻辑顺序将所绘图纸装订成册，并制作目录和封面。

2）选择选项二者，以团队为单位写出实训报告（实训报告示例参照第二章"内墙贴面砖实训报告"，但部分内容需按项目要求进行内容替换）。

3）在实训报告封面上要有实训考核内容、方法及成绩评定标准，并按要求进行自我评价。

4. 特别关照

实训过程中要注意安全。

5. 测评考核

楼梯工程构造设计实训考核内容、方法及成绩评定标准

考 核 内 容	评 价 项 目	指标	自我评分	教师评分
设计合理美观	材料标注正确	20		
	构造设计工艺简洁、构造合理、结构牢固	20		
	造型美观	20		
设计符合规范	线型正确、符合规范	10		
	构图美观、布局合理	10		
	表达清晰、标注全面	10		
图面效果	图面整洁	5		
设计时间	按时完成任务	5		
任务完成的整体水平		100		

组合式楼梯装配实训考核内容、方法及成绩评定标准

项　　目	考 核 内 容	考 核 方 法	要求达到的水平	指标	小组评分	教师评分
对基本知识的理解	对楼梯理论知识的掌握	编写施工工艺	正确编制施工工艺	30		
		理解质量标准和验收方法	正确理解质量标准和验收方法	10		
实际工作能力	在校内实训室场所进行实际动手操作，完成装配任务	检测各项能力	技术交底的能力	8		
			材料验收的能力	8		
			放样弹线的能力	8		
			组合式楼梯构件安装的能力	8		
			质量检验的能力	8		
职业能力	团队精神、组织能力	个人和团队评分相结合	计划的周密性	5		
			人员调配的合理性	5		
验收能力	根据实训结果评估	实训结果和资料核对	验收资料完备	10		
任务完成的整体水平				100		

6. 总结汇报

1）实训情况概述（任务、要求、团队组成等）。

2）实训任务完成情况。

3）实训的主要收获。

4）存在的主要问题。

5）团队合作情况（个人在团队中的作用、团队的整体表现、团队的竞争力等）。

6）对实训安排的建议。

第 7 章　木制品工程的构造与施工

学习目标：熟悉木制品工程的材料与质量验收要求。掌握木制品工程的施工，其中重点掌握木制品工程的构造。

7.1　木制品工程概述

木制品工程是指木质构件在装饰工程中的制作安装，包括木墙柱面、木隔墙、木隔断、木吊顶、木地面、木楼梯、固定木家具、活动木家具、建筑细部木作以及其他装饰木作配合。木制品工程历史悠久，随着科学发展、工艺改进，木制品又有了新的内容，如微薄木贴、雕刻、机制线条等。

7.1.1　木制品工程的分类

1. 木隔断、木隔墙

隔墙和隔断（全隔断和半隔断）有许多是用木材、板材制作的。它也是木制品装饰工程中工程量较大的项目之一。

2. 固定木家具

入墙柜、银行柜台等都是木制品装饰工程中的固定家具，固定家具大都由建筑装饰设计师亲自设计，要在施工现场制作。它不可能像活动家具那样进行流水化的工厂制作，所以对这些家具的设计及施工一定要符合现场施工条件与要求。

3. 活动木家具

活动木家具多数由家具设计师专业设计，由家具工厂制造，但也有一些是由装饰设计师设计的。为特定的空间设计的活动木家具可能更加符合空间的个性和气质，因此建筑装饰设计师也要具备家具设计的能力。

4. 木门窗

在门窗章节专门论述。

5. 木楼梯

在楼梯章节专门论述。

6. 木墙柱面

在墙、柱面章节专门论述。

7. 木吊顶

在顶棚章节专门论述。

8. 木地面

在地面章节专门论述。

7.1.2　木制品工程的功能

1. 分隔空间

在建筑装饰工程中由于功能和装饰的要求，常采用隔墙和隔断来分割、限定室内空间，丰富空间形象。

2. 美化环境

建筑装饰工程中木墙面、木吊顶、木地面等木制品工程以及木结构的服务台、酒吧台、展酒台、室内固定家具等常处于室内空间的重要位置，甚至是日常业务活动的中心。室内木制品工程与人们的视觉、触觉和操作使用关系密切，对整体室内环境的艺术效果影响极大，装饰效果非常明显，有的还直接决定室内的风格和格调。因此木制品工程在造型、质感和色彩各方面都要满足装饰美化的要求，并与装饰整体风格和谐统一。

3. 行动辅助

木制品中的各种家具用来支撑人体的各种活动，为人的各种活动提供方便，例如提供支撑、架展、吊挂、储藏等功能，没有家具的辅助，人类的各种活动就很难完成。

7.2　木制品工程的材料与构造

7.2.1　木制品工程的材料

1. 成品板材

木材的种类、规格、用途已经在前面做过介绍，建筑装饰工程中的木制品工程主要使用成品板材。成品板材种类很多，常用的有薄木贴面板、胶合板、纤维板、刨花板、细木工板等。它们是利用木材或含有一定量纤维的其他植物作原料，采用一般物理和化学的方法加工而成的。这类板材与天然木材相比，板面宽，表面平整光洁，没有节子、虫眼，不开裂、不翘曲，经加工处理后还具有防水、防火、防腐、防酸等性能。

成品板材按用途可以分作两个大类：一类是主要做基层使用的板材，另一类是主要做面板使用的板材。它们的种类属性详见表 7-1、表 7-2。

表 7-1　常见基层板材属性

板材种类	常见规格 长×宽×（厚） /mm	特　点	制作工艺
细木工板	$2440 \times 1220 \times H$； $2000 \times 1000 \times H$ （$H = 24$、22、20、18、16、14、12、10）	密度不应小于 0.44 ~ 0.59g/cm³。质地坚硬、吸声、隔热。含水率规定值 10% ±1%	芯板用木板拼接而成，两面胶粘一层或三层单板。按结构不同有芯板条不胶拼、芯板条胶拼两种；按表面加工状况不同有一面砂光、两面砂光和不砂光三种；按所使用的胶粘剂不同，有 1 类胶细木工板、2 类胶细木工板两种

（续）

板材种类	常见规格 长×宽×（厚） /mm	特 点	制作工艺
刨花板	1830×122×H； 2440×1220×H（H =24、22、20、18、 16）	密度轻级为0.3 g/cm³、中级为0.4 ~0.8g/cm³，重级为0.8~1.2g/cm³。 具有质量轻、强度低、隔声、保温、 耐久、防虫等特点。其中热压树脂刨 花板表面可粘贴塑料贴面或胶合板 饰面层，这样既增加了板材的强度， 又使板材具有装饰性。含水率规定值 9%±4%	是将木材加工的剩余物，如刨花 片，木屑或短小木料刨制的木丝为 原料，经过加工处理，拌以胶料， 加压而制成
硬质纤维板 （俗称高密板）	2440×1220×H （H=2.5、3、4.5）	密度不应小于0.8g/cm³，强度高， 物质构造均匀，质地坚密，吸水性和 吸湿率低，不易干缩和变形，可代替 木板使用。含水率规定值按特、一、 二、三等级分别为15%、20%、30%、 35%	纤维板是将板皮、木块、树皮、 刨花等废料或其他植物纤维（如稻 草、芦苇、麦秸等）经过破碎、浸 泡、研磨成木浆，热压成型的人造 板材
半硬质纤维板 （俗称中密板）	1830×1220×H 2440×1220×H （H=10、15、18、 21、24）	密度为0.4~0.8g/cm³，按外观质量 分为特级品、一、二级品三个等级。 表面光滑，材质细密，性能稳定	
胶合板	2440×1220×H 2000×1000×H （H=12、9、5、3、 2.5）	1. 板材幅面大，易于加工 2. 板材纵横向强度均匀，适用性强 3. 板面平整，收缩小，避免了木材 开裂、翘曲等缺陷 4. 板材厚度按需要选择，木材利用 率较高 5. 含水率一、二类6%~14%，三、 四类8%~16%	用原木旋切成木薄片，经干燥处 理后用胶粘剂以各层纤维相垂直的 方向粘合，热压制成

表7-2 常见装饰面板属性

板材种类	常见规格 长×宽×（厚） /mm	特 点	制作工艺
微薄木装饰板 （俗称饰面板）	1220×2440×H （H=0.1~1） 品种：柚木、水 曲柳、榉木、黑胡 桃木、花梨木等	表面保持了木材天然纹理，细腻优 美，真实感和立体感强，具有自然美 的特点 薄木贴面装饰板作为一种表面装饰 材料，必须粘贴在一定厚度和具有一 定强度的基层上，不宜单独使用	采用珍贵树种，精密旋切，制成 厚度为0.1~1mm之间的薄木切片， 以胶合板、纤维板、刨花板为基材 采用先进胶粘工艺和胶粘剂，经热 压制成
铝塑板 （又称铝塑 复合板）	2440×1220×H （H=3、2.5、2.2、 2、1.8、1.6） 颜色类型：银白、 金黄、深蓝、粉红、 海蓝、瓷白、银灰、 咖啡、石纹、木纹 等花色系列	1. 耐腐蚀性：表面氟碳喷涂，能有 效抵抗酸雨、空气污染及紫外线的侵蚀 2. 无光污染：由于氟碳涂层为亚光 表面（光泽度为35%左右），所以无 漫反射，不会造成污染 3. 自清洁性：由于氟碳涂层中特殊 的分子结构使其表面灰尘不能依附， 故有极强的清洁性	主要由多层材料复合制成，上下 两层为高强度铝合金板，中间层为 无毒低密度聚乙烯塑料芯板，经高 温、高压处理成型，色彩新颖、豪 华气派，品种十分丰富

（续）

板材种类	常见规格 长×宽×（厚） /mm	特　点	制作工艺
铝塑板 （又称铝塑 复合板）	2440×1220×H （H = 3、2.5、2.2、 2、1.8、1.6） 颜色类型：银白、 金黄、深蓝、粉红、 海蓝、瓷白、银灰、 咖啡、石纹、木纹 等花色系列	4. 颜色丰富：氟碳涂料颜色多达100多种 5. 高强度：采用优质防锈铝，强度高，确保室外幕墙的抗风、防震、防雨水渗透、防雷、抗冲击能力 6. 安装简便：施工快捷，铝材质轻，加上铝板幕墙在安装前已成型，故安装、施工及更换比较方便、快捷 7. 加工性能优良，易切割、裁剪、折边、弯曲，安装简便 8. 隔音和减震性能好；隔热效果和阻燃性能良好，火灾时没有毒烟雾生成	主要由多层材料复合制成，上下两层为高强度铝合金板，中间层为无毒低密度聚乙烯塑料芯板，经高温、高压处理成型，色彩新颖、豪华气派，品种十分丰富
防火板	1220×2440×H （H = 1～2） 颜色类型：银白、 金黄、深蓝、粉红、 海蓝、瓷白、银灰、 咖啡、石纹、木纹 等花色系列	1. 具有色彩丰富、图案花色繁多（仿木纹、石纹、皮纹等）和耐湿、耐磨、耐烫、阻燃、耐侵蚀、易清洗等特点 2. 表面有高光泽的、浮雕状的和麻纹低光泽的，在室内装饰中既能达到防火要求，又能达到装饰效果 3. 由于防火板比较薄，必须粘贴在有一定强度的基板上，如胶合板、木板、纤维板、金属板等 4. 切割时注意不要出现裂口，可根据使用尺寸，每边多留几毫米，供修边用 5. 一般使用强力胶粘贴。强力胶粘贴后用滚轮压匀即可	防火板面层为三聚氰胺甲醛树脂浸渍过的印有各种色彩、图案的纸，里面各层都是酚醛树脂牛皮纸，经干燥后叠合在一起，在热压机中通过高温高压制成
装饰波浪板 （又称3D 立体浪板）	1220×2440 主要品种：小直纹、大直纹、斜波纹、横纹、水波纹、冲浪纹等造型和纯白板、彩色板、闪光板、梦幻板、裂纹板、仿古板、金箔、仿石等	1. 防潮、防水、防变形。装饰波浪板背面利用聚乙烯进行工艺处理，从而达到防潮、防水、防变形的功能 2. 工艺先进、经久耐用。装饰波浪板板面采用紫外线固化油漆、烤漆工艺制成，使板面硬度强、耐磨、不脱落、使用寿命长 3. 吸音降噪，立体浪板基材纤维板是一种细胞造体，具有多孔质的吸音特性，有较强的消除噪声的功能 4. 新型、时尚、高档	是源自欧洲的一种新型时尚的室内装饰材料，由中纤板经电脑雕刻并采用高超的喷涂、烤漆工艺精工制造而成

2. 木质装饰线条

木质装饰线是室内造型设计时经常使用的重要材料，同时也是非常实用的功能性材料。一般用于吊顶、墙面装饰及家具制作等装饰工程的平面相接处，通常用于分界面、层次面、对接面的衔接、收边、造型等。同时在室内起到色彩过渡和协调的作用，可利用角线将两个相邻面的颜色差别和谐地搭配起来，并能通过角线的安装弥补室内界面土建施工的质量缺陷等，其品种和质量对装饰效果有着举足轻重的作用（表7-3）。

表7-3　木质装饰线的品种、规格

属性	品　　种	挑 选 要 点
材质	硬质杂木线、水曲柳线、山樟木线、胡桃木线、柚木线等	1. 木装饰线宜选用木质硬、木质细、材质好的木材，表面光洁、手感顺滑，无节疤
功能	压边线、柱角线、压角线、墙角线、墙腰线、覆盖线、封边线、镜框线等	2. 木线色泽一致，无节子、开裂、腐蚀、虫眼等缺陷
外形	半圆线、直角线、斜角线等	3. 木线图案应清晰，加工深度一致
款式	外凸式、内凹式、凸凹结合式、嵌槽式等	4. 检查背面，木线背面质量要求也要好，已经上漆的木线，既要检查正面油漆光洁度、色差，又要从背面查看木质

图7-1、图7-2列举了各类装饰板材的外观效果和表面纹理。

图7-1　各类板材的外观效果

a）松木片材和龙骨木料　b）杉木指接板　c）低密度板　d）细木工板

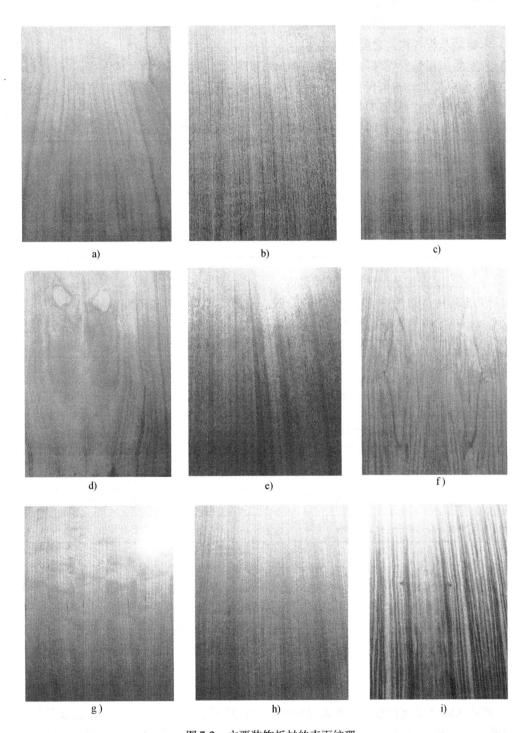

图 7-2　主要装饰板材的表面纹理
a）樱桃木　b）柚木　c）黑胡桃　d）桦木　e）楝木　f）水曲柳　g）莎比利　h）泰柚　i）铁刀木

7.2.2　木制品工程的构造

1. 木制品工程的连接构造

（1）木制品工程构造部件的连接对象

1）木制品工程各构件之间的连接。

2）木制品工程与安置基体，如墙柱体、屋顶、楼地板、楼梯之间的连接。

（2）木制品工程构造部件的连接方式　木制品工程构造部件的连接方式有：永久连接、铰接连接、装卸连接，见表7-4。

表7-4　木制品工程构造部件的连接方式

连接方式	具体描述
永久连接	采用粘胶、钉子等物或采用特殊的榫合构造，将构造部件之间完全固定形成的刚性连接
铰接连接	采用铰链、锁件等物，将杆件之间作一个或两个方向的固定，并使构件可绕一个或两个方向的轴转动的连接
装卸连接	采用扣件、活动铰链等物，将杆件作有限制的固定，并按需要可随时拆卸下构件和重新安装的连接

（3）木制品工程构造部件的连接介质

木制品工程构造部件的连接介质有钉、胶、五金、榫头，见表7-5。

这里重点列举榫合构造的类型，如图7-3所示。

表7-5　木制品工程构造部件的连接介质属性

连接介质	连接要求	主要材料
钉	螺钉与板边距离应不小于15mm，螺钉间距以150～170mm为宜，均匀布置，并与板面垂直。钉头嵌入石膏板深度以0.5～1mm为宜，应涂刷防锈涂料，并用石膏腻子抹平	螺纹钉 蚊钉 枪钉
胶	胶粘剂应涂抹均匀、粘实粘牢、不得漏涂	氯丁胶、聚醋酸乙烯乳液、环氧树脂、合成橡胶
五金件	根据各类制品的连接要求确定	合页、连接五金
榫合	雌性对应的榫合结构紧密榫合	各种榫头

2. 木隔断的构造

隔断是各类建筑室内空间设计中常见的构造形式，在组织空间、分隔空间、丰富空间上有很大的作用。隔断的形式很多，从功能来分有固定式隔断和活动式隔断；从形式分有推拉式隔断、折叠式隔断、帷幕式隔断、门罩屏风式隔断；从风格上来分主要有西式和中式两类。其中木隔断是隔断的常见形式，下文以西式木隔断和中式木隔断为例介绍木隔断的构造做法。

（1）西式木隔断

1）西式木隔断是现代建筑装饰常见的空间构造形式。许多木隔断还与灯具及其他材料加入玻璃、金属等组合在一起，图7-4所示的就是比较典型的现代西式木隔断的构造形式。

2）西式木隔断的构造变化，其构造做法如图7-5所示。

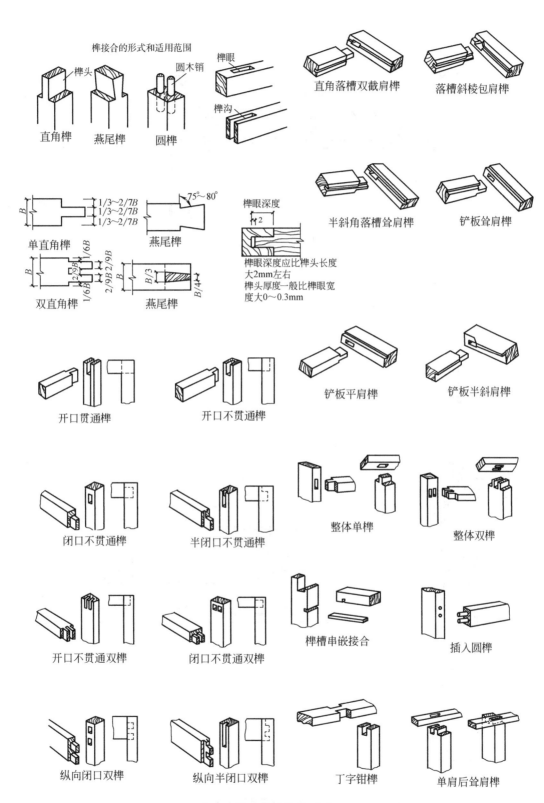

图 7-3　榫合构造的类型图

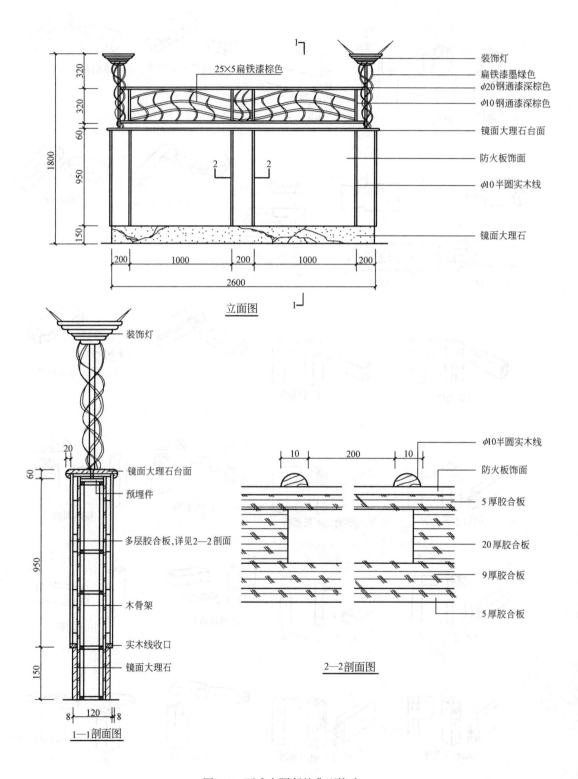

立面图

1—1剖面图

2—2剖面图

图7-4　西式木隔断的典型构造

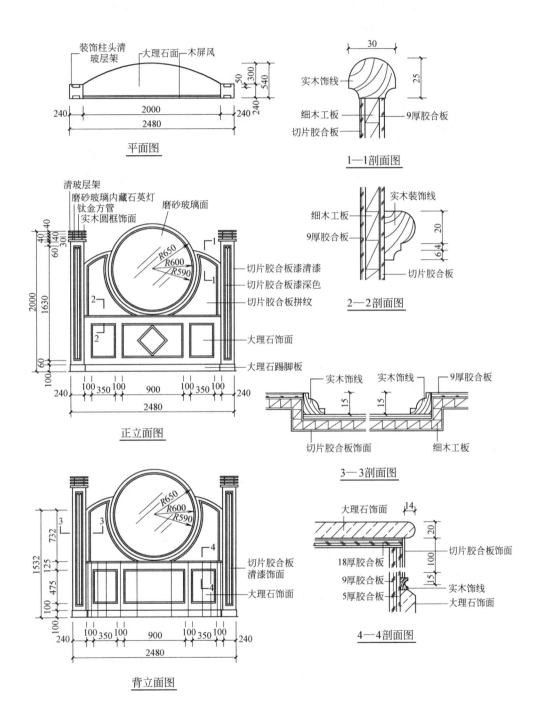

图 7-5　西式木隔断的构造变化

（2）中式木隔断

1）中式木隔断有屏风、门罩等表现形式。传统的中式木隔断主要是通过榫合构造的方式连接起来的，图案复杂，做工繁复，但视觉效果好，文化意境浓，风格特征鲜明。图7-6是中式门罩类木隔断的典型构造。

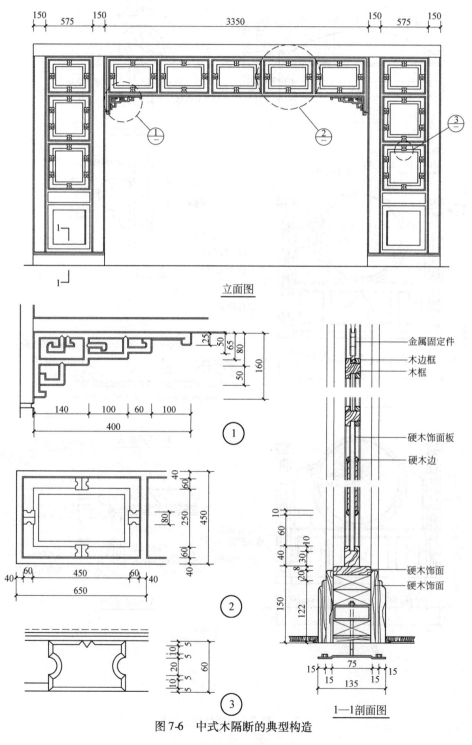

图 7-6　中式木隔断的典型构造

2）中式木隔断的构造变化，其构造做法如图 7-7 所示。

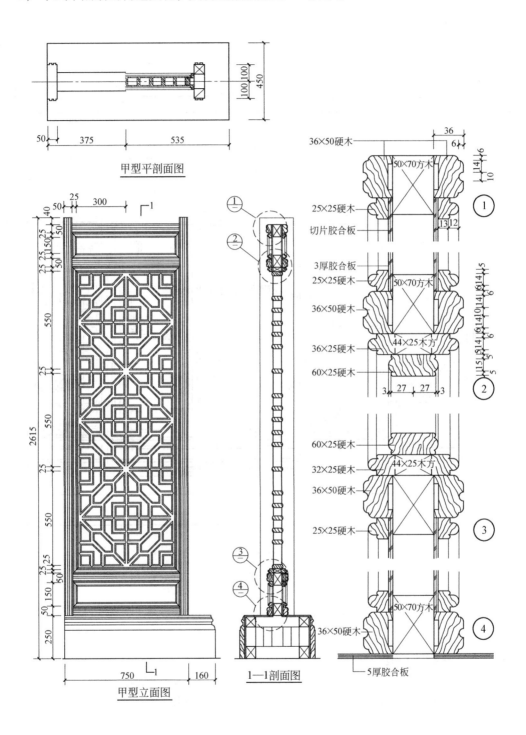

图 7-7　中式木隔断的构造变化

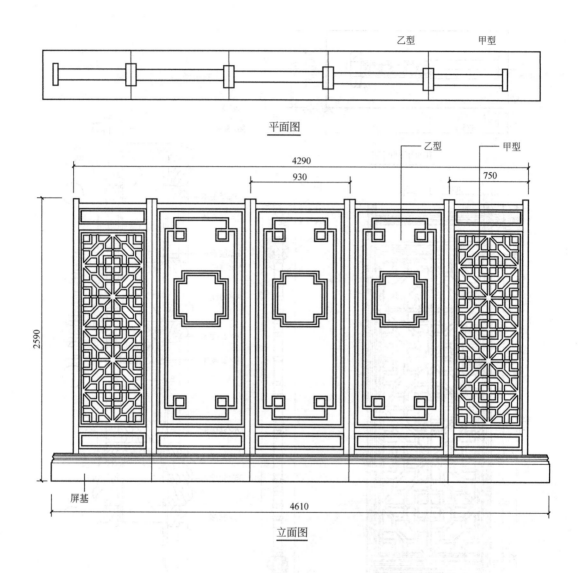

图 7-7　中式木隔断的构造变化（续）

3. 固定木家具的构造

固定家具是各类建筑空间中十分常见的木制品工程，很多地方都会用到，具体表现形式有入墙柜、银行柜台等。下面列举这三类固定家具的常见构造。

（1）入墙柜

1）入墙柜的构造特征有两类，一类与建筑相依，一类与建筑相嵌。入墙柜与活动的框式家具相比，构造形式基本相同，在家具与建筑的连接部位需要通过一个贴缝线条进行收口。图 7-8 ~ 图 7-13 是它们的一些典型构造。

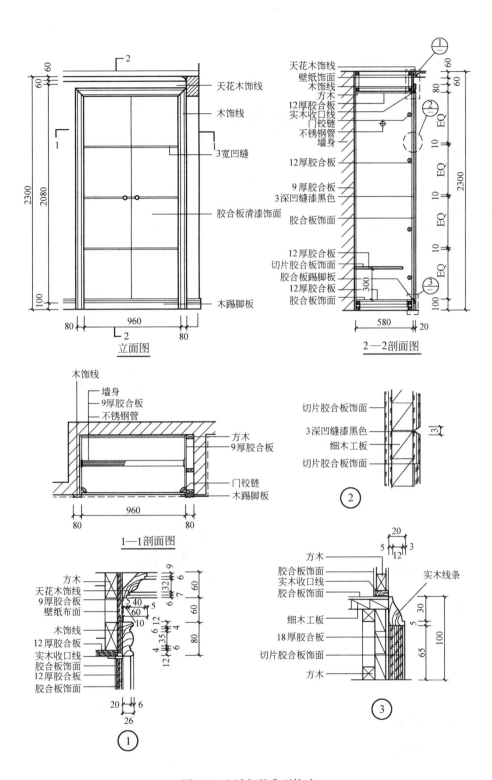

图 7-8　入墙柜的典型构造

2）入墙柜的构造变化如图7-9所示。

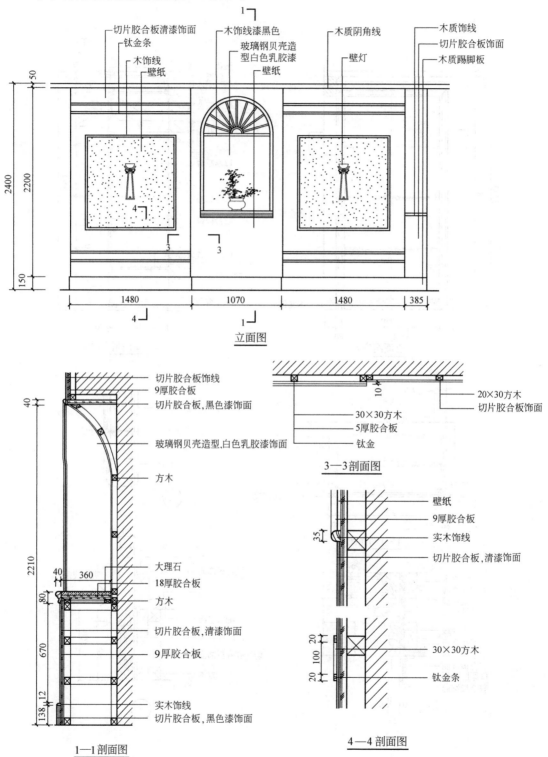

图7-9 入墙柜的构造变化

（2）银行柜台　银行柜台因为安全的要求需要与地面紧密连接，因此也是不可搬动的固定家具。图 7-10 是其典型构造。

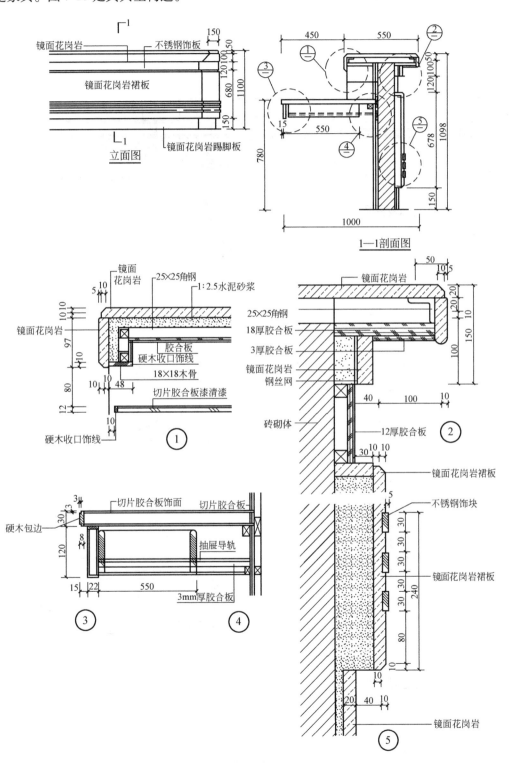

图 7-10　银行柜台的典型构造

（3）固定木家具的其他变化形式

1）酒吧柜。如图 7-11 所示。

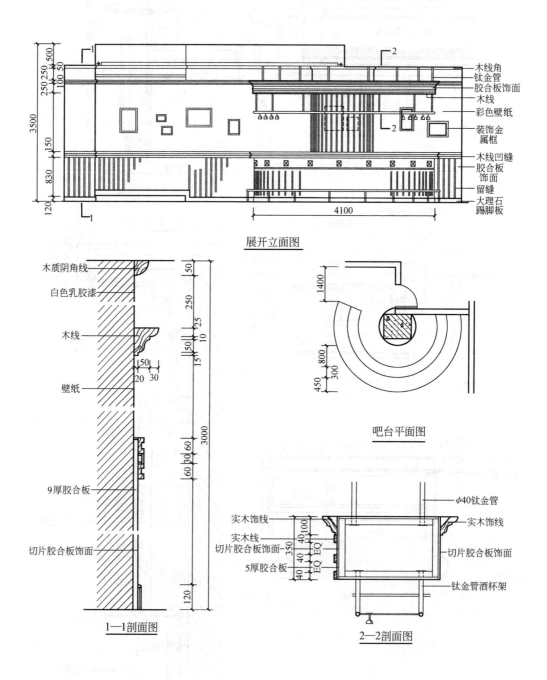

图 7-11　酒吧柜

2）大堂接待柜。如图 7-12 所示。

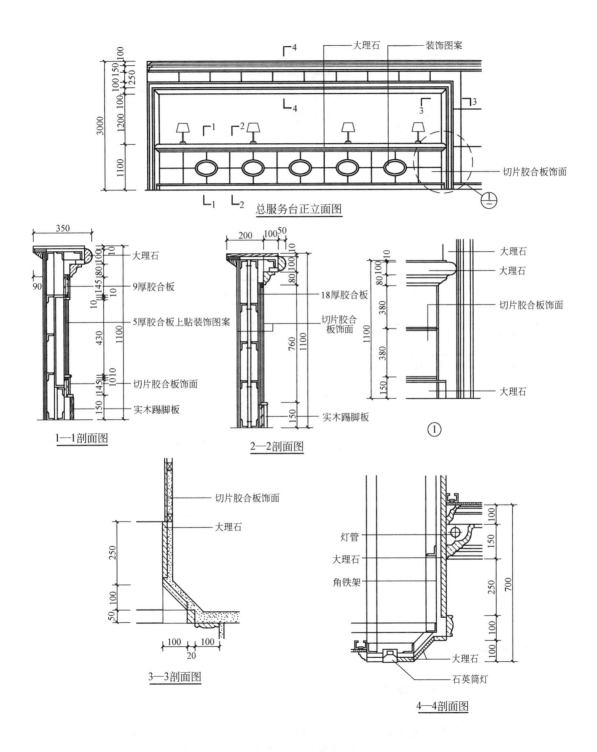

图 7-12 大堂接待柜

3）公司接待柜。如图 7-13 所示。

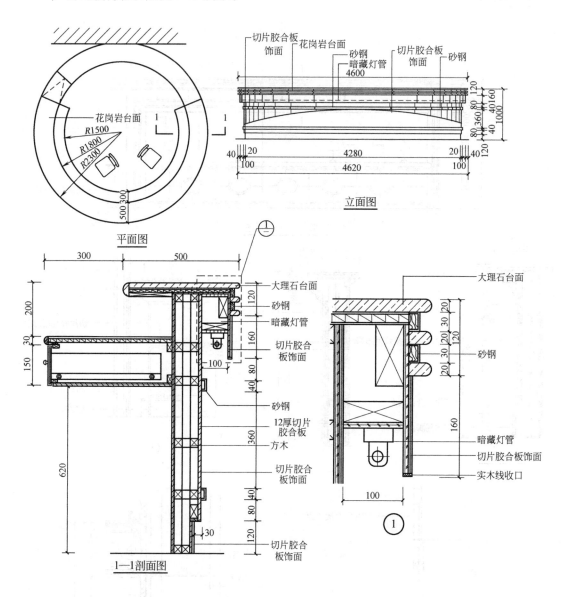

图 7-13　公司接待柜

4. 活动木家具的构造

活动木家具是各类建筑空间中非常活跃的功能道具，主要由专业家具厂制造。在施工现场制作的家具主要是体量比较大的家具，如柜子、桌子等。

（1）柜子的典型构造　柜子类家具有展柜、货柜、电视柜、床头柜、文件柜等，多以木材为主材，表面附加一些金属、玻璃、织物等其他材料。许多柜类家具采用两段式或三段式的构造，上下段以封闭为主，中段以开敞为主，多数柜子以板式结构为主。

1）柜子的典型构造。如图 7-14 所示。

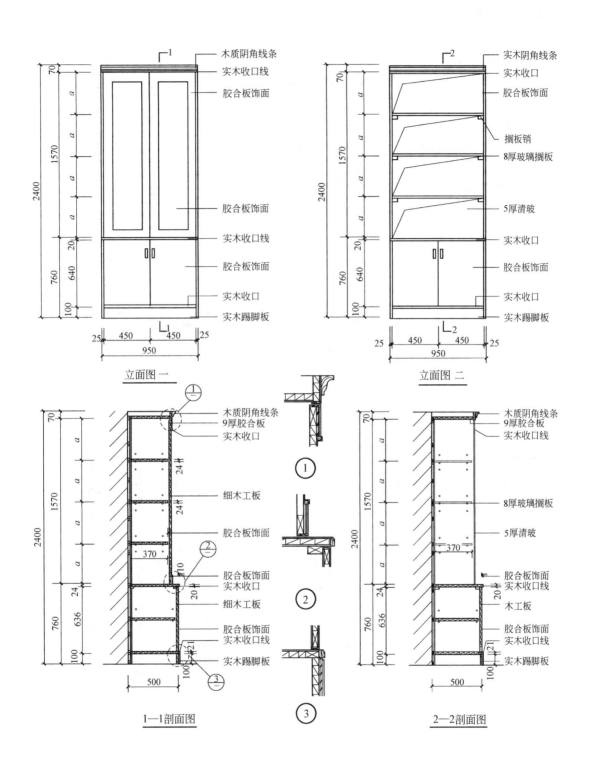

图 7-14 柜子的典型构造

2）柜子的构造变化。如图7-15所示。

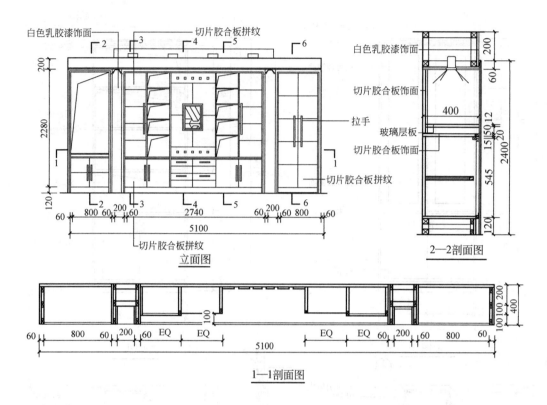

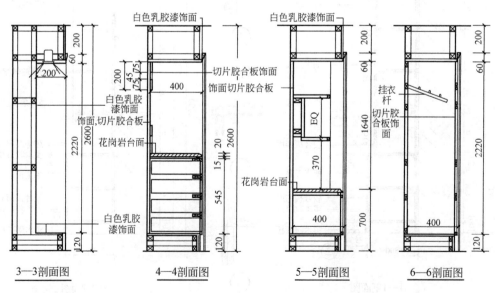

图7-15　柜子的构造变化

（2）桌子的典型构造　欧式桌子的典型构造，如图7-16所示。

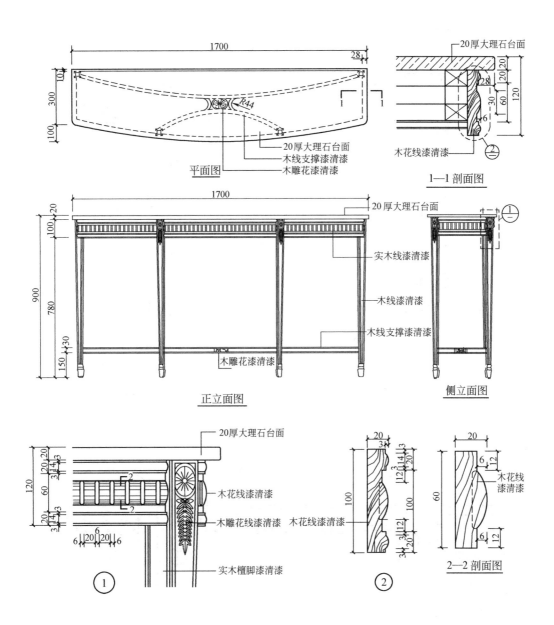

图 7-16 桌子的典型构造

（3）其他木制品 在建筑空间中除了上述的一些木制品以外还有一些常见的木装饰构件，如门套、窗套、窗帘架等。门套的典型构造见图 7-17、图 7-18，窗帘架、窗台板的典型构造见图 7-19。

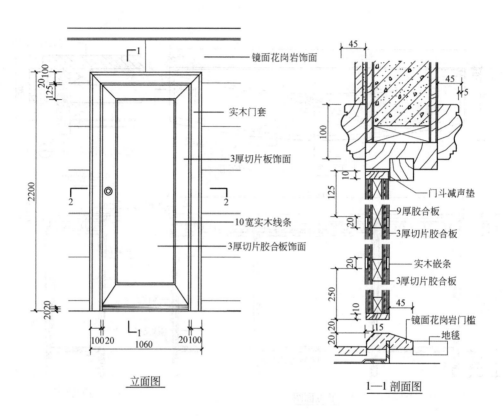

立面图

1—1 剖面图

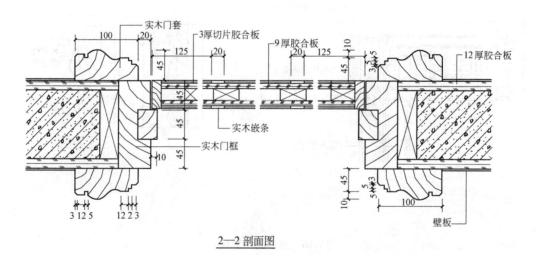

2—2 剖面图

图 7-17　门套的典型构造

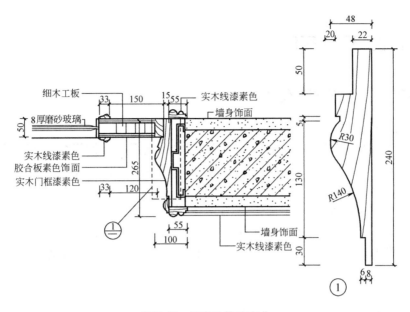

图 7-18　门套的构造变化

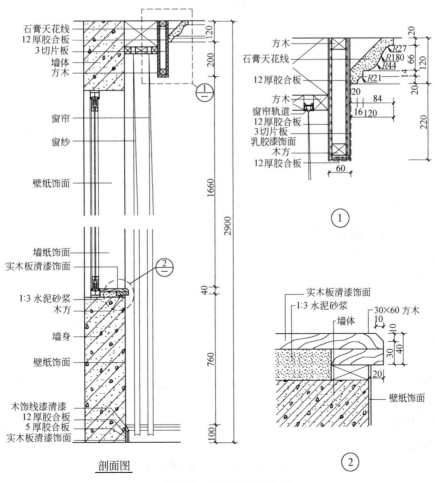

图 7-19　窗帘架和窗台板

7.3 木制品工程的施工

7.3.1 木制品工程的施工流程

1. 施工条件检查

木制品施工前的重点是前道工序——水管、电线、电话线、网络线、预埋管等隐蔽工程是否完成了验收，并办理了验收手续。只有前道工序没有对后续工序留下影响，才能进行木制品工程的施工。

2. 施工设施和材料准备

施工设施指各类木制品工程的施工机具，如切割机、刨光机具、钻孔机具、钉固机等。施工材料指各类木材和板材，还包括钉、胶、沙皮、五金等辅助用材是否准备完成，已经进场。

3. 材料验收

材料的验收和检验必须在施工开始前进行，必须确保材料的品牌、规格、质量，否则等到施工开始以后发现使用的材料不合格，就会造成浪费。

4. 做样板间

大型工程涉及很多材料与工艺，所以一般通过做样板间来确定选用的材料及工艺是否符合设计要求。

5. 弹线放样

弹线放样是施工的第一步，要严格按照设计图样放样，同时要核验现场，检查图样与现场有没有大的出入，如果有大的出入，要请设计师到场处理误差，并请设计师出具变更联系单，才可以按图进行施工。

6. 放样检查

放样完成后要请施工员、监理员进行核对，确保放样准确无误。

7. 框架制作

木制品工程施工一般都要先搭建框架。板式家具或构造的框架一般用细木工板搭建，杆式家具或构造一般用木材方料搭建。

8. 框架检查

框架搭建完成后也要请施工员、监理员进行核对，最好请设计师到现场查看框架的制作效果，因为框架完成后，建筑装饰的空间效果就已经建立起来了，如果这时设计师觉得不满意，修改还来得及，损失相对较小。

9. 装饰面板

设计师对框架工程满意了，就可以进行面板的装饰。多数情况下是使用微薄木装饰板进行贴面。对表面质量要求高的必须采用胶连接，这样不会产生钉接痕迹而影响微薄木装饰板的表面效果。如果采用钉子连接，必须采用不锈钢蚊钉，以免日后生锈，影响表面效果。

10. 线条收口

贴面板装饰完成之后在必要的地方要用各类合适的线条进行收口，隐去各种板头和缝隙。

11. 木工验收

线条收口完成以后，木工的工序就算完成了，因此要请有关人员进行木工施工验收。

12. 油漆施工

木工施工验收通过之后，就可进行油漆施工。油漆的施工要按照设计要求进行，最好还能征求油漆厂家技术顾问的意见，按油漆的种类和特点进行施工。

13. 油漆验收

油漆施工完成之后也要请有关人员进行验收。

14. 成品保护

验收完成之后，木制品工程施工就全部结束了，这时施工对象已经转化为设计成品。但是整个装饰施工还没有结束，其他工种的人员还要进行各类施工。他们在施工过程中很有可能会损坏已经完成的成品。木制品成品是很容易受到刮擦、敲击等损害的，而且修补非常困难，因此必须加强成品保护。转角等脆弱部位必须设置保护装置，重要部位必须包扎。只有严格进行成品保护，才有可能避免和减少损失。

7.3.2　木制品工程的施工工艺

1. 室内固定木家具的施工

在室内装饰工程中，一些固定的木家具施工，如服务台、酒吧台、展酒台、银行或邮电局等部门的工作柜台等，其施工质量的要求较高，对其装饰效果的要求也很严格，因此应在造型、质感和色彩各方面满足装饰美化的要求，并与装饰整体风格和谐统一。

(1) 材料准备　木制品工程施工所需的材料主要有砖，石材，混凝土，型钢，木料，板材，玻璃，不锈钢，黄铜管，木质槽及装饰线条，螺钉，铁钉，结构胶等。

(2) 机具准备　施工机具主要有木工施工器材及金属、玻璃等切割、焊接器材。

(3) 施工方法

1) 弹线。把固定家具的位置、高度、宽度、长度按图纸要求确定在地面和墙面上。

2) 骨架施工。

①钢骨架。在悬挑结构较长的台架中，较多采用钢骨架。钢骨架一般是采用角钢焊制，先焊成框架，再定位安装固定。角钢骨架与地面、墙面的连接，一般是用膨胀螺栓直接固定，也可用预埋铁件与角钢架焊接固定。钢骨架的安装应平整垂直，装设稳定牢固，安装好后涂刷防锈漆两道。如果钢骨架与木饰面结合，需在钢骨架上用螺栓固定数条木方骨架（也可固定厚胶合板），以保证钢骨架与木饰面结合稳妥。如果钢骨架与石板饰面结合，则需在钢骨架上有关对应部位焊敷钢丝网抹灰并预埋钢丝或不锈钢丝，以便于粘接和绑扎石板饰面。钢骨架的混合结构设置如图 7-20a 所示。

②混凝土或砖砌骨架。当采用混凝土或砌砖方式设置基础骨架时，可在其面层直接镶贴大理石或花岗岩饰面板；如果与木结构结合，应在相关结合部位预埋防腐木块，并用素水泥浆将该面抹平修整，木块平面与水泥面一样平。如果金属管件需在其侧面与之连接时，也应预埋连结件或将金属管事先直接埋入骨架中。混凝土基础骨架的混合结构设置如图 7-20b 所示。

③木骨架。直接用木结构作为骨架，可按木制品做法制成木制固定的装置，也可在木结构的骨架上敷设钢丝网抹灰，在基板上镶贴大理石和花岗岩饰面板。

3）与基础骨架连接。

①钢骨架焊敷钢丝网。应先在骨架面上焊接 1～2 条 8 号粗铁丝，将钢丝网焊在粗铁丝上。因为钢丝网与角钢骨架的截面面积相差过大，承受热量能力不同，两者直接施焊不仅焊接困难，还会将钢丝网焊熔洞，其节点构造如图 7-20c 所示。

②钢骨架与地面连接。采用 M10 膨胀螺栓或射钉固定，如图 7-20d 所示。

4）混凝土骨架与木结构连接。在混凝土骨架内预埋木块，木块不小于 40mm×40mm，并加工成梯形截面。木板或木方条与预埋木块可用木螺钉固定。台、柜、架类的功能性木构件可单独制作，然后再用木螺钉从背面拧入预埋木块内，其节点构造如图 7-20e 所示。

5）钢骨架与木结构的连接。在钢骨架上使用平头螺栓固定木方或厚木质板作为衔接过渡，再将其他木结构与钢骨架连接，注意平头螺栓头应沉入木料表层，其节点构造如图 7-20f 所示。

6）石板面与木结构的粘结。

①胶粘剂的使用。较多采用的是环氧树脂胶粘剂，其性能较全面，粘结强度高，具有良好的力学性能，耐酸碱腐蚀，耐油，耐水，常用于一些酒吧台、配料台、操作台等室内固定设置的木结构与石板面的粘结，同时也可用于木结构与不锈钢板的粘结。

②选板。粘结前需分选石板，将同一厚度、同一花色的石板选出待用。因为在木板基面上粘贴石板，如果石板厚度差别较大，会给调平造成困难。

③粘结操作。擦净木基面和石板背面后即分别均匀涂刷薄层环氧树脂胶，待干燥后进行试铺。试铺时检查石板在木台面上最高的部分和最低的部分。正式粘贴时，应从最高的部分开始，然后铺贴最低的部分，用将低处加厚胶层的方法使石板表面达到平整。

7）管型材与基面的连接。

①管型材料与台面连接。设置于台面的不锈钢管、镜面铜管以及既有使用功能又具装饰效果的金属管材，通常是用法兰盘基座进行连接固定。在木质台面上可直接用木螺钉将法兰盘基座固定在台面，再将金属管柱插入法兰盘基座内，用止动螺钉锁定。在石板台面上固定法兰盘基座时，需在石板台面规定位置打孔埋入木楔，然后用木螺钉将法兰盘基座固定于木楔处。具体操作方法是：用手提电钻采用小钻头伸入法兰盘基座上的各钉孔内，在石板台面钻出小孔坑；再用 φ10mm 的冲击钻头依孔坑位置打出 30mm 左右深度的钻孔；然后用材质较紧密的木材削出 φ13mm 左右的圆楔，打入钻孔内割断，即用木螺钉将法兰盘基座拧固于木楔上。应注意法兰盘固定孔中心距法兰盘边缘必须有 8mm 以上的距离，这样才可保证法兰盘能够遮盖石板面上的木楔。如不采用木楔，也可在石板面钻孔后打入尼龙胀塞，用木螺钉将法兰盘基座拧固于尼龙膨胀塞上，具体构造如图 7-20g 所示。

②管型材料与台立面连接。这种悬臂安装的金属管，一般分为受力管和不受力管两种。不受力的纯装饰不锈钢及铜管等金属饰件，可用法兰盘与螺钉直接安装于台立面。对于有受力情况的管型材料，其安装固定一般都采用埋入式。骨架为混凝土时，可将一截普通钢管预埋于混凝土中，钢管外径与装饰管内径相配合，待安装时，即可将装饰管套于预埋管上，在装饰面上以法兰盘封口并以螺钉将两种管件固定。如果装饰管受力不大时，亦可采用木圆柱杆取代预埋钢管作预埋，安装时，将装饰管套紧于圆柱杆上。骨架为钢架时，即将普通钢管段先与角钢骨架焊接，其伸出装饰面的长度一般为 40～80mm，以法兰盘封口，装饰管套于预设的普通钢管段上以螺钉拧紧。台立面安装金属装饰管的构造节点做法如图 7-20h 所示。

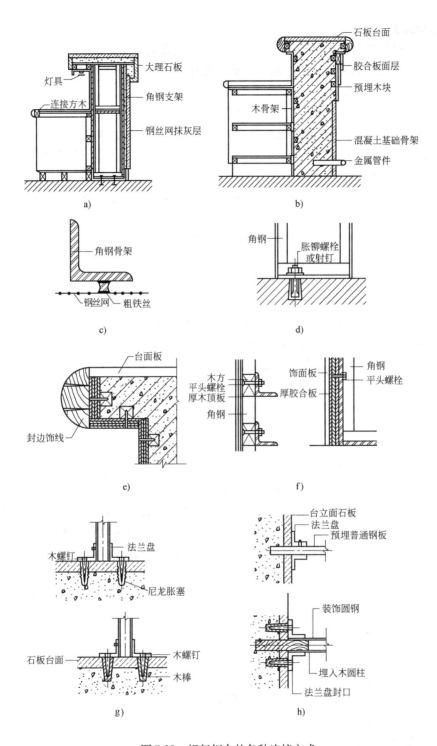

图 7-20 银行柜台的各种连接方式

a）钢骨架混合结构示例 b）混凝土骨架混合结构示例 c）钢骨架焊敷钢丝网的焊接节点
d）钢骨架与地面的连接固定节点 e）混凝土基础骨架与木结构的连接节点
f）钢骨架与木结构的连接节点 g）管型材与台面的连接固定
h）管型材与台立面的连接固定

2. 饰面施工要求

由几种不同材料进行饰面的室内配套设置体，应注意饰面安装程序的合理安排，它关系到装饰的整体性和最终的装饰质量。通常的施工程序如下：

1）先进行石板类材料的镶贴。

2）石板类饰面完成后，再进行金属类材料的饰面或玻璃镜的镶贴。

3）木结构的装饰应在各木构件连接组合后统一进行，以防止饰面色彩产生误差。

4）如果木结构饰面中有镶贴塑料板面和油漆涂饰项目时，应先进行油漆饰面，而后再进行板块镶贴操作。作混色油漆时，须一次调足油漆的需用量。

5）采用软质材料作表面包覆时，如皮革、人造革和丝绒布等饰面，应安排在其他饰面完工后进行。

6）各饰面的施工方法详见本书有关饰面施工方法的章节。

7）收口、清理，各饰面完成后，进行衔接对缝的收口处理工作。

3. 胶合板施工要点

1）胶合板常用作基层板使用。由于要求防火等级的提高，现在必须使用阻燃性（又名难燃型）两面刨光一级胶合板。该板遇火时阻燃剂即熔化，在胶合板表面形成一层"阻火层"，且能分解出大量不燃气体排挤板面空气，有效地阻止火势的蔓延。

2）阻燃型胶合板所用的阻燃剂无毒、无臭、无污染，对环境无不良影响，故已成为当今建筑装饰装修不可缺少的一种难燃型木质板材。

3）安装胶合板的基体表面，如用油毡、油纸防潮时，应铺设平整，搭接严密，不得有皱褶、裂缝和透孔等。

4）胶合板用钉子固定时，其钉距不能过大，以防止铺钉的胶合板不牢固而出现翘曲、起鼓等现象。钉距为 80～150mm，钉长为 20～30mm，钉帽不得外露，以防生锈应将钉帽打扁并进入板面 0.5～1mm，钉眼处用油性腻子抹平。

5）胶合板应在木龙骨上接缝，如设计为明缝且缝隙设计无规定时，缝宽以 8～10mm 为宜，以便适应面板可能发生的微量伸缩。缝隙可做成方形，也可做成三角形。如缝隙无压条，则木龙骨正面应刨光，以保证美观。当装饰要求高时，接缝处可钉制木压条或嵌金属压条。

6）墙面安装胶合板时，其阳角处应覆盖胶合板或做护角，以防止板边棱角损坏，并能增强装饰效果。

4. 微薄木装饰板施工要点

微薄木装饰板又名薄木皮装饰板，是将薄木皮复合于胶合板或其他人造板上加工而成。微薄木装饰板有一般及拼花两种。旋切式纹理均系弦向，花纹粗、变化多端，但表面裂纹较大；刨切式纹理排列有序、色泽统一，表面裂纹易于拼接。这种装饰木纹逼真、真实感强、美观大方、施工方便（图 7-21）。

微薄木装饰板的施工工艺流程为：

墙内预埋防腐木砖→墙体表面处理→墙体表面涂防水层（防潮层）→钉木龙骨→钉基层板→检查墙体边线→选板→微薄木装饰板翻样、试拼、下料、编号→安装、检查、修整→封边。

（1）墙内预留防腐木砖　砖墙或混凝土墙在砌筑、浇筑时在墙内预埋防腐木砖，沿横、

图 7-21　典型木纹拼接方式

竖木龙骨中心线，每1000mm（中距）一块或按具体设计。

（2）墙体表面处理　将墙体表面的灰尘、污垢、浮砂、油渍、垃圾、溅沫及砂浆流痕等清除干净，并洒水湿润。凡有缺棱掉角之处，应用聚合物水泥砂浆修补完整。混凝土墙如有空鼓、缝隙、蜂窝、孔洞、麻面、露筋、表面不平或接缝错位之处，均须妥善修补。

（3）墙体表面涂防潮（水）层　墙体表面满涂防水层一道。须涂刷均匀，不得有厚薄不匀及漏涂之处。防潮层应为5～10mm厚，至少涂三遍，须尽量找平，以便兼做找平层用。

（4）钉木龙骨　使用40mm×40mm木龙骨，正面刨光，满涂防腐剂一道，防火涂料三道，按中距双向钉于墙体内的预埋防腐木砖之上。龙骨与墙面之间有缝隙之处，须以防腐木片（或木块）垫平垫实。

（5）钉基层板　按照设计要求，选择厚度准确的基层板品种，对墙柱面进行整平，或制作家具及构造的大框架。

（6）检查墙体边线　墙体阴阳角及上下边线是否平直方正，关系到微薄木装饰板的装修质量，微薄木装饰板各边下料平直为正，如墙体边线不平直方正，则将造成装饰板"走形"而影响装修质量。

（7）选板　根据具体设计的要求，对微薄木装饰板进行花色、质量、规格的选择，并一一归类。所有不合格未选中的装饰板，应送离现场，以免混淆。

（8）微薄木装饰板翻样、试拼、下料、编号　将微薄木装饰板按建筑内墙装修具体设计的规格、花色、具体位置等，绘制施工大样详图，大样要试拼，要特别注意木纹图案的拼接、下料、编号、校正尺寸、四角套方。下料时须根据具体设计对微薄木装饰板拼花图案的要求进行加工，锯切时须特别小心，锯路要直，须防止崩边，并须预留 2 ~ 3mm 的刨削余量。刨削时须非常细致，一般可将数块微薄木装饰板成叠的夹于两块木板中间，露出应刨部分，用夹具将木板夹住，然后用刨子十分谨慎地缓缓刨削，直至刨到夹木边沿为止。刨刀须锋利，用力要均匀，每次刨削量要小，否则微薄木装饰板表面在边口处易崩边脱落，致使板边出现缺陷，影响装修美观。

上述加工完毕经检查合格后，将高级微薄木装饰板一一编号备用。

（9）安装微薄木装饰板

1）清理、修整木龙骨及微薄木装饰板。上述工序完成后，须将木龙骨表面及微薄木装饰板背面加以清理。凡有灰尘、钉头、硬粒、杂屑之处，均应清理干净。粘贴前对全部龙骨再次检查、找平，如龙骨表面装饰板背面仍有微小凹陷之处，可用油性腻子补平，凸处用砂纸打磨。

2）微薄木装饰板涂防腐、防火涂料。微薄木背面满涂氟化钠防腐剂一道，防火涂料三道。须涂刷均匀，不得有漏涂之处。

3）弹线。根据试拼时的编号，在墙面龙骨上将微薄木装饰板的具体位置一一弹出。所弹之线，必须准确无误，横平竖直，不得有歪斜或错位之处。

4）涂胶。在微薄木装饰板背面与木龙骨粘贴之处以及木龙骨上满涂胶粘剂一层，胶粘剂应根据微薄木装饰板所用的胶合板底板的品种而定（或用不受板品种影响的胶）。涂胶须薄而均匀，不得有厚薄不匀及漏胶之处。胶中严禁有任何屑粒、灰尘及其他杂物。

5）微薄木装饰板上墙粘贴。根据微薄木装饰板的编号及龙骨上的弹线，将装饰板按顺序上墙，就位粘贴。粘贴时须注意拼缝对口、木纹图案拼接等。接缝对口越少越好，最好用装饰板原来板边对口（因原边较平直，且无崩边缺口现象），并使对口拼缝尽可能安装在不显眼处（如在墙面 500mm 以下或 2000mm 以上等处）。阴阳角处的对口接缝，侧边必须非常平直（最好用装饰板原边对口），不得有歪斜不正、不平、不直之处。每块微薄木装饰板上墙就位后，须用手在板面上（龙骨处）均匀按压，随时与相邻各板调直，并注意使木纹纹理与相邻各板拼接严密、对称、正确，符合设计要求。粘贴完后用净布将溢出的胶液擦净。

（10）检查、修整　全部微薄木装饰板安装完毕，须进行全面抄平及严格的质量检查。凡有不平、不直、对缝不严、木纹错位以及其他与质量标准不符之处，均应彻底纠正、修理。封边、收口应根据具体设计来做。漆面应根据具体设计要求进行，并须严格保证质量（如产品表面已漆过者则该工序取消）。

5. 其他事项

若基层为加气混凝土或加气硅酸盐砌体，须在砌筑时，加砌 C20 细石混凝土砌块，以作固定之用。

若基层为纸面石膏板，则施工工艺流程为：墙面清理、修补→自攻螺钉钉孔处理→板缝处理→满刮腻子找平→涂防潮底漆→检查墙体边线→选板→翻样→试拼、下料、编号→安装（粘贴）→检查、修整→封边、收口→漆面。由此可见，只是基层处理中多加一个石膏板面处理，其他工序不变。

如不用微薄木装饰板装修内墙，而用微薄木饰面（即单纯的薄木皮）时，则须在墙体上先钉胶合板底板，再将薄木皮粘贴于胶合板上。工艺如下：

1）胶合板用 3~5mm 厚的两面刨光的一级阻燃型胶合板，表面满刮油性石膏腻子一遍，须厚薄均匀，不得有漏刮之处。腻子彻底干后用砂纸打磨平。

2）微薄木饰面浸入温水中稍加湿润后在其背面及胶合板表面涂胶粘剂（白乳胶），须涂刷均匀，不得漏涂。

3）涂胶 10~15min 后当胶液呈半干状态时，粘贴微薄木饰面，须由板上端开始，按垂直线逐步向下压贴，赶出气泡，切忌整张向底板粘贴。接缝处应靠紧对严，并须对花，用电熨斗将饰面板熨平。熨时须垫湿布，电熨斗温度应在 60℃ 左右。

4）微薄木粘后约一天左右，检查是否有不平之处，若有可用砂纸打平。

5）微薄木饰面板装修全部完工后，经检查无质量问题可进行下一道工序的施工。

7.4　木制品工程的质量验收要求

7.4.1　固定家具制作与安装工程

1. 适用范围

以下质量验收要求针对位置固定的壁柜、吊柜等橱柜制作与安装工程的质量验收。

2. 检查数量应符合的规定

每个检验批应至少抽查 3 间（处），不足 3 间（处）时应全数检查。

3. 主控项目

1）橱柜制作与安装所用材料的材质和规格、木材的燃烧性能等级和含水率、花岗石的放射性及人造木板的甲醛含量应符合设计要求及国家现行标准的有关规定。

检验方法：观察；检查产品合格证书、进场验收记录、性能检测报告和复验报告。

2）橱柜安装预埋件或后置埋件的数量、规格、位置应符合设计要求。

检验方法：检查隐蔽工程验收记录和施工记录。

3）橱柜的造型、尺寸、安装位置、制作和固定方法应符合设计要求。橱柜安装必须牢固。

检验方法：观察；尺量检查；手扳检查。

4）橱柜配件的品种、规格应符合设计要求。配件应齐全，安装应牢固。

检验方法：观察；手扳检查；检查进场验收记录。

5）橱柜的抽屉和柜门应开关灵活、回位正确。

检验方法：观察；开启和关闭检查。

4. 一般项目

1）橱柜表面应平整、洁净、色泽一致，不得有裂缝、翘曲及损坏。

检验方法：观察。

2）橱柜裁口应顺直、拼缝应严密。

检验方法：观察。

3）橱柜安装的允许偏差和检验方法应符合表 7-6 的规定。

表 7-6　橱柜安装的允许偏差和检验方法

项　　目	允许偏差/mm	检 验 方 法
外形尺寸	3	用钢直尺检查
立面垂直度	2	用1m垂直检测尺检查
门与框架的平行度	2	用钢直尺检查

7.4.2　窗帘盒、窗台板和散热器罩制作与安装工程

1. 适用范围

以下质量验收要求适用于窗帘盒、窗台板和散热器罩制作与安装工程的质量验收。

2. 检查数量应符合的规定

每个检验批应至少抽查3间（处），不足3间（处）时应全数检查。

3. 主控项目

1）窗帘盒、窗台板和散热器罩制作与安装所使用材料的材质和规格、木材的燃烧性能等级和含水率、花岗石的放射性及人造木板的甲醛含量应符合设计要求及国家现行标准的有关规定。

检验方法：观察；检查产品合格证书、进场验收记录、性能检测报告和复验报告。

2）窗帘盒、窗台板和散热器罩的造型、规格、尺寸、安装位置和固定方法必须符合设计要求。窗帘盒、窗台板和散热器罩的安装必须牢固。

检验方法：观察；尺量检查；手扳检查。

3）窗帘盒配件的品种、规格应符合设计要求，安装应牢固。

检验方法：手扳检查；检查进场验收记录。

4. 一般项目

1）窗帘盒、窗台板和散热器罩表面应平整、洁净、线条顺直、接缝严密、色泽一致，不得有裂缝、翘曲及损坏。

检验方法：观察。

2）窗帘盒、窗台板和散热器罩与墙面、窗框的衔接应严密，密封胶缝应顺直、光滑。

检验方法：观察。

3）窗帘盒、窗台板和散热器罩安装的允许偏差和检验方法应符合表 7-7 的有关规定。

表 7-7　窗帘盒、窗台板和散热器罩安装的允许偏差和检验方法

项　　目	允许偏差/mm	检 验 方 法
水平度	2	用1mm水平尺和塞尺检查
上口、下口直线度	3	拉5m线，不足5m拉通线，用钢直尺检查
两端距离窗口长度差	2	用钢直尺检查
两端出墙厚度差	3	用钢直尺检查

思　考　题

7-1　简述木制品的分类及功能。

7-2 加工木制品的主要板材有哪些？它们有什么特点？

7-3 简述木制品的三种连接方式。

7-4 木构件的制作加工原理是什么？

7-5 固定家具构造与活动家具构造最大的区别是什么？

7-6 简述木制品工程的常规施工流程。

7-7 为什么要进行成品保护？

7-8 简述微薄木装饰板的施工工艺流程。

7-9 简述橱柜安装的允许偏差和检验方法。

7-10 简述窗帘盒、窗台板和散热器罩安装的允许偏差和检验方法。

实 训 课 题

木制品构造设计与施工实训项目任务书

1. 实训目的

通过构造设计、施工操作系列实训项目，充分理解木制品工程的构造、施工工艺和验收方法，使学生在今后的设计和施工实践中能够更好地把握木制品工程的构造、施工、验收的主要技术关键。

2. 实训内容

根据本校的实际条件，选择本任务书两个选项的其中之一进行实训。

选项一 木制品构造设计实训项目任务书

任务名称	木制品构造设计
任务要求	为多媒体教室设计一款木质讲台
实训目的	理解木制品的构造原理
行动描述	1. 了解所设计木制品的使用要求及档次 2. 设计出结构牢固、工艺简洁、造型美观的木制品 3. 设计图表现符合国家制图标准
工作岗位	本工作属于设计部，岗位为设计员
工作过程	1. 到现场实地考察，或查找相关资料，理解所设计木制品的使用要求及档次 2. 画出构思草图和结构分析图 3. 分别画出平面、立面、主要节点大样图 4. 标注材料与尺寸 5. 编写设计说明 6. 填写设计图图框并签字
工作工具	笔、纸、计算机
工作方法	1. 先查找资料、征询要求 2. 明确设计要求 3. 熟悉制图标准和线型要求 4. 构思草图可进行发散性思维，设计多款方案，然后选择最佳方案进行深入设计 5. 结构设计要求达到最简洁、最牢固的效果 6. 图面表达尽量做到美观清晰

选项二　木隔断的装配训练项目任务书

任务名称	木隔断的装配
任务要求	按木隔断施工工艺装配一组木隔断
实训目的	通过实践操作，掌握木隔断施工工艺和验收方法，为今后走上工作岗位做好知识和能力方面的准备
行动描述	教师根据授课内容提出实训要求。学生实训团队根据设计方案和实训施工现场，按木隔断的施工工艺装配一组木隔断，并按木隔断的工程验收标准和验收方法对实训工程进行验收，各项资料按行业要求进行整理。实训完成以后，学生进行自评，教师进行点评
工作岗位	本工作涉及设计部设计员岗位和工程部材料员、施工员、资料员、质检员岗位
工作过程	详见教材相关内容
工作要求	按国家标准装配木隔断，并按行业规定准备各项验收资料
工作工具	木隔断工程施工工具及记录本、合页纸、笔等
工作团队	1. 分组。4~6人为一组，选1名项目组长，确定1名见习设计员、1名见习材料员、1名见习施工员、1名见习资料员、1名见习质检员 2. 各位成员分头进行各项准备，做好资料、材料、设计方案、施工工具等准备工作
工作方法	1. 项目组长制订计划及工作流程，为各位成员分配任务 2. 见习设计员准备图纸，向其他成员进行方案说明和技术交底 3. 见习材料员准备材料，并主导材料验收工作 4. 见习施工员带领其他成员进行放线，放线完成后进行核查 5. 按施工工艺进行框架安装、饰面装饰、花饰和美术工艺安装、清理现场并准备验收 6. 由见习质检员主导进行质量检验 7. 见习资料员记录各项数据，整理各种资料 8. 项目组长主导进行实训评估和总结 9. 指导教师核查实训情况，并进行点评

3. 实训要求

1）选择选项一者，需按逻辑顺序将所绘图纸装订成册，并制作目录和封面。

2）选择选项二者，以团队为单位写出实训报告（实训报告示例参照第二章"内墙贴面砖实训报告"，但部分内容需按项目要求进行内容替换）。

3）在实训报告封面上要有实训考核内容、方法及成绩评定标准，并按要求进行自我评价。

4. 特别关照

实训过程中要注意安全。

5. 测评考核

木制品工程构造设计实训考核内容、方法及成绩评定标准

考核内容	评价项目	指标	自我评分	教师评分
设计合理美观	材料标注正确	20		
	构造设计工艺简洁、构造合理、结构牢固	20		
	造型美观	20		

（续）

考核内容	评价项目	指标	自我评分	教师评分
设计符合规范	线型正确、符合规范	10		
	构图美观、布局合理	10		
	表达清晰、标注全面	10		
图面效果	图面整洁	5		
设计时间	按时完成任务	5		
任务完成的整体水平		100		

木隔断装配实训考核内容、方法及成绩评定标准

项目	考核内容	考核方法	要求达到的水平	指标	小组评分	教师评分
对基本知识的理解	对木隔断理论的掌握	编写施工工艺	正确编制施工工艺	30		
		理解质量标准和验收方法	正确理解质量标准和验收方法	10		
实际工作能力	在校内实训室场所进行实际动手操作，完成装配任务	检测各项能力	技术交底的能力	8		
			材料验收的能力	8		
			放样弹线的能力	8		
			框架安装及其他饰品安装的能力	8		
			质量检验的能力	8		
职业能力	团队精神、组织能力	个人和团队评分相结合	计划的周密性	5		
			人员调配的合理性	5		
验收能力	根据实训结果评估	实训结果和资料核对	验收资料完备	10		
任务完成的整体水平				100		

6. 总结汇报

1）实训情况概述（任务、要求、团队组成等）。

2）实训任务完成情况。

3）实训的主要收获。

4）存在的主要问题。

5）团队合作情况（个人在团队中的作用、团队的整体表现、团队的竞争力等）。

6）对实训安排的建议。

第8章 玻璃工程的构造与施工

学习目标：了解玻璃工程的分类和玻璃材料的优势，熟悉玻璃工程的材料及质量验收要求。掌握玻璃工程的构造与施工。

8.1 玻璃工程概述

现代建筑中，玻璃已经成为建筑美学中的重要组成部分，它的艺术力和表现力是其他建筑材料所无法比拟的。近年来，随着玻璃工艺的不断发展，玻璃除了作为居室门窗的重要装饰材料，又有了许多新的用途。建筑玻璃一般指平板玻璃以及由平板玻璃深加工制成的玻璃，例如玻璃砖、玻璃锦砖和槽型玻璃等玻璃类建筑材料；建筑装饰玻璃则是指一些装饰性强、艺术效果突出的新型材料，如镀膜玻璃、热弯玻璃、镭射玻璃、彩绘玻璃、磨砂玻璃、雕花玻璃、冰花玻璃等。设计师们往往利用玻璃自然形成的凹凸和最具质感的色彩、丰富亮丽的图案、灵活变幻的纹路以及透明的质感，创造出一种赏心悦目的和谐气氛。

玻璃工程泛指玻璃材料在建筑幕墙以及建筑装饰工程中的各项运用及制作安装，具体包括玻璃幕墙、玻璃饰面、玻璃砖墙、玻璃隔断、玻璃顶棚、光亮透明的玻璃家具、玻璃艺术品等，现代玻璃产品的性能、规格、品种多样化，完全可以满足不同的建筑装饰要求，因而玻璃工程亦成为现代建筑装饰工程的重要组成部分。

目前，我国使用量最大的平板玻璃按照其制作工艺可分为上法平板玻璃、平拉法平板玻璃和浮法玻璃三种。随着科学的发展、工艺的改进，玻璃材质又有了新的内容，如国画玻璃、晶纹玻璃、彩晶玻璃、夹丝玻璃等，施工工艺等也有了很大的飞跃，玻璃工程更为现代建筑装饰增光添色。

8.1.1 玻璃工程的分类

1. 全玻玻璃工程

全玻玻璃工程是指在视线范围内不出现其他材料的框架，形成在某一范围内幅面比较大的无遮挡的透明玻璃墙面。由于玻璃属于脆性材料，其特点是抗压强度大、抗拉强度小、没有塑性变形，因而全玻玻璃工程一般要选用比较厚的钢化玻璃或夹层钢化玻璃，以保证整体工程的稳定性。全玻玻璃工程因其无边框、视野宽广、通透性好、造型简洁明快，做建筑外墙装饰时使室内外环境浑然一体、空间交融，广泛应用于大型建筑、高层旋转餐厅、大型商业跑马廊、大型水族馆等，如图8-1所示。

2. 半玻玻璃工程

半玻玻璃工程是指半稳型玻璃幕墙，建筑物根据立面需要，将金属骨架中水平或垂直其中一个方向使用隐框，另一个方向显框，如图8-2所示。半隐型玻璃幕墙具有明框和隐框两

图 8-1　某全玻玻璃建筑外观

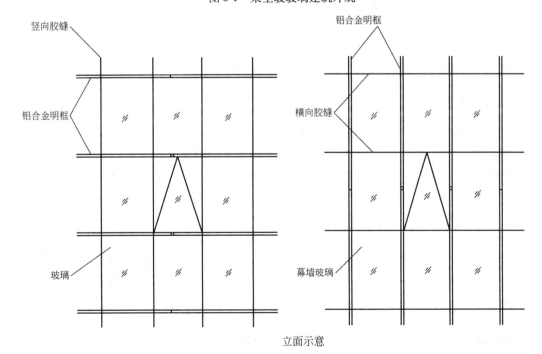

立面示意

图 8-2　半玻玻璃立面

种结构方式的组合特点，分为横隐竖不隐和竖隐横不隐两种，后者应用较多。竖隐横不隐玻璃幕墙其型材框架的竖框隐于玻璃之后，玻璃与型材由结构胶粘接在一起，横框暴露于外，玻璃卧于横框的槽口之中。

3. 局部玻璃工程

局部玻璃工程是指在建筑结构或构造中，局部使用玻璃作为重点装饰工程，例如建筑回马廊的玻璃栏板、楼梯栏板、重点玻璃装饰墙面等，装饰效果通过对比突出玻璃材质的光洁明亮、典雅高贵，如图 8-3 即为某建筑楼梯栏板使用玻璃作为重点装饰。

图 8-3　局部玻璃工程

8.1.2　玻璃材料的优势

随着建筑业和玻璃制造业的发展，玻璃制品由过去主要用于采光的单一功能向着装饰等多功能方向发展，对建筑玻璃的功能要求除了最基本的封闭和采光要求外，还有如控制光线、调节热量、节约能源、改善建筑环境、增加美感等多种功能。玻璃已逐渐发展成为一种重要的装饰材料，使用中可以根据不同环境的需要，选择不同性能、不同颜色的玻璃制品，其材料优势主要有以下几点：

1. 采光

采光是建筑对玻璃最基本的要求，当前对采光的要求已经不再只是将阳光引入室内，而是对玻璃采光的角度、视觉效果、节约人工照明、建筑室内的遮蔽性、玻璃的透光性能和影像失真等多方面均提出了新的要求。

2. 透明与反射

现代玻璃工程很多是充分发挥玻璃透明、反射的特征。例如热反射玻璃利用可见光的反射，在幕墙上形成对面景物轮廓、色彩的映像，使得建筑立面装饰效果变化多彩；点支式玻璃幕墙的透明性好，其玻璃面板仅通过几个点连接到支撑结构上，几乎无遮挡，视野达到最大，将玻璃的透明性应用到极致，可以清晰地看到支撑玻璃的整个钢结构系统，不仅展现了现代建筑的轻盈和坚固的对比，而且使建筑室内外空间景象融合，在建筑室内就可以直接感受大自然的变化、享受阳光的照射，如图 8-4 所示。

图 8-4　玻璃工程的透明与反射

3. 扩大空间

玻璃材料一般具有通透性，应用中使得建筑空间相互渗透，扩大了视觉空间，减少了空间的封闭感。例如玻璃隔断的设计，可以采用彩色玻璃、压花玻璃或彩色有机玻璃等，广泛应用于餐厅、会客厅等，不仅从视觉上扩大了空间，还往往令室内空间富于变化、增加了层次、充满了艺术情趣，如图 8-5 所示。

图 8-5　玻璃隔断

8.2 玻璃工程的材料

玻璃工程在使用过程中需要安装的材料有：玻璃工程同墙体的连接材料，玻璃同窗框、门框之间的接缝材料，玻璃边缘的密封材料等，其安装结构示意图如图8-6所示。按照玻璃工程的组成总体上分为框架、玻璃、玻璃嵌缝材料和连接固定件四大类，这四类材料品种繁多，性能和功能各异，由它们组合而成的安装结构的种类更是多种多样，经济合理地确定安装结构可以使整个玻璃工程达到预期功能。

8.2.1 框架材料

玻璃工程框架材料是主要受力构件框材，大多数采用铝合金型材，有普通级、高精级和超高精级三种不同质量等级，也可以采用型钢、不锈钢、青铜等材料，截面形式有空腹和实腹，型钢多采用工字钢、角钢、槽钢、方管钢等，如图8-7所示。型钢做骨架强度高，价格较低，但容易生锈，维修费用高。框材的规格按受力大小和有关设计要求而定，截面宽度为40~70mm，截面高度为100~210mm，壁厚为3~5mm；如果框材为次要受力构件时，截面宽度为40~60mm，截面高度为40~150mm，壁厚为1~3mm。我国框材常用的系列尺寸及特点详见表8-1。

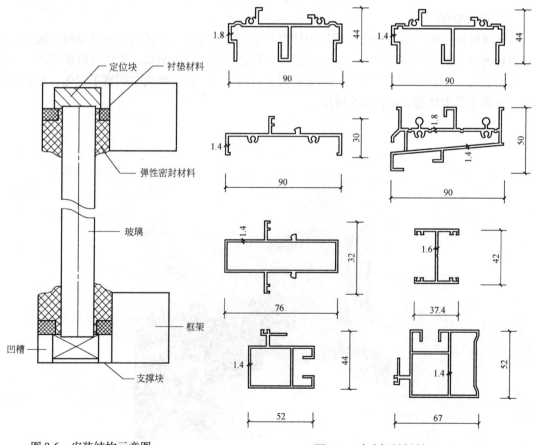

图8-6 安装结构示意图

图8-7 玻璃框材材料

表 8-1 玻璃工程常用框材属性

名称	竖框断面尺寸 ($b \times h$) /mm	特 点	应 用 范 围
简易通用型玻璃幕墙工程	框格断面尺寸采用铝合金门窗断面	简易、经济、框格通用性强	玻璃幕墙工程高度不大的部位
100 系列铝合金玻璃幕墙工程	100×50 单层玻璃	结构构造简单、安装容易、连接支点可以采用固定连接	楼层高≤3m、框格宽≤1.2m、应用于强度在 2kN/m² 的 50m 以下的建筑
120 系列铝合金玻璃幕墙工程	120×50	同 100 系列	同 100 系列
140 系列铝合金玻璃幕墙工程	140×50	制作容易，安装维修方便	楼层高≤3.6m、框格宽≤1.2m、应用于强度在 2.4kN/m² 的 80m 以下的建筑
150 系列铝合金玻璃幕墙工程	150×50	结构精巧、功能完善、维修方便	楼层高≤3.9m、框格宽≤1.5m、应用于强度在 3.6kN/m² 的 120m 以下的建筑
210 系列铝合金玻璃幕墙工程	210×50	属于重型、较高标准的全隔热玻璃幕墙，功能全面，但结构构造复杂、造价高，所用的外露型材均与室内部分用橡胶垫分隔开，形成严密"断气桥"	楼层高≤3.0m、框格宽≤1.5m、应用于强度在 25kN/m² 的 100m 以上大分格结构的玻璃幕墙工程

8.2.2 玻璃

玻璃是整个玻璃工程中的核心，主要用于建筑外围护材料，它直接制约着玻璃工程的各项性能，同时也是玻璃工程艺术风格的主要体现者。因此，选用玻璃是设计的重要内容，应该选择热工性能良好、抗冲击能力强的安全玻璃，通常有钢化玻璃、夹层玻璃、夹丝玻璃、浮法玻璃、热反射玻璃（又称镜面玻璃）、吸热玻璃（又称染色玻璃）、双层玻璃、中空玻璃等。常见玻璃属性见表 8-2。

表 8-2 常见玻璃属性

名 称	常用规格	制作工艺	特 点
钢化玻璃	厚度 2~9mm，板面尺寸最大宽度 2.0 ~ 2.5m，4.0 ~ 6.0m	普通平板玻璃经切裁、磨边、清洗等预处理后，再经过加热炉和冷却风栅进行特殊热处理	1. 玻璃的机械强度和热稳定性大大提高，抗弯强度是普通玻璃的 3 ~ 5 倍，抗冲击强度是普通玻璃的 5 ~ 10 倍 2. 安全性较好，当遭遇破坏时，由破裂点瞬间扩散至整块玻璃，全部破裂成蜂窝状小颗粒

（续）

名　称	常用规格	制作工艺	特　点
夹层玻璃	胶片法使用的 PVB 胶片厚度有 0.38mm、0.76mm、1.52mm 等几种常用规格；灌浆法胶片厚度一般为 1mm，也可以根据需要自定	在两片或多片玻璃之间夹入透明或彩色的 PVB 胶片，经高温高压粘合而成的复合玻璃	1. 安全性好，玻璃破裂后仍然粘接在夹层的胶片上，最大限度减少危险 2. 具有普通玻璃的透光性和耐久性，又能弥补普通玻璃的脆性，而且具有耐火、耐热、耐湿、耐寒等特点 3. 不足之处是重量大、造价高
夹丝玻璃	厚度根据金属网和玻璃的厚度确定	将预处理的金属丝或金属网嵌入玻璃板内层	1. 玻璃整体性有很大提高，具有优良的防火性能 2. 具有一定的抗穿透性能，破碎时玻璃碎片均附在金属网上，有破而不裂、缺而不裂的优点 3. 缺点是透视性不好，因为金属网的存在，对视觉效果有一定的干扰；玻璃边裸露的金属丝容易被腐蚀
浮法玻璃	厚度可以是 1～25mm 的平板玻璃，建筑上常用厚度为 3～19mm，最大板宽可达 3.6m，板长可以根据需要满足各种尺寸要求	将玻璃液体流入通入保护气体的锡槽内，在干净的锡面上自由摊平，形成表面平整、相互平行的玻璃带，经过抛光、拉薄、硬化，逐渐降温、退火而成	1. 适用于高效率制造的优质平板玻璃，表面平整、光洁、透明度好，多用于双层玻璃的内层 2. 生产线的规模不受成型方法的限制，单位产品的能耗低 3. 成品利用率高
吸热玻璃	厚度规格在 3～19mm，常用的是 5～12mm	在普通透明的玻璃中加入极微量的金属氧化物而制成的	1. 其颜色随金属氧化物而变，常见的品种有古铜色（茶色）、蓝绿色、蓝灰色、浅蓝色、浅灰色、金色等 2. 具有节能功能，因为玻璃中的不同色素可以"过滤"太阳光中的某些色谱，因而具有一定的吸热作用，吸热率可以达到 50% 左右，并可以避免眩光和紫外线的反射 3. 减少了室内的照度差，使室内的光线呈现出柔和的气氛，又增加了装饰的效果
热反射玻璃	同平板玻璃规格	在普通玻璃的表面覆盖一层具有反射热光线性能的金属氧化物膜，常见的金属氧化物膜是以金、银、铜、铁、锡、钛、镉、锰等无机化合物为原料，采用喷涂、溅射、真空蒸涂、气相沉淀等方法在玻璃表面形成的氧化物涂层	1. 采用的金属氧化物不同，玻璃表面的色彩也各不一样，常见的有金色、银色、古铜色、灰色等颜色 2. 金属氧化物膜可以在一侧或两侧涂覆 3. 具有单向透视性，可以反射太阳辐射热 30% 左右

（续）

名　称	常用规格	制作工艺	特　　点
中空玻璃	熔接法中空玻璃只能使用 3mm、4mm 厚度的玻璃	由两片或多片玻璃合成，玻璃之间相隔 6～12mm，形成干燥空气层或充以惰性气体，然后与边框通过焊接、胶结或熔接密封而成	1. 保温节能的作用 2. 防霜、露作用，干燥的空气层不会使外层玻璃内表面结露 3. 隔声效果好，隔声程度与玻璃的厚度和空气隔层有关，一般可以降低噪声 30～40dB
压花玻璃	厚度在 2.2mm 的称为薄压花玻璃，板面尺寸有 914mm×813mm、1219mm×610mm；厚度在 4mm 以上的称为厚压花玻璃，板面尺寸有 1829mm×1219mm、2438mm×1820mm	采用压延方法制造的一种平板玻璃，制造工艺分为单辊法和双辊法	1. 又称花纹玻璃或滚花玻璃，有无色、有色、彩色数种。表面压有深浅不同的各种花纹图案 2. 由于表面凹凸不平，透光度在 60%～70% 之间，当光线通过时即产生漫反射，从玻璃的另一侧看物体时，物像模糊不清，形成该玻璃不透像的特点

8.2.3　嵌缝材料

玻璃镶嵌在金属框上即要使玻璃牢靠地固定，同时又要保证接缝处的防水密闭、玻璃的热胀冷缩等问题。要解决这些问题，通常需要在玻璃与金属框接触的部位设置以下三种玻璃安装材料：

1. 填充材料

填充材料用于金属框凹槽内的底部，能防止玻璃与框架的直接接触，保护玻璃周边不受损坏，同时起到填充缝隙和定位的作用，包括支撑块、定位块和间距片。一般在准备安装前装于框架凹槽内，上部多用橡胶压条和硅酮系防水密封膏加以覆盖。应用较多的填充材料有聚氯乙烯泡沫胶系、聚苯乙烯泡沫胶系和氯丁二烯胶等，形状有片状、板状、圆柱状等多种规格。

2. 密封材料

密封材料俗称玻璃装配垫圈或玻璃配压条，用于玻璃与框架结合部位的连接，其用途是在玻璃安装时嵌于玻璃两侧，起一定的密封缓冲和固定压紧的作用，如液体密封材料一般与填充材料一起配合使用，固化后起辅助固定玻璃的作用，而预成型弹性结构密封材料则直接起着密封和固定玻璃的双重作用。密封材料应有足够的承载力和抗拉强度，在最恶劣的环境气候条件下应能保证玻璃安装结构对建筑物的水密性、气密性等功能要求。密封材料安装后，在承受有玻璃传递的风荷载作用时不应脱离框架，同时对玻璃和框架受热后产生的膨胀和玻璃受荷载作用产生的变形应具有一定的适应能力，以保证玻璃的安全性。

通常用于玻璃安装结构的密封材料有油灰、塑性填料、密封剂、嵌缝条等，使用较多的是橡胶密封条，其断面形式如图 8-8 所示。

3. 防水材料

防水材料的作用是封闭缝隙和粘接，目前应用较多的有聚硫系的聚硫橡胶封缝料和硅酮橡胶系的硅酮封缝料。硅酮封缝料的耐久性好、品种多、容易操作，属于防水材料中的高级材料，其模数越低，对活动缝隙的适应能力越强，越有利于抗震。目前市场上的常用封缝材料有三元乙丙橡胶、泡沫塑料、氯丁橡胶、丁基橡胶、硅酮橡胶等，其中硅酮橡胶的密封粘接性能最佳，耐久性也优于其他材料，各种硅酮系封缝材料的特性及应用详见表8-3。

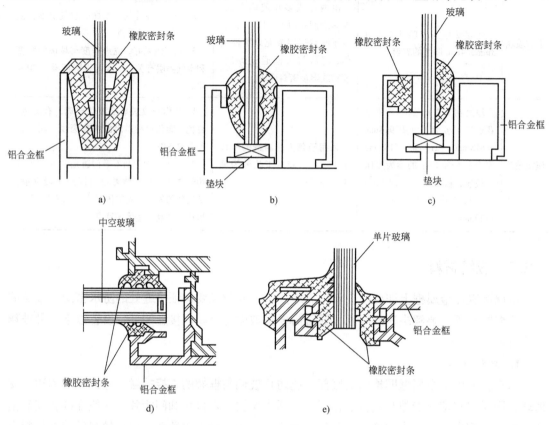

图 8-8　玻璃密封材料

表 8-3　硅酮系封缝材料的种类及应用

硬化机理	主要硬化成分	模数	特　　点	使用玻璃品种					
				聚碳酸酯	热反射玻璃	夹丝玻璃	夹层玻璃	双层中空玻璃	浮法玻璃压花玻璃吸热玻璃钢化玻璃
单一组分吸湿	醋酸型	高、中	硬化块，腐蚀金属，粘结性和耐久性，透明度较高，有恶臭	不可用	不可用	不可用	不可用	不可用	可用
固化型	乙醇型	中	无霉、无臭、无腐蚀性、粘结性较好	优先采用	可用	可用	可用	可用	可用
单一组分	氨化物或氨基酸型	低	容易操作、无腐蚀性、耐久性较好	不可用	可用	优先采用	优先采用	优先采用	优先采用
双组分反应固化型	氨基酸型	低	价格低，耐久性尚可，需要底涂层，对活动缝隙适应力强，适于悬挂结构和大的可动缝隙，无腐蚀性	不可用	可用	可用	优先采用	优先采用	优先采用

8.2.4　连接固定件

　　玻璃工程需要的连接固定件是指骨架之间以及骨架与主体结构构件之间的结合件，多用角钢和金属膨胀螺栓、垫板、螺栓杆、螺母等，使玻璃框材与楼板连接固定。采用螺栓连接的优点是可以调节和满足变形的需要。连接件应选用镀锌件或者对其进行防腐处理，保证其具有良好的耐腐蚀性、耐久性和安全可靠性，连接部位多用于板面、板底和楼面的垂直面处，如图 8-9 所示。

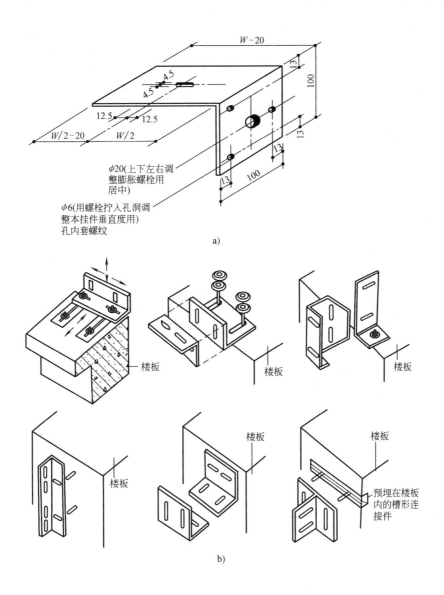

图 8-9　连接固定件

a）不锈钢吊挂件大样　b）连接铁件大样

8.3 玻璃工程的构造

8.3.1 玻璃墙板的构造

玻璃墙板根据安装构造不同，可以分为坐地式和悬挂式以及玻璃装饰板墙面三种。

1. 坐地式玻璃墙面

如果玻璃的高度较低（小于5m），通常可采用坐地式安装，即大块通高的玻璃板上下翼均采用镶嵌槽安装，玻璃固定在下部的镶嵌槽内支座上，需要注意的是上部的镶嵌槽顶与玻璃之间需留出一定空间，使玻璃有伸缩变形的余地，如图8-10所示。该做法构造简单，造价低廉，主要靠底座承重，缺点是玻璃在自重作用下，容易弯曲变形。坐地式安装的构造组成包括上下金属夹槽、玻璃板、玻璃肋、弹性垫块、聚乙烯泡沫垫杆或橡胶嵌条、连接螺栓、硅酮结构胶等。为了加强玻璃板的刚度、保证玻璃墙板整体在风压等水平荷载的作用下的稳定性，应增设玻璃肋，如果玻璃高度小于2m，且风压较小时可以省去玻璃肋。

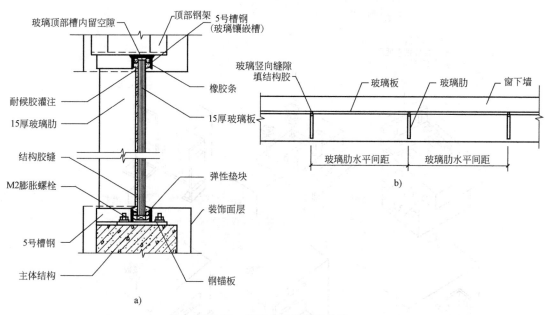

图8-10　坐地式玻璃幕墙构造
a）构造示意图　b）平面示意图

玻璃肋应垂直玻璃板布置，间距根据设计确定，玻璃竖缝嵌填结构胶。玻璃肋的布置方式如图8-11所示。

1）后置式：玻璃肋置于玻璃板的后部，用密封胶与玻璃板粘结成整体。

2）骑缝式：玻璃肋位于两块玻璃板的板缝位置，在缝隙处用密封胶将三者粘结。

3）平齐式：玻璃肋位于两块玻璃板之间，两块玻璃板前端与两块玻璃板面平齐，两侧缝用密封胶嵌填，粘结。

4）突出式：玻璃肋夹在两块玻璃板中间、两侧均突出玻璃表面，两面缝隙用密封胶嵌填、粘结。

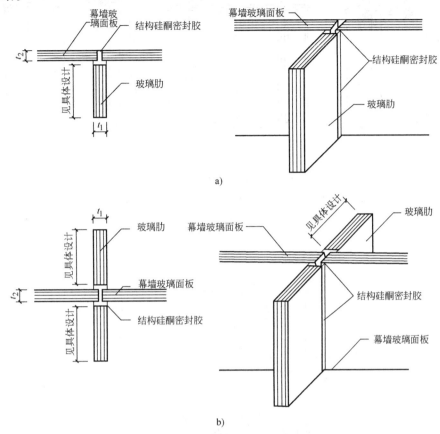

图 8-11　玻璃肋布置方式

a）单肋幕墙玻璃节点　b）双肋幕墙玻璃节点

2. 悬挂式玻璃墙面

当玻璃板较高时（大于 5m），由于板面大，在满足强度和挠度设计要求时，板厚一般在 10～19mm 之间，因而玻璃板自重较大，玻璃重量落在底部，极易产生装配应力和偏心受力，所以应将玻璃采用悬挂安装，玻璃底框留有间隙或采用软橡胶垫，以保证膨胀延长的需要。悬挂式玻璃墙板在建筑中使用可以产生特殊的装饰效果，由于整体无框，给人通体透明的视觉效果，适用于高档公共建筑的大堂、门厅、裙房等部位，如图 8-12、图 8-13 所示。

悬挂式玻璃幕墙的构造方法是在玻璃顶部增设钢梁、吊钩和夹具，将玻璃竖直吊挂起来，以消除玻璃由于自重引起的挠曲。玻璃底部两角附近垫上固定垫块，将玻璃镶嵌在底部金属槽内，槽内玻璃两侧用密封条及密封胶嵌实，以限制玻璃板的水平位移。为了增强玻璃墙面的刚度，也需每隔一定距离用条形玻璃（玻璃肋）作为加强肋板。

悬挂式玻璃的吊挂方式有两种，一种是夹紧式吊挂，一种是粘接式吊挂，如图 8-14 所示。夹紧式吊挂是利用玻璃自重，自重越大则夹紧力越大，具有施工方便的特点，但吊挂夹具造价较高；粘接式吊挂则是在吊挂玻璃顶端预先粘接两侧支撑块，靠胶体的抗剪强度将玻璃吊起，其特点是夹具简单但施工复杂。

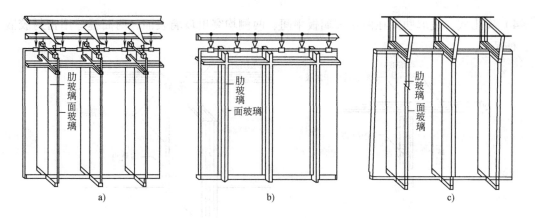

图 8-12　悬挂式玻璃工程

a）面玻璃和肋玻璃都由上部结构悬挂，肋为玻璃　b）面玻璃由上部结构悬挂，金属立柱
c）不采用悬挂设备，肋玻璃和面玻璃均在底部支承，肋为玻璃

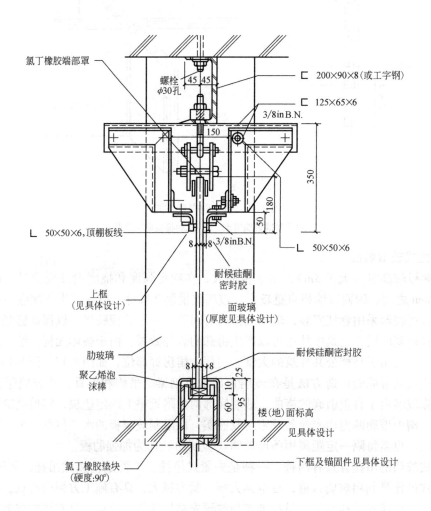

图 8-13　悬挂式玻璃工程节点构造

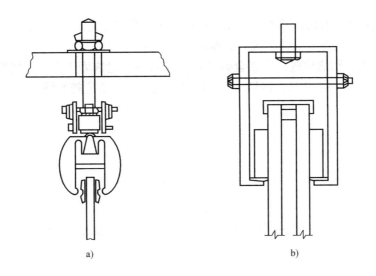

图 8-14　悬挂式玻璃的吊挂方式

a）夹紧式吊挂夹具示意图　b）粘接式吊挂夹具示意图

3. 玻璃装饰板墙面

现代装饰中，玻璃作为饰面材料广泛用于内外墙面装修。玻璃板饰面材料种类繁多，有镭射玻璃饰板饰面、微晶玻璃饰板饰面、幻影玻璃饰板饰面、珍珠玻璃饰板饰面、浮雕玻璃饰板饰面、热反射镀膜玻璃饰板饰面、镜面玻璃饰板饰面、彩釉钢化玻璃饰板饰面等。玻璃装饰墙面施工工艺简单，易于清洁，整体性强，装饰效果好。用于内墙装修构造做法主要有粘贴固定法、嵌钉固定法、嵌条固定法、螺钉固定法和用广告钉挂法，如图 8-15 所示。

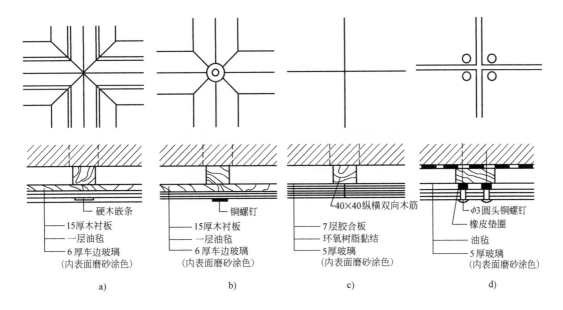

图 8-15　内墙玻璃装饰板构造

a）嵌条固定　b）嵌钉固定　c）粘贴固定　d）螺钉固定

　　玻璃装饰板外墙装修构造基本上有龙骨贴墙做法、装饰板直接贴墙做法、装饰板离墙吊挂做法三种做法，构造做法以镭射玻璃装饰板构造为例。

　　（1）铝合金龙骨贴墙构造　将铝合金龙骨直接粘贴于建筑墙体上，再将镭射玻璃装饰板与龙骨粘牢，如图 8-16 所示，该做法施工简便、快捷、造价比较经济。

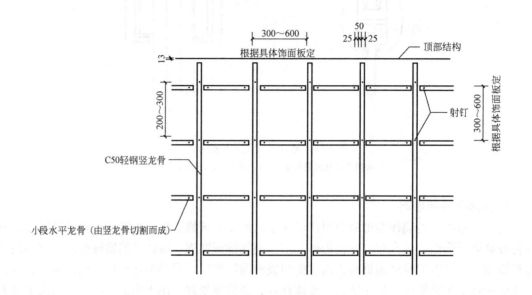

a)

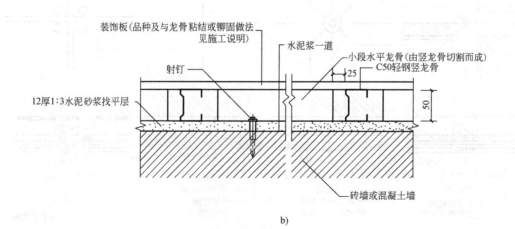

b)

图 8-16　铝合金龙骨贴墙构造

a）龙骨贴墙做法布置、锚固示意图　b）龙骨贴墙做法示意图

（2）直接贴墙构造　镭射玻璃装饰板直接粘贴于墙体表面之上，不再需要铝合金骨架，如图 8-17 所示，该做法要求墙体砌筑特别平整，并要求墙体表面找平层的施工必须特别坚固，与墙体粘接好，不得有任何空鼓、疏松、不实、不坚之处。

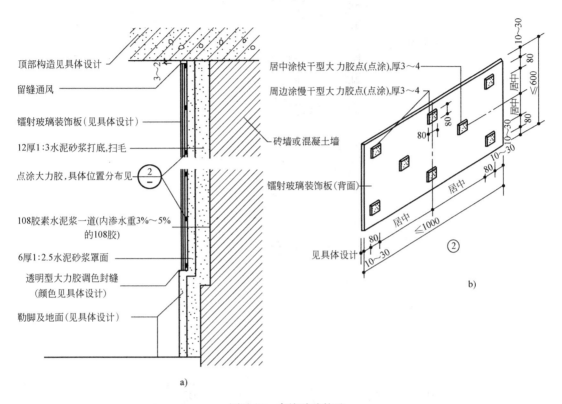

图 8-17　直接贴墙构造
a）墙身纵剖面　b）镭射玻璃装饰板背面点涂大力胶位置分布大样

（3）离墙吊挂构造　镭射玻璃装饰板离墙吊挂做法适用于具体设计中必须将玻璃装饰板离墙吊挂之处，例如墙面突出部分、突出的腰线部分、突出的造型面部分、墙内需加保温层部分。如图 8-18 所示为离墙吊挂做法构造图和吊挂件示意图。

8.3.2　玻璃砖墙的构造

玻璃砖作为一种墙体材料，具有透光、保温和装饰等主要功能。玻璃砖有单腔和双腔之分，图案有多种，如方格、菱形格、直线、点状、放射状和各种随机图形，因而其形状和图案都是易于调整的，如图 8-19 所示。玻璃砖的颜色也可以选择，根据建筑设计的要求，可以是蓝、绿、棕、粉红、乳白等各种色调。由于玻璃空心砖内部有密封的空气，因而具有隔声、隔热、控光及防结露等优良性能，作为建筑材料使用对防震、防火等防灾性方面也具有优良的性能。

玻璃砖隔墙用于室内可以隔绝视线，但仍可透光，因此它不仅可以分隔空间，还可以作为一种间接采光的墙壁，常用于公共建筑中，如办公楼、宾馆、饭店等的门厅、屏风、立柱的贴面、楼梯栏板等部位。

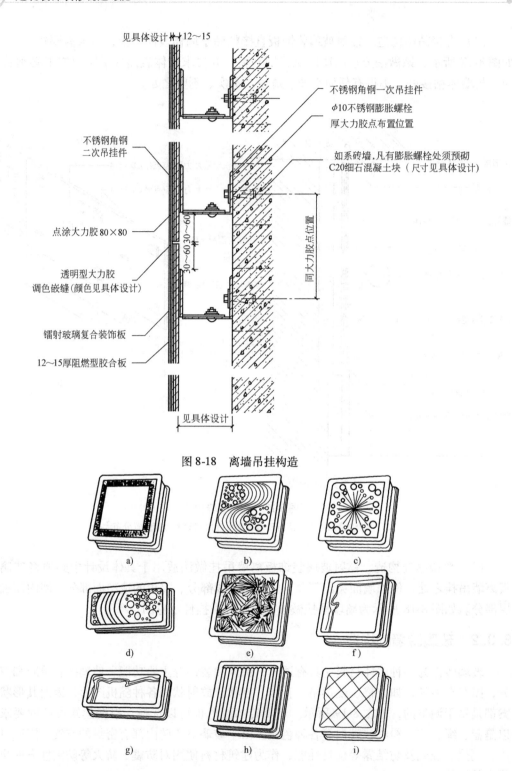

图 8-18　离墙吊挂构造

图 8-19　玻璃砖类型

a）方石纹　b）小波纹　c）流星纹　d）水波纹　e）钻石纹

f）云形纹　g）云形纹　h）平行纹　i）菱形纹

　　玻璃砖隔墙在砌筑时，一般将其砌筑在框架内，框架材料可以是木质的，最好是金属材料，如图 8-20 所示。玻璃砖的砌筑关系墙体装修质量，按照施工构造做法不同可以分为砌筑做法和胶筑做法两种，典型构造如图 8-21 所示。

　　（1）砌筑法　砌筑法是将空心玻璃装饰砖用 1∶1 白水泥石英彩色砂浆，与加固钢筋砌筑成空心玻璃砖墙或隔断的一种构造做法，如图 8-22 所示。

　　（2）胶筑法　胶筑法是将空心玻璃装饰砖用胶粘结成空心玻璃砖墙或隔断的一种新型构造做法，如图 8-23 所示。

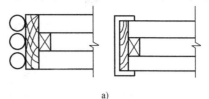

a)

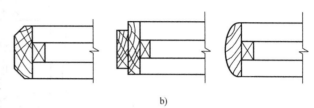

b)

图 8-20　玻璃砖框架

a）玻璃砖墙常见的木外框型式　b）不锈钢饰边常见型式

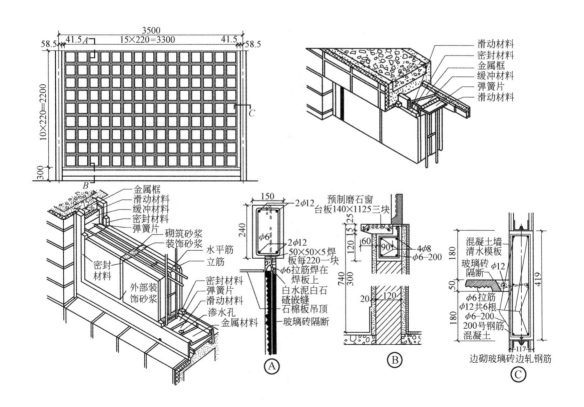

图 8-21　玻璃砖墙构造

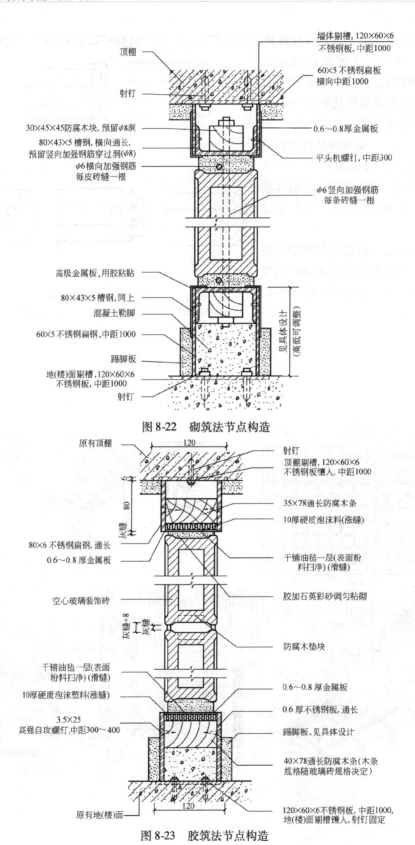

图 8-22　砌筑法节点构造

图 8-23　胶筑法节点构造

8.3.3　玻璃顶棚的构造

玻璃顶棚即玻璃采光顶，是现代建筑中不可缺少的采光与装饰并重的一种屋盖，不仅具有传统的大面积采光功能，并且已发展成集多种功能于一体的新型屋面形式。玻璃顶棚既是屋顶承重结构的一部分，直接承受自重、积雪、积灰等荷载，同时也是围护结构的一部分，要考虑保温、隔热、防水、采光等技术功能，如图 8-24、图 8-25所示。

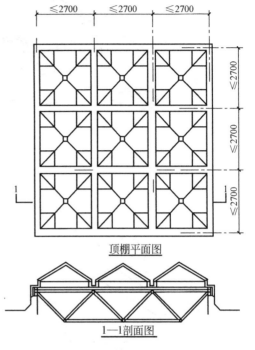

图 8-24　玻璃顶棚（一）

玻璃顶棚的结构形式多种多样，主要应用于展览馆、图书馆、饭店等共享大厅的顶棚，可以打破空间的封闭感，增加共享空间的光彩效果。

玻璃顶棚的骨架多用轻钢支架、铝合金支架或挤压铝型材，做成不同形式的标准单元，预制装配。比较大的复合式玻璃顶棚需要有完整的骨架体系，由主骨架和横向型材组成，型材的下部有排水沟，玻璃上的凝结水先流到横向型材的沟里，再流入主骨架的排水沟中，最后导入边框的总槽沟，由内泄水孔排出。

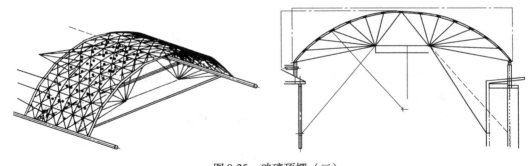

图 8-25　玻璃顶棚（二）

玻璃顶棚的玻璃材料选用要有限制，必须有良好的抗冲击力、保温隔热和防水密闭性能，常用的品种有夹层安全玻璃、丙烯酸酯有机玻璃、聚碳酸酯有机玻璃、玻璃钢（加筋纤维玻璃）、反射玻璃、吸热玻璃等双层玻璃。为避免玻璃破碎伤人，其底部应栓挂铅丝网，铝型材和玻璃之间多使用氯丁橡胶、硅酮密封膏、氧磺化聚乙烯密封膏等作衬垫密封材料。玻璃顶棚的构造做法详见图 8-26 ~ 图 8-28。

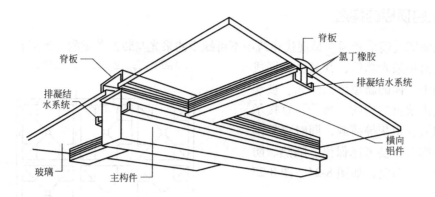

图 8-26　平面玻璃顶棚构造

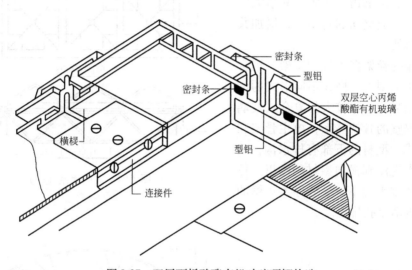

图 8-27　双层丙烯酸酯有机玻璃顶棚构造

按照玻璃顶棚的结构受力形式不同分类，主要可以分为以下几种：

1. 钢结构玻璃顶棚

钢结构是玻璃顶棚常用的支承结构，按照所使用的结构类型不同又可分为：

（1）梁系　包括单梁、主次梁、交叉梁等，优点是受力明确、计算方便、加工制造及施工安装比较简单，适用于玻璃雨篷和中小跨度玻璃屋顶。

（2）拱和结合拱　拱的形式按其组成分为三铰拱、两铰拱和无铰拱三种。拱结构的玻璃顶棚造型优美，给人良好的视觉效果。

（3）桁架　指有直杆在端部相互连接而组成的格构式体系，用于屋顶就称为屋架。按外形可分为三角形桁架、梯形桁架、拱形桁架、平行弦桁架；按照受力则分为平面桁架、空腹桁架、空间桁架等。

（4）张弦结构　是一种新型大跨度空间结构形式，在刚性屋顶结构与柔性屋顶结构之间，利用张拉整体的概念产生的一种更高效的结构体系。

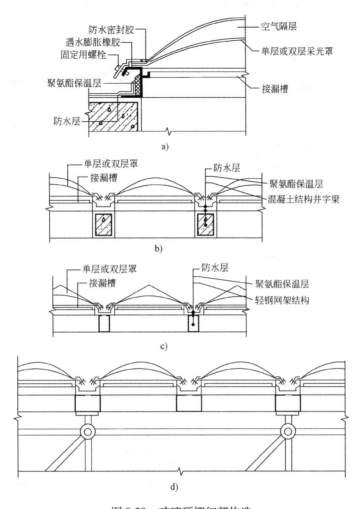

图 8-28　玻璃顶棚细部构造

a）采光窗安装节点　b）采光窗与混凝土结构安装节点

c）采光窗与轻钢网架结构安装节点　d）采光窗与球形网架结构安装节点

2. 铝合金结构玻璃顶棚

铝合金玻璃顶棚的构造设计包括构件构造、杆件与杆件连接构造、玻璃与玻璃连接构造、玻璃与杆件连接构造以及玻璃顶棚与建筑的连接构造等几个方面，如图 8-29 所示。

3. 索结构玻璃顶棚

索结构玻璃顶棚由拉索结构系统、玻璃屋面和支承系统组成。拉索系统传来的荷载由支承系统传给主体结构，支承系统的合理性、可靠性直接关系到索结构玻璃采光顶棚的经济性和安全性。索结构顶棚的优点是自重轻、节约钢材，屋盖造型活泼新颖，运输及施工方便，不需要大型起重设备。

4. 玻璃结构玻璃顶棚

玻璃结构的玻璃顶棚是用玻璃板代替张拉整体系统中的压杆，为增强整个结构的刚度，减小结构的变形，用有一定刚度的杆件代替拉索。整个顶棚仍然是由若干块玻璃拼成，只是在玻璃之间不再通过金属框架连接,而是由位于平面处的专用连接件直接对接,连接件与玻璃之间可以栓接也可以粘接,如图 8-30 所示。

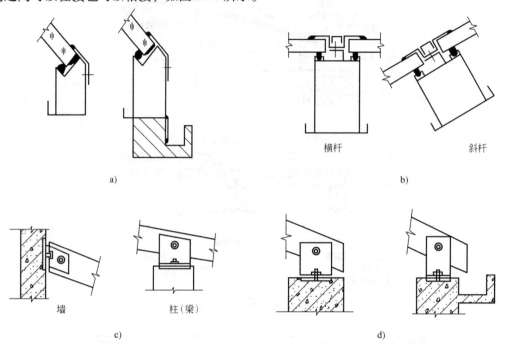

图 8-29　铝合金结构玻璃顶棚细部构造

a) 檐口构造　b) 中间节点构造　c) 背部主杆与主支承系统连接构造　d) 檐口主杆与主支承系统连接构造

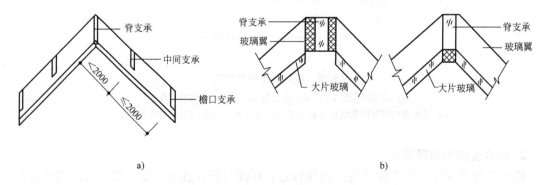

图 8-30　玻璃结构玻璃顶棚细部构造

a) 玻璃翼间支承　b) 脊支承构造

8.4　玻璃工程的施工

8.4.1　玻璃砖墙的施工

1. 玻璃砖墙施工原则

1) 玻璃砖墙拼接、安装应符合设计和产品构造要求。

2）施工前应按照设计要求制作样板墙，经验收合格，并且确定施工方案后方可正式施工。同时要提出安装工艺要求和质量保证措施，以便向施工班组进行技术交底和做好工序质量控制。

3）玻璃砖墙与顶棚和其他墙体交接处应采取防开裂措施，门窗框或筒子板与隔墙相接处应符合设计要求。玻璃砖隔墙的上下基体应平整、牢固，隔墙下端如用木踢脚板覆盖，饰面板应与地面应留有 20～30mm 的缝隙；当采用大理石、瓷砖、水磨石等作踢脚板时，饰面板下端应与踢脚板上口齐平，接缝应严密。

4）安装玻璃砖墙所需的预埋件、连接件的位置、数量及连接方法应符合设计要求。玻璃砖墙工程的隔声性能应符合现行国家标准《民用建筑隔声设计规范》（GB 50118—2010）的规定。

2. 施工管理控制要点

（1）工艺流程　墙体放线→排砖→挂线→砌筑→勾缝清理→检查验收。

（2）施工流程　玻璃砖墙常用的施工做法有两类，一种是砌筑法，一种是胶筑法。

1）砌筑法。

①放线。在玻璃砖墙四周弹好墙身线，在墙下面弹好排砖线。

②排砖。玻璃砖砌体采用十字缝立砖砌法。根据弹好的位置线，认真核对玻璃砖隔墙长度尺寸是否符合排砖模数。预排时应挑选棱角整齐、规格相同、对角线一致、表面无裂痕和磕碰的砖进行排砖。两玻璃砖对砌，砖缝间距为 5～10mm。

③隔墙基础。根据设计要求的尺寸和使用材料做出砖墙基础底脚。

④挂线。先根据玻璃砖厚度和砖缝间距作好皮数杆，然后依据砖皮数进行挂线。砌筑第一层砖时应双面挂线，以保证砖墙施工质量。如玻璃砖墙较长，还应在中间多设几个支线点，每层玻璃砖墙砌筑时均须挂平线。

⑤砂浆。玻璃砖砌筑时采用白水泥: 细砂 = 1:1 的水泥浆，或白水泥: 108 胶 = 100: 7 的水泥胶浆（重量比）。水泥浆要有一定的稠度，以不流淌为好。

⑥水平砌筑。为保证上、下层对缝，应采用自下而上的方式砌筑。每层玻璃砖在砌筑前，宜在砌筑砖上放置木垫块，如图 8-31 所示，以保证玻璃砖墙的平整性和砌筑方便。每块玻璃砖上放置两块木垫块，卡在上下砖的凹槽内，如图 8-32 所示。

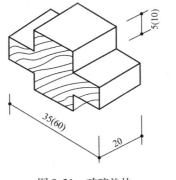

图 8-31　玻璃垫块

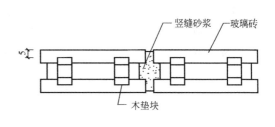

图 8-32　玻璃砖安装

⑦垂直砌筑。为保证玻璃砖的中间槽卡在木垫块上，两层玻璃砖的间距为 5～8mm，缝中承力钢筋的间隔应小于 650mm，伸入竖缝和横缝，并与玻璃砖上下及两侧的框体和结构

体牢固连接，如图 8-33 所示。

⑧砌筑要点。砌筑时砂浆要铺得厚一些，缓慢挤揉，立缝浇灌的砂浆一定要捣实，勾缝要勾严，保证砂浆饱满。砌筑高度 1.5m 为一个施工段。每砌完一层后，要用湿布将玻璃砖面上的残留灰浆擦去。玻璃砖砌筑完后，应立即进行表面勾缝，先水平后竖直，缝的深度要一致。砌筑过程中，玻璃砖不要堆放得过高，防止打碎伤人。砌筑完成后，应在玻璃砖墙两侧搭设木架，防止玻璃砖受到磕碰。

2）胶筑法。玻璃砖墙采用"胶筑法"施工时，根据四周封边、收口做法不同，分为高级金属板封边、灰缝和硬木饰条封边、收口三种，同时四周必须设"涨缝"及"滑缝"，前者由硬质泡沫塑料构成，后者由石油沥青油毡构成。"涨缝"施工时，应在防腐木条顶面沿木条两边每隔 1000mm 点涂直径 20mm 大力胶点一个，边涂边将硬质泡沫塑料粘于防腐木条之上，粘贴完毕后，将表面清理干净，干铺石油沥青油毡一层，构成"滑缝"。

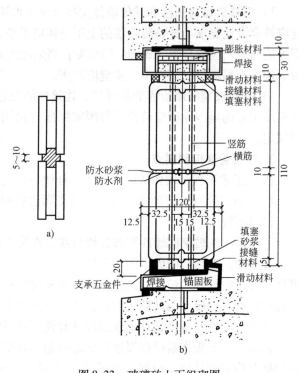

图 8-33　玻璃砖上下组砌图
a）玻璃砖上下层的安装位置　b）玻璃砖墙砌筑组合图

空心玻璃装饰砖墙均应严格按照下列工艺进行施工：

①在空心玻璃砖墙勒脚上皮"油毡滑缝"上，涂大力胶石英彩砂浆一道，厚 6～10mm，边涂边砌空心玻璃砖。

②第一皮空心玻璃砖砌筑完毕后，经检查合格无误后，再胶筑第二皮砖。

3. 施工检查事项

1）玻璃砖品种、嵌条、定位垫块、填充材料、密封条等材料应符合设计要求。

2）墙面、顶棚、隔断镶嵌玻璃砖的骨架应与结构连接牢固。

3）玻璃砖应排列均匀整齐，表面平整，嵌缝的油灰或密封膏应饱满密实。玻璃砖不得移位、翘曲和松动，其接缝应均匀、平直。玻璃砖隔墙工程常见质量缺陷与预控措施见表 8-4。

表 8-4　玻璃砖隔墙工程常见质量缺陷与预控措施

质量缺陷	预控措施
玻璃砖隔墙表面不平整、砖缝不顺直	1. 安装前，进行墙位放线，按砖厚和砖缝间距立好皮数杆。然后依据皮数杆进行挂线施工，每层砌筑时均应挂平线 2. 砌筑时，将砖上、下对缝，自下而上砌筑，灰缝控制在 5～8mm 3. 随砌随检查墙体平整度、灰缝平直度；如平直度超过允许偏差 3mm 时，应及时进行调整

（续）

质量缺陷	预控措施
玻璃砖安装不牢固	1. 玻璃砖安装方法应符合设计要求，或按照批准的施工方案中的施工方法施工 2. 玻璃砖隔墙内应在纵横砖缝内设拉结钢筋，其直径和间距应符合设计要求。拉结钢筋两端应与结构连接牢固。施工过程中应做好隐蔽工程验收纪录 3. 每层玻璃砖在砌筑之前，应放置垫块，砌筑时卡在上、下皮砖的凹槽内施工 4. 砌筑砂浆应饱满，立缝灌浆应捣实，嵌缝要密实

8.4.2　玻璃装饰板外墙的施工

1. 龙骨贴墙施工工艺

（1）工艺流程　测量放线→横梁、立柱装配→楼层紧固件安装→安装立柱并抄平、调整→安装横梁→安装保温镀锌钢板→在镀锌钢板上焊铆螺钉→安装楼层封闭镀锌板→安装单层玻璃密封条、卡→安装玻璃→镶嵌密封条→清扫→验收→交工。

（2）施工流程

1）测量放线。首先对主体结构的质量进行检查，做好记录，如有问题应提前进行剔凿处理。根据检查的结果，调整玻璃墙与主体结构的间隔距离。校核建筑物的轴线和标高，依据玻璃墙设计施工图，弹出玻璃墙安装位置线。

2）装配与安装龙骨。装配好立柱紧固件之间的连接件、横梁的连接件、安装镀锌钢板、立柱之间接头的内套管、外套管以及防水胶等。装配好横梁与立柱连接的配件及密封橡胶垫等。安装时，立柱先与连接件连接，然后连接件再与主体结构埋件连接，立柱安装就位、调整后应及时紧固。横梁两端的连接件以及弹性橡胶垫，要求安装牢固，接缝严密，并准确安装在立柱的预定位置。同一楼层横梁应由下而上安装，并及时检查、调整、固定，安装偏差应符合规定。

3）玻璃安装。骨架结构的类型不同，玻璃的固定方法也有差异。玻璃四周与构件凹槽底应保持一定空隙，每块玻璃下应设不少于两块弹性定位垫块，垫块的宽度与槽口宽度应相同；玻璃两边嵌入量与空隙应符合设计要求；玻璃四周橡胶条应按照规定型号选用，镶嵌平整。玻璃四周与墙体结构之间的缝隙，应采用防火的材料填塞。

2. 直接贴墙施工工艺

以镭射玻璃板为例，应使用背面带有铝箔层的镭射玻璃，无铝箔层的不能采用，玻璃板上胶前上胶处砂净磨糙时，不得将铝箔层破坏或磨破。

施工注意事项：

1）墙体砌筑平整，最好按清水墙工艺施工。

2）水泥砂浆打底及罩面必须特别坚固，须与墙体坚强抓牢，不得有空鼓、疏松、不实、不平之处，并要求罩面十分平整，在垂直度及水平度方面，均不得有正负平差。

3）找平层粘贴镭射玻璃板处，经精细测量如有不平之处须填平整，应使用快干型大力胶加石屑搅拌均匀，如须铲平者，可用铲刀仔细铲平。

4）镭射玻璃板的规格品种，均应按照具体设计进行选用。

5）镭射玻璃板外墙装修的其他部位如窗盘、腰线、檐口等处，构造做法均要参照相应规范要求。

3. 离墙吊挂施工做法

以镭射玻璃板为例，要求同上。本做法有两种施工工艺，一种将镭射玻璃板粘结于胶合板基层上，加工成为"复合墙板"，然后再将此胶板锚固于吊挂件上；另一种先将胶合板基层胶锚固于吊挂件上，再将镭射玻璃板胶粘于胶合板上。两种方法各有优缺点，可根据具体工程加以选用。

施工注意事项：

1）以"镭射复合玻璃板"做法为例，施工时应注意胶合板必须用阻燃型一级胶合板。

2）镭射复合玻璃板与墙板间的缝隙，应用透明型大力胶调色嵌实勾匀，颜色见具体设计要求。

8.4.3　玻璃顶棚的施工

玻璃顶棚、斜天窗框、扇玻璃安装如下：

1）安装前先检查顶棚镶嵌玻璃砖的骨架与结构的连接是否牢固，以免结构稍有沉降或变形而压碎玻璃砖，通常工业厂房采用斜天窗框，扇玻璃采用夹丝玻璃。

2）玻璃安装时应排列均匀整齐，表面平整；嵌缝的油灰或胶泥应饱满密实。斜天窗玻璃应顺流水方向盖叠安装，其盖叠长度要求为当斜天窗坡度 > 25% 时，不小于 30mm；当坡度 < 25% 时，不小于 50mm。

3）盖叠处应用钢丝卡固定，并在盖叠缝隙中垫油绳，用防锈油灰嵌塞密实。安装钢化玻璃时，应使用卡紧螺丝或压条镶嵌固定，玻璃与围护结构的金属框格相接处，应衬橡胶垫或塑料垫。

4）安装磨砂玻璃和压花玻璃时，磨砂玻璃的磨砂面应向室内，压花玻璃的花纹宜向室外。

5）当焊接、切割、喷砂等作业可能损伤玻璃时，要注意防护，严禁火花、砂子等溅到玻璃上。

8.5　玻璃工程的质量验收要求

8.5.1　玻璃工程的质量总要求

1. 玻璃工程材料质量要求

1）玻璃和玻璃砖的品种、规格和颜色应符合设计要求；质量应符合有关材料标准。

2）油灰用熟桐油等天然平性油拌制，用其他材料拌制的油灰，必须经试验合格后，方可使用。

3）油灰应具有塑性，嵌抹时不断裂，不出麻面，油灰在常温下，应在 20d 内硬化。用于钢门窗玻璃的油灰，应具有防锈性。现场拌制油灰的配合比：碳酸钙粉:混合油 = 100:（13~14），其中混合油的配合比：三线脱蜡油:熟桐油:硬脂油:松香 = 63:30:2.1:4.9。

4）夹丝玻璃的裁割边缘上宜刷涂防锈涂料。

5）镶嵌用的镶嵌条、定位垫块和隔片、填充材料、密封胶等的品种、规格、断面尺寸、颜色、物理及化学性质应符合设计要求。合成橡胶定位垫块和隔片（以氯丁橡胶为宜）

的硬度值分别为邵氏硬度 80~90 度及 45~55 度。

6）当安装中空玻璃或夹层玻璃时，上述材料和中空玻璃的密封胶或玻璃的夹层材料，在材料性能方面必须相容。

2. 玻璃工程质量要求

1）安装好的玻璃应平整、牢固，不得有松动现象。

2）油灰与玻璃及裁口应粘贴牢固，四角成八字形，表面不得有裂缝、麻面和皱皮。油灰与玻璃及裁口接触的边缘应齐平，钉子、钢丝卡不露出油灰表面。

3）木压条接触玻璃处，应与裁口边缘齐平。木压条应互相紧密连接，并与裁口紧贴。

4）密封条与玻璃、玻璃槽口的接触应紧密、平整，并不得露在玻璃槽口外面；用橡胶垫镶嵌玻璃，橡胶垫应与裁口、玻璃及压条紧贴，并不得露在压条外面；密封胶与玻璃、玻璃槽口的边缘应粘结牢固，接缝齐平。

5）用于墙、隔断及顶棚安装的玻璃砖，不得有移位、翘曲和松动，其接缝应均匀、平直、密实。

6）拼接彩色玻璃、压花玻璃的接缝应吻合，颜色、图案应符合设计要求。

8.5.2 玻璃砖隔墙的质量验收要求

1. 适用范围

以下质量验收要求适用于玻璃砖、玻璃板隔墙工程的质量验收。

2. 检查数量应符合的规定

每个检验批应至少抽查 20%，并不得少于 6 间；不足 6 间时应全数检查。

3. 主控项目

1）玻璃砖隔墙工程所用材料的品种、规格、性能、图案和颜色应符合设计要求。玻璃板隔墙应使用安全玻璃。

检验方法：观察，检查残品合格证书、进场验收记录和性能检测报告。

2）玻璃砖隔墙的砌筑或玻璃板隔墙的安装方法应符合设计要求。

检验方法：观察。

3）玻璃砖隔墙砌筑中埋设的拉结钢筋必须与基体结构连接牢固，并应位置正确。

检验方法：手扳检查，尺量检查，检查隐蔽工程验收报告。

4）玻璃砖隔墙的安装必须牢固。玻璃板隔墙胶垫的安装应正确。

检验方法：观察，手推检查；检查施工记录。

4. 一般项目

1）玻璃隔墙表面应色泽一致、平整洁净、清晰美观。

检验方法：观察。

2）玻璃隔墙接缝应横平竖直，玻璃应无裂痕、缺损和划痕。

检验方法：观察。

3）玻璃板隔墙嵌缝及玻璃隔墙勾缝应密实平整、均匀顺直、深浅一致。

检验方法：观察。

4）玻璃隔墙安装的允许偏差和检验方法应符合表 8-5 的有关规定。

表 8-5 玻璃隔墙安装的允许偏差和检验方法

项 目	允许偏差/mm		检验方法
	玻璃砖	玻璃板	
立面垂直度	3	2	用2m垂直检测尺检查
表面平整度	3	—	用2m靠尺和塞尺检查
阴阳角方正	—	2	用直角检测尺检查
接缝直线度	—	2	拉5m线,不足5m拉通线,用钢尺检查
接缝高低差	3	2	用钢尺和塞尺检查
接缝宽度	—	1	用钢尺检查

8.5.3 玻璃顶棚的安装质量要求

玻璃顶棚安装质量应符合以下要求:

(1)合格 顺流水方向盖叠,玻璃搭接长度不小于以下值:当面层坡度 >1/4 时应 ≥30mm,当面层坡度 <1/4 时应 ≥50mm。玻璃表面平整,端头纵向排列顺直,盖叠段的垫层铺垫均匀,用防锈油灰封口,嵌填密实,卡体不外露。

(2)优良 顺流水方向盖叠,玻璃搭接长度不小于以下值:当面层坡度 >1/4 时应 ≥30mm,当面层坡度 <1/4 时应 ≥50mm,玻璃表面平整,端头纵向排列顺直,盖叠段的垫层铺垫均匀,缝隙一致,用防锈油灰封口,嵌填密实、光滑,棱角齐整,卡体不外露,仰视整洁美观。

8.5.4 其他玻璃工程的安装质量要求

1. 镜面玻璃安装质量要求

(1)合格 组贴图案正确,拼接吻合,安装牢固,表面光洁平整,映入外界影像清晰、真实、无畸变。

(2)优良 组贴图案正确,拼接吻合,边角研磨精密,无缝隙,安装牢固,表面平整,光洁无瑕,映入外界影像清晰、真实、无畸变。

2. 彩色、压花玻璃安装质量要求

(1)合格 拼装图案和配色符合设计规定,组拼正确,无错位,表面平整,接缝紧密、顺直,朝向正确。

(2)优良 拼装图案和配色符合设计规定,拼接严密吻合,无错位,表面平整,朝向正确,洁净美观。

3. 无框玻璃(玻璃厚度在10mm以上)**屏风、隔断的玻璃安装质量要求**

(1)合格 玻璃对接处倒角不小于3mm(直角度),安装横平竖直,接口平整无错台,缝隙均匀,密封膏嵌缝饱满、平滑,接头显露,无污染。

(2)优良 玻璃对接处倒角不小于3mm(直角度),安装横平竖直,接口平整无错台,缝隙宽窄一致,密封膏嵌缝饱满密实、顺直,与倒角边缘齐平,光滑,无接头痕迹,洁净、美观。

4. 大规格玻璃安装质量要求

(1)合格 大玻璃定位、朝向正确,固定牢固,有伸缩余量,表面平整无翘曲,四边条线平直,交圈吻合。玻璃面膜、骨架型材外露部分面膜洁净无划痕。密封胶耐候胶嵌缝密实,粘接牢固、顺直无污染。软连接所用垫片受压后变形状态在 25% ~35% 之间,或在设计允许值范围之内，其水密性、气密性符合设计要求。

（2）优良　大玻璃定位、朝向正确，固定牢靠，有伸缩余量。表面平整无翘曲，四边条线横平竖直，交圈吻合。玻璃面膜、骨架密实，粘接牢固、光滑、顺直、无污染。软连接所用垫片受压后变形状态在 25% ~ 35% 之间，或在设计允许范围之内，其水密性、气密性应符合设计要求。

思　考　题

8-1　简述玻璃制品的分类及玻璃材料的优势。

8-2　玻璃材料由几部分组成？各自有什么作用？

8-3　什么叫中空玻璃？其制作工艺和特点是什么？

8-4　玻璃墙板按照施工构造不同分几类？各有什么适用范围？

8-5　什么叫玻璃顶棚？其构造特点有哪些？

8-6　玻璃砖墙的砌筑法和胶筑法有何区别？

8-7　玻璃装饰板外墙的施工有几种典型做法？

8-8　玻璃工程材料质量要求有哪些？

8-9　玻璃砖隔墙的优良组砌要求是什么？

实　训　课　题

玻璃工程构造设计与施工实训项目任务书

1. 实训目的

通过构造设计、施工操作系列实训项目，充分理解玻璃工程的构造、施工工艺和验收方法，使学生在今后的设计和施工实践中能够更好地把握玻璃工程的构造、施工、验收的主要技术关键。

2. 实训内容

根据本校的实际条件，选择本任务书两个选项的其中之一进行实训。

选项一　玻璃橱窗构造设计实训项目任务书

任务名称	玻璃橱窗构造设计实训
任务要求	为本校教学成果展示室设计一款玻璃橱窗
实训目的	理解玻璃橱窗的构造原理
行动描述	1. 了解所设计玻璃橱窗的使用要求及档次 2. 设计出结构牢固、工艺简洁、造型美观的玻璃橱窗 3. 设计图表现符合国家制图标准
工作岗位	本工作属于设计部，岗位为设计员
工作过程	1. 到现场实地考察，查找相关资料，理解所设计构造的使用要求及档次 2. 画出构思草图和结构分析图 3. 分别画出平面、立面、主要节点大样图 4. 标注材料与尺寸 5. 编写设计说明 6. 填写设计图图框并签字

(续)

工作工具	笔、纸、计算机
工作方法	1. 先查找资料、征询要求 2. 明确设计要求 3. 熟悉制图标准和线型要求 4. 构思草图可进行发散性思维，设计多款方案，然后选择最佳方案进行深入设计 5. 结构设计要求达到最简洁、最牢固的效果 6. 图面表达尽量做到美观清晰

选项二　玻璃砖墙的装配训练项目任务书

任务名称	玻璃砖墙的装配
任务要求	为本校教学成果展示室设计一款玻璃砖墙
实训目的	通过实践操作掌握玻璃砖墙施工工艺和验收方法，为今后走上工作岗位做好知识和能力方面的准备
行动描述	教师根据授课内容提出实训要求。学生实训团队根据设计方案和实训施工现场，按玻璃砖墙的施工工艺装配 $6\sim8m^2$ 的玻璃砖墙，并按玻璃砖墙的工程验收标准和验收方法对实训工程进行验收，各项资料按行业要求进行整理。实训完成以后，学生进行自评，教师进行点评
工作岗位	本工作涉及设计部设计员岗位和工程部材料员、施工员、资料员、质检员岗位
工作过程	详见教材相关内容
工作要求	按国家标准装配玻璃砖墙，并按行业规定准备各项验收资料
工作工具	记录本、合页纸、笔、相机、卷尺等
工作团队	1. 分组。4～6人为一组，选1名项目组长，确定1名见习设计员、1名见习材料员、1名见习施工员、1名见习资料员、1名见习质检员 2. 各位成员分头进行各项准备，做好资料、材料、设计方案、施工工具等准备工作
工作方法	1. 项目组长制订计划及工作流程，为各位成员分配任务 2. 见习设计员准备图纸，向其他成员进行方案说明和技术交底 3. 见习材料员准备材料，并主导材料验收工作 4. 见习施工员带领其他成员进行放线，放线完成后进行核查 5. 按施工工艺进行装配、清理现场并准备验收 6. 由见习质检员主导进行质量检验 7. 见习资料员记录各项数据，整理各种资料 8. 项目组长主导进行实训评估和总结 9. 指导教师核查实训情况，并进行点评

3. 实训要求

1) 选择选项一者，需按逻辑顺序将所绘图纸装订成册，并制作目录和封面。

2) 选择选项二者，以团队为单位写出实训报告（实训报告示例参照第二章"内墙贴面砖实训报告"，但部分内容需按项目要求进行内容替换）。

3) 在实训报告封面上要有实训考核内容、方法及成绩评定标准，并按要求进行自我评价。

4. 特别关照

实训过程中要注意安全。

5. 测评考核

玻璃橱窗构造设计实训考核内容、方法及成绩评定标准

考核内容	评价项目	指标	自我评分	教师评分
设计合理美观	材料标注正确	20		
	构造设计工艺简洁、构造合理、结构牢固	20		
	造型美观	20		
设计符合规范	线型正确、符合规范	10		
	构图美观、布局合理	10		
	表达清晰、标注全面	10		
图面效果	图面整洁	5		
设计时间	按时完成任务	5		
任务完成的整体水平		100		

玻璃砖墙装配实训考核内容、方法及成绩评定标准

项目	考核内容	考核方法	要求达到的水平	指标	小组评分	教师评分
对基本知识的理解	对玻璃砖墙理论的掌握	编写施工工艺	正确编制施工工艺	30		
		理解质量标准和验收方法	正确理解质量标准和验收方法	10		
实际工作能力	在校内实训室场所进行实际动手操作，完成装配任务	检测各项能力	技术交底的能力	8		
			材料验收的能力	8		
			放样弹线的能力	8		
			玻璃砖墙安装的能力	8		
			质量检验的能力	8		
职业能力	团队精神、组织能力	个人和团队评分相结合	计划的周密性	5		
			人员调配的合理性	5		
验收能力	根据实训结果评估	实训结果和资料核对	验收资料完备	10		
任务完成的整体水平				100		

6. 总结汇报

1）实训情况概述（任务、要求、团队组成等）。

2）实训任务完成情况。

3）实训的主要收获。

4）存在的主要问题。

5）团队合作情况（个人在团队中的作用、团队的整体表现、团队的竞争力等）。

6）对实训安排的建议。

第9章 常用建筑装饰装修施工机具

 学习目标：了解各类常用建筑装饰装修施工机具的用途、规格及使用注意事项。

建筑装饰装修施工机具是实现建筑装饰装修工程设计、完成建筑装饰装修工程施工、保证建筑装饰装修工程施工质量的重要物质基础。好的施工机具不仅便于操作，也是提高工效的基本保证。在我国市场上的小型施工机具主要是我国、日本、德国的产品。这些施工机具品种繁多、性能各异。因此在施工中应在了解其使用功能和产品特征后合理选用。本章主要介绍轻型建筑装饰装修施工机具。

9.1 钻（拧）孔机具

9.1.1 电钻

电钻是建筑装饰中最常用的电动工具之一（图9-1）。

1. 电钻的用途

电钻主要用来对金属、塑料或其它类似材料或工件钻孔。

2. 电钻的特点

电钻体积小、质量小、操作快捷简便、工效高。对体积大、质量大、结构复杂的工件进行钻孔时，不需要将工件夹固在机床上进行施工，因此尤其方便。

3. 电钻的种类

电钻有单速、双速、四速和无级调速等种类，以适应不同的用途。

图9-1 电钻

4. 电钻的规格

电钻的规格以钻孔直径表示，其技术参数见表9-1。

表9-1 交直流用电钻技术参数

电钻规格	额定转速/(r/min)	额定转距/(N·m)	电钻规格	额定转速/(r/min)	额定转距/(N·m)
4	≥2200	0.4	16	≥400	7.5
6	≥1200	0.9	19	≥330	3.0
10	≥700	2.5	23	≥250	7.0
13	≥500	4.5			

5. 电钻的使用注意事项

1）使用前应检查工具是否完好，电线有无破损，电源线在进入冲击电钻处有无橡皮护套。

2) 按额定电压接好电源，根据冲击、电钻要求选择合适的钻头后，把调节组调好。

3) 使用后应放在阴凉干燥处。

9.1.2 冲击电钻

冲击电钻是带冲击的、可调节式旋转的特种电钻。当旋钮调到纯旋转位置时，装上普通钻头，就像普通电钻一样。当旋钮调到冲击位置，装上镶硬质合金冲击钻头，就可对砖墙、混凝土、瓷砖等进行钻孔（图 9-2）。

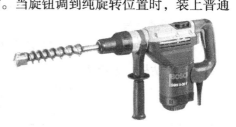

图 9-2　冲击电钻

1. 冲击电钻的用途

冲击电钻广泛应用于建筑装饰装修工程以及安装水、电、煤气等方面。

2. 冲击电钻的规格

冲击电钻的规格及型号以最大钻孔直径的数据表示，其技术参数见表 9-2。

表 9-2　冲击电钻的技术参数

型号		回 JIZC-10 型	回 JIZC-20 型
额定电压/V		220	220
额定转速/(r/min)		≥1200	800
额定转距/(N·m)		0.009	0.035
额定冲击次数/(次/min)		14000	8000
额定冲击幅度/mm		0.8	1.2
最大钻孔直径	钢铁中	6	13
	混凝土制品中	10	20

3. 冲击电钻的使用注意事项

除了注意电钻的三条使用注意事项外，还应注意以下两条：

1) 使用时须将刀具垂直于墙面冲钻。如发现有不正常杂音时应停止使用，当发现旋转速度突然降低，应立即放松压力。钻孔时突然刹停应立即切断电源。

2) 移动冲击电钻时，必须握持手柄，不能拖拉橡皮软线，防止橡皮软线擦破。使用中要防止其他物体碰撞，以防损坏外壳或其他零件。

9.1.3 电锤

电锤兼机具冲击和旋转两种功能。由单相串激式电机、传动箱、曲轴、连杆、活塞机构、保险离合器、刀夹机构、手柄等组成。

1. 电锤的特点

电锤的电动机的旋转运动有冲击、冲击带旋转两类运动。其中冲击带旋转的形式还可以分为动能冲击锤、弹簧冲击锤、弹簧气垫锤、冲击旋转锤、曲柄连杆气垫锤和电磁锤等。手柄位于机身后面，机身中部还装有辅助手柄。开关装在手柄内，采用能快速切断、自动复位的可揿式开关，操作十分方便。

2. 电锤的用途

电锤主要用于建筑装饰装修工程中，可在砖石、混凝土结构上钻孔、开槽、粗糙表面，是建筑装饰装修工程中安装铝合金门窗、吊顶、各类幕墙、设备安装等工程必备的工具，也可用来钉钉子、铆接、捣固、去毛刺等加工作业。

3. 电锤的型号

（1）L_1ZC—22型电锤　该电锤由外壳、电动机、减速器、旋转套筒、磁心轴—连杆—活塞机构、钻杆、镇定装置、离合器、手柄、开关等组成。

L_1ZC—22型电锤主要技术参数见表9-3。

表9-3　L_1ZC—22型电锤的技术参数

指　标	参　数
钻孔直径	$\phi14mm$、$\phi6mm$、$\phi8mm$、$\phi20mm$、$\phi22mm$
冲击次数	2100次/min
转钎转数	250r/min
电动机	输出功率310W；额定功率220W；额定电流3.2A；电源为交流50Hz或直流
外型尺寸	425mm×235mm×100mm
机身质量	7.5kg

（2）Z_1SJ—28型电锤　该电锤由单相串激电动机、减速箱、弹簧气垫冲击机构、开关、手柄等部分组成。

Z_1SJ—28型电锤主要技术参数见表9-4。

表9-4　Z_1SJ—28型电锤的技术参数

指　标	参　数
钻孔直径	$\phi19 \sim \phi28mm$
最大钻孔深度	150m
冲击次数	2300次/min
发动机	输出功率750W；额定电压720V；频率为交流50Hz或直流
外型尺寸	460mm×130mm×270mm
机身质量	11kg

（3）Z_2SC—1型电锤　该电锤由电动机、机壳、手柄、开关、传动装置、风扇等组成自动保护装置，防止电机超负荷运转。

Z_2SC—1型电锤主要技术参数见表9-5。

表9-5　Z_2SC—1型电锤的技术参数

指　标	参　数
钻孔直径	$\phi10mm$、$\phi14mm$、$\phi18mm$
钻孔最大深度	150mm
可冲击式旋转	有
工作效率	$\phi14mm$钻头水平方向打C40混凝土的工效为30～40mm/min
电动机	输出功率300～3500W；额定电压220V；额定电流2.5A；频率220Hz；相数为3相
机身质量	7.5kg

4. 电锤的使用注意事项

1）使用电锤打孔，工具必须垂直于工作面。不允许工具在孔内左右摆动，若需扳撬时，不应用力过猛，以免扭坏工具。

2）保证电源和电压与铭牌中规定相符，且电源开关必须处于"断开"位置。如工作地点远离电源，可用延长电缆。电缆应有足够的线径，其长度应尽量缩短。检查电缆线有无破裂漏电情况，并应有妥善良好的接地。

3）电锤的各连接部位紧固螺丝必须牢固。根据钻孔、开槽情况选择合适的钻头，并安装牢靠。钻头破损后应及时更换，以免电机过载。

4）电锤多为继续工作制，切勿长期连续使用，以免烧坏电动机。电锤使用后应将电源插头拔离插座。

5. 电锤的维护与检修

1）为了使电锤能正常工作，使用中必须对其进行经常仔细地维护和保养。

2）注入优质、耐热性能良好的润滑油。

3）注意勿使电机绕线受潮气、水分、油剂的侵袭。

4）电锤中的易损件应及时检查更换。

9.1.4　风动冲击锤（HQ—A—20型）

1. 风动冲击锤的结构特点

风动冲击锤结构小巧，工艺性能好，操作方便可靠。有旋转和往复冲击两个工作腔，通过齿轮进行有机结合，阀衬采用聚酯型泡沫塑料，密封性好，耐磨。

2. 风动冲击锤的用途

风动冲击锤广泛使用于建筑、化工、机械、冶金、电力设备管线、管道、电气器材的安装工程。装上镶硬质合金冲击钻头的风动冲击锤主要对各种混凝土、砖石结构构件进行钻孔，以便安装膨胀螺栓之用，从而代替预埋件，加快安装速度，提高工作效率。

3. 风动冲击锤的基本参数

风动冲击锤的技术参数见表9-6。

表9-6　风动冲击锤的技术参数

指　标	参　数	指　标	参　数
使用气体压力	0.5～0.6MPa	穿透能力	200mm（水泥）
耗气量	0.4m³/min	胶管内径	10mm
转速	空载:300r/min;负载:270r/min	使用最高压力	0.8MPa
冲击频率	空载:2500次/min;负载:4000次/min	风动冲击锤质量	4.5kg
功率	400W		

9.2　锯（割、切、裁、剪）断机具

9.2.1　电动曲线锯

电动曲线锯由电动机、往复机构、机壳、开关、手柄、锯条等零件组成（图9-3）。

1. 电动曲线锯的特点

电动曲线锯具有体积小、质量小、操作方便、安全可靠、使用范围广的特点，是建筑装饰装修工程中理想的锯割工具。

2. 电动曲线锯的用途

电动曲线锯在建筑装饰装修工程中常用于铝合金门窗安装、广告招牌安装及吊顶等。电动曲线锯可以在金属、木材、塑料、橡胶皮条、草板材料上切割直线或曲线，锯割复杂形状和曲率半径小的几何图形。锯条的锯割是直线的往复运动，其中粗齿锯条适用于锯割木材，中齿锯条适用于锯割有色金属板材、层压板，细齿锯条适用于锯割钢板。

图 9-3　电动曲线锯

3. 电动曲线锯的规格

电动曲线锯的规格及型号以最大锯割厚度的数据表示。我国生产的回 JIQ—3 型曲线锯规格及锯条规格见表 9-7、表 9-8。

表 9-7　电动曲线锯的技术参数

型号	电压/V	电流/A	电源频率/Hz	输入功率/W	锯割最大厚度/mm		最小曲率半径/mm	锯条负载往复次数/(次/min)	锯条往复行程/mm
					钢板	层压板			
回 JIOZ-3	220	1.1	50	230	3	10	50	1600	25

表 9-8　电动曲线锯锯条的技术参数

规格	每英寸齿数	制造材料	表面处理	适用锯割材料
粗齿	10	T10	发黑	木材
中齿	14	W18Gr4V	—	有色金属层压板
细齿	18	W18Gr4V		普通钢板

4. 电动曲线锯操作注意事项

1）为取得良好的锯割效果，锯割前应根据被加工件的材料选取不同的锯条。若在锯割时发现工件有反跳现象，表明选用锯条齿锯太大，应调换细齿锯条。

2）锯条应锋利，并紧装在刀杆上。

3）锯割时向前推力不能太猛，转角半径不宜小于 50mm。若卡住应立刻切断电源，退出锯条，再进行锯割。

4）在锯割时不能将曲线锯任意提起，以防受到撞击而折断或损坏锯条，但可以断续地开动曲线锯，以便认准锯割线路，保证锯割质量。

5）应随时注意保护机具，经常加注润滑油，使用过程中发现不正常声响、火花、外壳过热、不运转或运转过慢时，应立即停锯，检查和修复后方可使用。

9.2.2 电剪刀

电剪刀是剪裁钢板以及其他金属板材的电动工具，在钣金工剪切镀锌铁皮等操作中，能按需要切出一定曲线形状的板件，并能提高工效，也可以剪切塑料板、橡胶板等（图9-4）。

1. 电剪刀的特点

电剪力使用安全、操作简便、美观适用。

2. 电剪刀的构造

电剪刀主要由单相串激电动机、偏心齿轮、外壳、刀杆、刀架、上下刀头等组成。

3. 电剪刀的规格

电动剪刀的规格及型号以最大剪切厚度的数据表示，其技术参数见表9-9。

图9-4 电剪刀

表9-9 电动剪刀的技术参数

型 号	回 J_1J-1.5	回 J_1J-2	回 J_1J-2.5
剪切最大厚度/mm	1.5	2	2.5
剪切最小半径/mm	30	30	35
电压/V	220	220	220
电流/A	1.1	1.1	1.75
输出功率/W	230	230	340
刀具往复次数/（次/min）	3300	1500	1260
剪切速度/（m/min）	2	1.4	2
持续率	35%	35%	35%
质量/kg	2	2.5	2.5

4. 电动剪刀的使用注意事项

1）检查工具、电线的完好程度，检查电压是否符合额定电压。先空转试验各部分是否灵活。

2）使用前要调整好上下机具刀刃的横向间隙，刀刃的间隙是根据剪切板的厚度确定的，一般为厚度的7%左右。在刀杆处于最高位置时，上下刀刃仍有搭接，上刀刃斜面最高点应大于剪切板的厚度。

3）要注意电动剪刀的维护，经常在往复运动中加注润滑油，如发现上下刀刃磨损或损坏，应及时修磨或更换，工具在使用完后应揩净，放在干燥处存放。

4）使用过程中如有异常响声等，应停机检查。

9.2.3 型材切割机

型材切割机主要用于切割金属型材。它根据砂轮磨损原理，利用高速旋转的薄片砂轮进行切割，也可改换合金锯片切割木材、硬质塑料等，在建筑装饰装修施工中，多用于金属、内、外墙板、铝合金门窗安装、吊顶等工程（图9-5）。

1. 型材切割机规格

型材切割机由电动机（三相工频电动机）、切割动力头、变速机构、可转夹钳、砂轮片等部件组成。国内建筑装饰装修工程中所用切割机多为国产的和日本的，如 J_3G—400 型、J_2GS—300 型，其主要技术参数见表9-10。

2. 型材切割机的使用注意事项

1）使用前应检查切割机各部位是否紧固，检查绝缘电阻、电缆线、接切线以及电源额定电压是否与铭牌要求相符，电源电压不宜超过额定电压的10%。

2）选择砂轮和木工圆锯片，规格应与铭牌要求相符，以免电机超载。

3）用时要将被切割件装在可夹锥上，开动电机，用手柄掀下动力头，即可切断型材，夹钳与砂轮应根据需要调整角度。L_3G—400 型型材切割机的砂轮片中

图 9-5 型材切割机

心可前后位移调整砂轮片与切割型材的相应位置，调整时只要将两个固定螺钉松开，调好后拧紧即可。

表 9-10 型材切割机的技术参数

型 号		J_3G—400	J_2GS—300
电动机		三相工频电动机	三相工频电动机
额定电压/V		380	380
额定功率/kW		2.2	1.4
转速/(r/min)		2880	2880
级数		二级	二级
增强纤维砂轮片/mm		400×32×3	300×32×3
切割线速度/(m/min)		砂轮片:60	砂轮片:68;木工:32
最大切割范围 /mm	圆钢管、异型管	135×6	90×5
	槽钢、角钢	100×10	80×10
	圆钢、方钢	$\phi50$	$\phi25$
	木材、硬质塑料	$\phi150$	$\phi90$
夹钳可转角度/°		0,15,30,45	0~45
切割中心调整量/mm		50	—
机身质量/kg		80	4

4）切割机开动后，应首先注意砂轮片旋转方向是否与防护罩上标出的方向一致，如果不一致，应立即停机，调换插头中两支电源线。

5）操作时不能用力按手柄，以免电机过载或砂轮片摒裂。操作人员应握手柄开关，身体应侧向一旁。因有时紧固夹钳螺丝松动，导致型材弯起，切割机切割碎屑过大飞出保护罩，容易伤人。

6）使用中如发现机器有异常杂音，型材或砂轮跳动过大等应立即停机，检修后方可使用。

7）机器使用后应注意保存。

9.3　磨光机具

9.3.1　电动角向磨光机

电动角向磨光机是供磨削用的电动工具。由于其砂轮轴线与电动机轴线成直角，所以特别适用于位置受限不便用磨光机的场合。该机可配用多种工作头：粗磨砂轮、细磨砂轮、抛光轮、橡皮轮、切割砂轮、钢丝轮等。电动角向磨光机利用高速旋转的薄片砂轮以及橡皮砂轮、细丝轮等对金属构件进行磨削、切削、除锈、磨光加工（图 9-6）。

图 9-6　电动角向磨光机

1. 电动角向磨光机的用途

在建筑装饰装修工程中，常使用该工具对金属型材进行磨光、除锈、去毛刺等作业，使用范围比较广泛。

2. 电动角向磨光机的规格及技术参数

国内（浙江永康电动工具厂）生产的产品有 SIMJ—100 型、SIMJ—125 型、SIMJ—180 型、SIMJ—230 型等几种，其技术参数见表 9-11。

表 9-11　电动角向磨光机的技术参数

产品规格	SIMJ100 型	SIMJ—125 型	SIMJ—180 型	SIMJ—230 型
砂轮最大直径/mm	$\phi100$	$\phi125$	$\phi180$	$\phi230$
砂轮孔径/mm	$\phi60$	$\phi22$	$\phi22$	$\phi22$
主轴螺纹	M10	M14	M14	M14
额定电压/V	220	220	220	220
额定电流/A	1.75	2.71	7.8	7.8
额定频率/Hz	50～60	50～60	50～60	50～60
额定输入功率/W	370	580	1700	1700
工作头空载转速/(r/min)	10000	10000	8000	5800
机身质量/kg	2.1	3.5	6.8	7.2

3. 电动角向磨光机的工作条件

1）海拔不超过 1000m。

2）环境空气温度不超过 40℃。

3）空气相对湿度不超过 90%（25℃）。

4. 电动角向磨光机的使用注意事项

1）使用前应检查工具的完好程度，不能任意改换电缆线、插头。梅雨季节更应加强检查。该机如长期搁置而需重新启动时，应测量绝缘电阻。

2）使用时按切割、磨削材料不同，选择安装合适的切磨机，按额定电压要求接好电源。

3）工作过程中，不能让砂轮受到撞击，使用切割砂轮时，不得横向摆动，以免使砂轮破裂。

4）使用过程中，若出现下列情况者，必须立即切断电源，进行处理：

①传动部件卡住、转速急剧下降或突然停止转动。

②发现有异常振动或声响、温升过高或有异味时。

③发现电刷下火花过大或有环火时。

5）使用机具应经常检查，维修保养。用完后应放置在干燥处妥善保存，并保证其处在清洁、无腐蚀性气体的环境中。机壳用碳酸酯制成，不应接触有机溶剂。

9.3.2　电动大型角磨机

电动大型角磨机是一种手提式电动工具。所用电动机是单向串激交直流两用电动机，使用碗形砂轮（图9-7）。

1. 电动大型角磨机的用途

对各种以水泥、大理石、石渣为基体的建筑物表面进行磨光，特别是对那些场地狭小、形状复杂的建筑物如盥洗设备、晒台、商店标牌等部位的表面进行磨光。与人工进行水磨相比，其可大大降低劳动强度，提高工作效率。

2. 电动大型角磨机的规格及参数

电动大型角磨机规格以型号及适用碗形砂轮规格表示，其技术参数见表9-12。

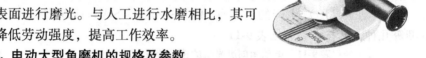

图9-7　电动大型角磨机

表9-12　电动大型角磨机的技术参数

技术指标	技术参数	技术指标	技术参数
主轴直径/mm	$\phi14$	空载速率/(r/min)	6500
磨/切片直径/mm	230	重量/kg	5.1
输入功率/W	2400		

3. 注意事项

作业时不可使用水，切割石材时必须使用导引板。

9.3.3　电动角向钻磨机

电动角向钻磨机是一种供钻孔和磨削用的电动工具，所用电机是单向串激交直流两用电动机（图9-8）。

1. 电动角向钻磨机的用途

由于钻头与电动机轴向成直角，所以它特别适用于空间位置受限制而不便使用普通电钻和磨削工具的

图9-8　电动角向钻磨机

场合，可用于建筑装饰装修工程中对多种材料的钻孔、清理毛刺表面、表面砂光及雕刻制品等。当把工作部分换上钻夹头，并装上麻花钻时，也可对金属等材料进行钻孔加工。

2. 电动角向钻磨机的规格及参数

电动角向钻磨机的规格以型号及钻孔最大直径表示，其技术参数见表 9-13。

表 9-13　电动角向钻磨机的技术参数

型　号	钻孔直径 /mm	抛布轮直径 /mm	电压 /V	电流 /A	输出功率 /W	负载转速 /(r/min)
回 JID16	6	100	220	1.75	370	1200

9.3.4　电动抛光机

1. 电动抛光机的结构特点

电动抛光机（图9-9）结构简单、手感振动小、质量小使用方便。

2. 电动抛光机的用途

电动抛光机适用于木器、电器、车辆、仪表、机床等行业产品外表腻子、涂料的磨光作业，特别适合于水磨作业。将绒布代替纱布则可进行抛光、打蜡作业。

3. 电动抛光机的基本参数

电动抛光机的技术参数见表 9-14。

图 9-9　电动抛光机

表 9-14　电动抛光机的技术参数

指　标	数　据	指　标	数　据
抛光海绵厚度/mm	200	空载速率/(r/min)	1500~5500
橡皮背垫厚度/mm	178	重量/kg	3.5
输入功率/W	1400		

9.4　钉牢机具

9.4.1　射钉枪

射钉枪是建筑装饰装修工程木工的常用工具，它要与射钉弹和射钉共同使用（图9-10）。

1. 射钉枪的用途

由枪击击发射钉弹，以弹内燃料的能量，将各种射钉直接打入钢铁、混凝土或砖砌体等材料中去。也可直接将构件钉紧于需固定部位，如固定木件、窗帘盒、木护墙、踢脚板、挂镜线、固定铁件、铁板、钢门窗框、轻钢龙骨、吊灯等。

2. 射钉枪的使用注意事项

射钉枪因型号不同，使用方法略有不同。现以

图 9-10　射钉枪

SDT—A30 射钉枪为例介绍其操作方法。

1）装弹时，用手握住枪管套，向前拉到定向键处，然后再后推到位。

2）从握把端部插入弹夹，推至与握把端处齐平。

3）将钉子插入枪管孔内，直到钉子上的垫圈进入孔内为止。

4）射击时，将射钉枪垂直地紧压在基体表面上，扣动扳机，直至弹夹上一排子弹用完再安装新一排的子弹。

5）使用射钉枪前要认真检查枪的完好程度，操作者最好经过专门训练。在操作时才允许装钉，任何情况下都严禁对人扣动发射。

6）射击的基体必须稳固坚实，并且有抵抗射击冲力的刚度。扣动扳机后如发现子弹不发火，应再次按于基体上扣动扳机。如仍不发火，应仍保持原射击位置数秒后，再来回拉伸枪管，使下一颗子弹进入枪膛，再扣动扳机。

7）射钉枪用完后，应注意保存。

9.4.2　风动打钉枪（FDD251 型）

1. 风动打钉枪的特点

风动打钉枪（图 9-11）是专供锤打扁头钉的风动工具。其特点是使用方便，安全可靠，工作强度低，生产效率高。

2. 风动打钉枪的基本参数

风动打钉枪的技术参数见表 9-15。

图 9-11　风动打钉枪

表 9-15　风动打钉枪的技术参数

指　标	参　数
使用气压/MPa	0.5 ~ 0.7
打钉范围/mm	25×51（普通标准圆钉）
风管内径/mm	10
冲击次数/(次/min)	60
枪身质量/kg	3.6

9.5　铆固机具

风动拉铆枪（FLM—1 型）：风动拉铆枪是适用于铆接抽芯铝铆钉用的风动工具（图 9-12）。

1. 风动拉铆枪的特点

该机具质量轻、操作简便、噪音小、拉毛速度快、生产效率高。

2. 风动拉铆枪的用途

该机具广泛用于车辆、船舶、航空、建筑装饰、通风管道等行业。

3. 风动拉铆枪的基本参数

风动拉铆枪的技术参数见表9-16。

图 9-12　风动拉铆枪

表 9-16　风动拉铆枪的技术参数

指　　标	参　　数
工作气压/MPa	0.3 ~ 0.6
工作拉力/N	3000 ~ 7200
铆接直径	3.0 ~ 5.5mm 的空心铝铆钉
风管直径/mm	10
枪身质量/kg	2.25

9.6　其他建筑装饰装修施工机具

9.6.1　吸声天花板喷涂机具

该机具主要包括贮料桶、气动球阀泵、输气管、输料管、喷枪及空气压缩机(图9-13)。

1. 气动球阀泵

气动球阀泵正常工作所需供气压力为 0.3 ~ 1.2MPa。空压机应有 25% 以上的空气储备能力，以适应负荷高峰之需。每台国产 9m³ 柴油空压机可供两套喷涂机具工作。空压机能力大，喷涂系统作业稳定，施工效果好。

2. 柱式球阀泵

立柱式球阀泵具有气路与料路两个系统，有回流装置，当喷枪暂停作业时泵仍然运行，材料自动排回桶中。泵上安装有压力表和气料调节器，可依据施工需要及气源情况进行调节，实现正常作业。

3. 喷枪

图 9-13　气动球阀泵

喷枪有两种形式，即手枪式和长枪式。前者喷嘴口径为 6.5 ~ 8.0mm，适应气压 0.2 ~ 0.3MPa；后者用于高压情况下，喷嘴口径宜为 6.5 ~ 8.0mm，适应气压为 0.4 ~ 0.6MPa。喷枪每1min湿料流量为5.7~9.6L。

4. 输气管和输料管

该机具所用气、料软管均为耐压防腐胶管。供气管径为3/4英寸，接气管径1/2英寸，接枪料管3/4英寸。每段管两端有金属公母接口，借助接管口器可加长线路，接口严密可靠。

5. 贮料桶

贮料桶可使用192L的汽油桶，但一定要清洗干净剩余油漆。最好安放在小车上，这样可方便地转移施工房间。

9.6.2 喷漆枪

喷漆枪（图9-14）是对钢制件和木制件的表面进行喷漆的工具。

1. 喷漆枪的特点

喷漆枪施工速度快、节省漆料，漆层厚度均匀，附着力强，漆件表面光洁美观。

2. 喷漆枪的种类

（1）小型喷漆枪　小型喷漆枪在使用时一般以人力充气，也可以用机器充气，人力冲气是把空气压入储气桶内，一般供面积不大、数量较小的喷漆时使用。

（2）大型喷漆枪　大型喷漆枪必须用空气压缩机的空气作为喷射的动力，它由储气罐、握手柄、喷射器、罐盖与漆料上升管组成，适用于大型喷漆面的喷漆。

（3）电热喷漆枪　电热喷漆枪是一种新的喷漆工具，它的外形和储漆量同大型喷枪一样，只是在喷射器部分装有电热设备，使漆料在经过喷射器时电热加温，因此称为电热喷漆枪。它与上述喷漆枪比较，其优点是漆料不必掺加醋酸戊酯（俗称香蕉水）。不用香蕉水将漆料稀释的电热喷漆枪不仅节省化工原料、减少调漆工序、简化喷漆过程，而且可以避免苯中毒的发生。同时，漆层的附着力较坚固。喷漆表面更为细密光滑，色泽鲜艳，具有较好的防锈保护力。

图9-14　喷漆枪

目前还有一种电动喷液枪，主要用于喷射液体。喷漆时需将漆稀释，同时过滤，才能喷用。

3. 喷漆枪的规格

喷漆枪的规格用型号表示，其技术参数见表9-17。

表9-17　喷漆枪的技术参数

名称	型号	贮漆量/kg	工作空气压力/MPa	喷涂有效距离/mm	喷射面积/mm²	枪身质量/kg
小型喷漆枪	PQ—1	0.6	0.3~0.38	250	φ438（圆形）	0.45
大型喷漆枪	PQ—2	1.0	0.45~0.55	260	φ50（圆形）；φ130（扇形）	1.2

9.6.3 组合式滚压器

组合式滚压器采用高强轻质耐腐蚀材料制成，主要用于喷浆墙面的装修，对湿作业适应性强。用这种工具可以很方便地在墙面上滚压出清晰美观、富有立体感的条形纹样，再经涂料罩面，可以取得很好的装饰效果。

1. 组合式滚压器的特点

组合式滚压器的最大特点是花纹组合形式可以灵活多变。每一个组合式滚压器都配有几种基本花饰套圈，基本花饰套圈全部采用模塑成型，其尺寸准确，互换性好，可确保花饰均匀一致。施工时可根据各自的需要将这些基本花饰套圈进行排列组合，不同的排列组合可构成不同的条形花饰品种，如可构成宽条形、窄条形以及"山字形"等图案。因此只要用一个组合式滚压器，再取各式套图，就可以套压出宽窄、疏密和凹凸各不相同的多种多样的墙面条形花饰，使不同的工程具有各自的墙面装饰艺术特色。

2. 组合式滚压器的种类

组合式滚压器共有三种类型：

1）主滚压器：适用于大面积墙面施工。

2）角向滚压器：适用于阴角墙面施工。

3）嵌条滚压器：适用于边界接缝处理。

3. 组合式滚压器的施工要点

1）施工时，砂浆可一次上墙。

2）滚压 1~2 遍后即成。

思 考 题

9-1 钻（拧）孔机具有哪几种？简述它们的用途及使用注意事项。

9-2 锯（割、切、断、截、剪）断机具有哪几种？简述它们的用途及操作注意事项。

9-3 简述型材切割机的使用注意事项。

9-4 磨光机具有哪几种？简述它们的用途及使用注意事项。

9-5 简述钉牢机具的种类、用途及使用注意事项。

9-6 简述铆固机具的种类、用途及使用注意事项。

实 训 课 题

9-1 到建筑器材商店辨认建筑装饰装修施工机具。

9-2 到建筑装饰装修施工工地观看建筑装饰装修施工机具的操作。

参 考 文 献

[1] 韩建新，刘广洁. 建筑装饰构造 [M]. 北京：中国建筑工业出版社，2004.

[2] 陈世霖. 建筑工程设计施工详细图集 [M]. 北京：中国建筑工业出版社，2002.

[3] 柳惠训. 建筑工程设计施工详细图集 [M]. 北京：中国建筑工业出版社，2001.

[4] 李蔚. 建筑装饰与装修构造 [M]. 北京：科学出版社，2006.

[5] 万治华. 建筑装饰装修构造与施工技术 [M]. 北京：化学工业出版社，2006.

[6] 田延友. 建筑幕墙施工图集 [M]. 北京：中国建筑工业出版社，2006.

[7] 马眷荣. 建筑玻璃 [M]. 2版. 北京：化学工业出版社，2006.

[8] 杨南方. 建筑装饰施工 [M]. 北京：中国建筑工业出版社，2005.

[9] 杨金铎，许炳权. 装饰装修构造 [M]. 北京：中国建材工业出版社，2002.

[10] 北京土木建筑学会. 建筑地面工程施工操作手册 [M]. 北京：经济科学出版社，2004.

[11] 李朝阳. 装修构造与施工图设计 [M]. 北京：中国建筑工业出版社，2005.

[12] 刘超英，张玉明. 建筑装饰设计 [M]. 2版. 北京：中国电力出版社，2009.

[13] 中华人民共和国建设部. GB 50222—1995 建筑内部装修设计防火规范 [S]. 北京：中国建筑工业出版社，2006.

[14] 中华人民共和国建设部. GB 50210—2001 建筑装饰装修工程质量验收规范 [S]. 北京：中国建筑工业出版社，2002.

[15] 高祥生. 装饰构造图集 [M]. 南京：江苏科学技术出版社，2001.

[16] 高祥生. 现代建筑楼梯设计精选 [M]. 南京：江苏科学技术出版社，2000.

[17] 艾伦·布兰克. 楼梯——材料·形式·构造 [M]. 谢建军，黄健，康竹卿，译. 北京：中国水利水电出版社，2005.

[18] 谷云端. 建筑室内装饰工程设计施工详细图集 [M]. 北京：中国建筑工业出版社，2002.

[19] 杨南方. 建筑装饰施工 [M]. 北京：中国建筑工业出版社，2005.

[20] 武峰. CAD室内设计施工图常用图块丛书 [M]. 北京：中国建筑工业出版社，2001.

[21] 弗朗西斯 D K 程. 房屋建筑图解 [M]. 杨娜，等译. 北京：中国建筑工业出版社，2004.

[22] 杨天佑. 简明装饰装修施工与质量验收手册 [M]. 北京：中国建筑工业出版社，2004.

[23] 冯美宇. 建筑装饰装修构造 [M]. 3版. 北京：机械工业出版社，2014.

[24] 王萱，王旭光. 建筑装饰构造 [M]. 北京：化学工业出版社，2005.

[25] 薛健. 装饰设计与施工手册 [M]. 北京：中国建筑工业出版社，2004.

[26] 王潍梁. 建筑装饰材料与构造 [M]. 合肥：合肥工业大学出版社，2004.

[27] 李继业，刘福臣，盖文梯. 现代建筑装饰工程手册 [M]. 北京：化学工业出版社，2006.

[28] 黄燕生，陆平. 建筑装饰材料 [M]. 北京：化学工业出版社，2006.

[29] 中国建筑装饰协会委员会. 实用建筑装饰施工手册 [M]. 北京：中国建筑工业出版社，2004.

[30] 杨嗣信. 建筑装饰装修施工技术手册 [M]. 北京：中国建筑工业出版社，2005.

[31] 吴之昕. 建筑装饰工长手册 [M]. 北京：中国建筑工业出版社，2005.